水利水电工程施工技术全书

第三卷 混凝土工程

第九册

混凝土温度控制及防裂

戴志清　周建华　孙昌忠　等　编著

中国水利水电出版社
www.waterpub.com.cn

内 容 提 要

本书是《水利水电工程施工技术全书》第三卷《混凝土工程》中的第九册。本书系统阐述了混凝土温度控制及防裂的施工技术和方法。主要内容包括：混凝土力学变形性能；混凝土的温控标准；温度计算；原材料选择及配合比优化；原材料及拌和温控；运输浇筑温控；通水冷却；养护及保温；现场施工管理措施；拱坝混凝土温控及防裂；面板坝混凝土温控与防裂；工程实例等。

本书可作为水利水电工程施工领域的工程技术人员、工程管理人员和高级技术工人的工具书，也可供从事水利水电工程科研、设计、建设及运行管理和相关企事业单位的工程技术人员、工程管理人员使用，并可作为大专院校水利水电工程及机电专业师生教学参考书。

图书在版编目（ＣＩＰ）数据

混凝土温度控制及防裂 / 戴志清等编著. -- 北京：中国水利水电出版社，2016.4（2017.8重印）

（水利水电工程施工技术全书. 第3卷. 混凝土工程；9）

ISBN 978-7-5170-4273-0

Ⅰ．①混… Ⅱ．①戴… Ⅲ．①混凝土－温度控制－研究②混凝土－防裂－研究 Ⅳ．①TU528

中国版本图书馆CIP数据核字(2016)第080179号

书　　名	水利水电工程施工技术全书 **第三卷　混凝土工程** **第九册　混凝土温度控制及防裂**
作　　者	戴志清　周建华　孙昌忠　等 编著
出版发行	中国水利水电出版社 （北京市海淀区玉渊潭南路1号D座　100038） 网址：www. waterpub. com. cn E - mail：sales@waterpub. com. cn 电话：(010) 68367658（营销中心）
经　　售	北京科水图书销售中心（零售） 电话：(010) 88383994、63202643、68545874 全国各地新华书店和相关出版物销售网点
排　　版	中国水利水电出版社微机排版中心
印　　刷	北京纪元彩艺印刷有限公司
规　　格	184mm×260mm　16开本　16印张　380千字
版　　次	2016年4月第1版　2017年8月第2次印刷
印　　数	2001—4000册
定　　价	**66.00元**

《水利水电工程施工技术全书》
编审委员会

顾　　问：　潘家铮　中国科学院院士、中国工程院院士
　　　　　　谭靖夷　中国工程院院士
　　　　　　陆佑楣　中国工程院院士
　　　　　　郑守仁　中国工程院院士
　　　　　　马洪琪　中国工程院院士
　　　　　　张超然　中国工程院院士
　　　　　　钟登华　中国工程院院士
　　　　　　缪昌文　中国工程院院士

名誉主任：　范集湘　　丁焰章　　岳　曦

主　　任：　孙洪水　　周厚贵　　马青春

副 主 任：　宗敦峰　　江小兵　　付元初　　梅锦煜

委　　员：（以姓氏笔画为序）

丁焰章	马如骐	马青春	马洪琪	王　军	王永平
王亚文	王鹏禹	付元初	江小兵	刘永祥	刘灿学
吕芝林	孙来成	孙志禹	孙洪水	向　建	朱明星
朱镜芳	何小雄	和孙文	陆佑楣	李友华	李志刚
李丽丽	李虎章	沈益源	汤用泉	吴光富	吴国如
吴高见	吴秀荣	肖恩尚	余　英	陈　茂	陈梁年
范集湘	林友汉	张　晔	张为明	张利荣	张超然
周　晖	周世明	周厚贵	宗敦峰	岳　曦	杨　涛
杨成文	郑守仁	郑桂斌	钟彦祥	钟登华	席　浩
夏可风	涂怀健	郭光文	常焕生	常满祥	楚跃先
梅锦煜	曾　文	焦家训	戴志清	缪昌文	谭靖夷
潘家铮	衡富安				

主　　编：　孙洪水　　周厚贵　　宗敦峰　　梅锦煜　　付元初　　江小兵

审　　定：　谭靖夷　　郑守仁　　马洪琪　　张超然　　梅锦煜　　付元初
　　　　　　周厚贵　　夏可风

策　　划：　周世明　　张　晔

秘 书 长：　宗敦峰（兼）

副秘书长：　楚跃先　　郭光文　　郑桂斌　　吴光富　　康明华

《水利水电工程施工技术全书》
各卷主（组）编单位和主编（审）人员

卷序	卷名	组编单位	主编单位	主编人	主审人
第一卷	地基与基础工程	中国电力建设集团（股份）有限公司	中国电力建设集团（股份）有限公司 中国水电基础局有限公司 葛洲坝基础公司	宗敦峰 肖恩尚 焦家训	谭靖夷 夏可风
第二卷	土石方工程	中国人民武装警察部队水电指挥部	中国人民武装警察部队水电指挥部 中国水利水电第十四工程局有限公司 中国水利水电第五工程局有限公司	梅锦煜 和孙文 吴高见	马洪琪 梅锦煜
第三卷	混凝土工程	中国电力建设集团（股份）有限公司	中国水利水电第四工程局有限公司 中国葛洲坝集团有限公司 中国水利水电第八工程局有限公司	席　浩 戴志清 涂怀健	张超然 周厚贵
第四卷	金属结构制作与机电安装工程	中国能源建设集团（股份）有限公司	中国葛洲坝集团有限公司 中国电力建设集团（股份）有限公司 中国葛洲坝建设有限公司	江小兵 付元初 张　晔	付元初
第五卷	施工导（截）流与度汛工程	中国能源建设集团（股份）有限公司	中国能源建设集团（股份）有限公司 中国葛洲坝集团有限公司 中国水利水电第八工程局有限公司	周厚贵 郭光文 涂怀健	郑守仁

《水利水电工程施工技术全书》
第三卷《混凝土工程》编委会

主　　编：席　浩　戴志清　涂怀健

主　　审：张超然　周厚贵

委　　员：（以姓氏笔画为序）

牛宏力　王鹏禹　刘加平　刘永祥　刘志和

向　建　吕芝林　朱明星　李克信　肖炯洪

姬脉兴　席　浩　涂怀健　高万才　黄　巍

戴志清　魏　平

秘 书 长：李克信

副秘书长：姬脉兴　赵海洋　黄　巍　赵春秀　李小华

《水利水电工程施工技术全书》
第三卷《混凝土工程》
第九册《混凝土温度控制及防裂》
编写人员名单

主　　编：戴志清　周建华　孙昌忠

审　　稿：周厚贵

编写人员：孙昌忠　舒光胜　韩炳兰　詹剑霞

　　　　　汪文亮　杨富瀛　高国宏　刘治江

　　　　　黄家权　肖传勇

序 一

水利水电工程建设在我国作为一项基础建设事业，已经走过了近百年的历程，这是一条不平凡而又伟大的创业之路。

新中国成立66年来，党和国家领导一直高度重视水利水电工程建设，水电在我国已经成为了一种不可替代的清洁能源。我国已经成为世界上水电装机容量第一位的大国，水利水电工程建设不论是规模还是技术水平，都处于国防领先或先进水平，这是几代水利水电工程建设者长期艰苦奋斗所创造出来的。

改革开放以来，特别是进入21世纪以后，我国的水利水电工程建设又进入了一个前所未有的高速发展时期。到2014年，我国水电总装机容量突破3亿kW，占全国电力装机容量的23%。发电量也历史性地突破31万亿kW·h。水电作为我国当前重要的可再生能源，为我国能源电力结构调整、温室气体减排和气候环境改善做出了重大贡献。

我国水利水电工程建设在新技术、新工艺、新材料、新设备等方面都取得了突破性的进展，无论是技术、工艺，还是在材料、设备等方面，都取得了令人瞩目的成就，它不仅推动了技术创新市场的活跃和发展，也推动了水利水电工程建设的前进步伐。

为了对当今水利水电工程施工技术进展进行科学的总结，及时形成我国水利水电工程施工技术的自主知识产权和满足水利水电建设事业的工作需要，全国水利水电施工技术信息网组织编撰了《水利水电工程施工技术全书》。该全书编撰历时5年，在编撰过程中组织了一大批长期工作在工程建设一线的中青年技术负责人和技术骨干执笔，并得到了有关领导、知名专家的悉心指导和审定，遵循"简明、实用、求新"的编撰原则，立足于满足广大水利水电工程技术人员的实际工作需要，并注重参考和指导价值。该全书内容涵盖了水利水电工程建设地基与基础工程、土石方工程、混凝土工程、金属结构制作与机电安装工程、施工导（截）流与度汛工程等内容的目标任务、原理方法及工程实例，既有理论阐述，又有实例介绍，重点突出，图文并茂，针对性及可操作性强，对今后的水利水电工程建设施工具有重要指导作用。

《水利水电工程施工技术全书》是对水利水电施工技术实践的总结和理论提炼，是一套具有权威性、实用性的大型工具书，为水利水电工程施工"四新"技术成果的推广、应用、继承、创新提供了一个有效载体。为大力推动水利水电技术进步和创新，推进中国水利水电事业又好又快地发展，具有十分重要的现实意义和深远的科技意义。

水利水电工程是人类文明进步的共同成果，是现代社会发展对保障水资源供给和可再生能源供应的基本需求，水利水电工程施工技术在近代水利水电工程建设中起到了重要的推动作用。人类应对全球气候变化的共识之一是低碳减排，尽可能多地利用绿色能源就成为重要选择，太阳能、风能及水能等成为首选，其中水能蕴藏丰富、可再生性、技术成熟、调度灵活等特点成为最优的绿色能源。随着水利水电工程建设与管理技术的不断发展，水利水电工程，特别是一些高坝大库能有效利用自然条件、降低开发运行成本、提高水库综合效能，高坝大库的（高度、库容）记录不断被刷新。特别是随着三峡、拉西瓦、小湾、溪洛渡、锦屏、向家坝等一批大型、特大型水利水电工程相继建成并投入运行，标志着我国水利水电工程技术已跨入世界领先行列。

近年来，我国水利水电工程施工企业积极实施走出去战略，海外市场开拓业绩突出。目前，我国水利水电工程施工企业在亚洲、非洲、南美洲多个国家承建了上百个水利水电工程项目，如尼罗河上的苏丹麦洛维水电站、号称"东南亚三峡工程"的马来西亚巴贡水电站、巨型碾压混凝土坝泰国科隆泰丹水利工程、位居非洲第一水利枢纽工程的埃塞俄比亚泰克泽水电站等，"中国水电"的品牌价值已被全球业内所认可。

《水利水电工程施工技术全书》对我国水利水电施工技术进行了全面阐述。特别是在众多国内外大型水利水电工程成功建设后，我国水利水电工程施工人员创造出一大批新技术、新工法、新经验，对这些内容及时总结并公开出版，与全体水利水电工作者分享，这不仅能促进我国水利水电行业的快速发展，提高水利水电工程施工质量，保障施工安全，规范水利水电施工行业发展，而且有助于我国水利水电行业走进更多国际市场，展示我国水利水电行业的国际形象和实力，提高我国水利水电行业在国际上的影响力。

该全书的出版不仅能提高水利水电工程施工的技术水平，而且有助于提高我国水利水电行业在国内、国际上的影响力，我在此向广大水利水电工程建设者、工程技术人员、勘测设计人员和在校的水利水电专业师生推荐此书。

孙继水

2015 年 4 月 8 日

序 二

　　《水利水电工程施工技术全书》作为我国水利水电工程技术综合性大型工具书之一，与广大读者见面了！

　　这是一套非常好的工具书，它也是在《水利水电工程施工手册》基础上的传承、修订和创新。集中介绍了进入 21 世纪以来我国在水利水电施工领域从施工地基与基础工程、土石方工程、混凝土工程、金属结构制作与机电安装工程、施工导（截）流与度汛工程等方面采用的各类创新技术，如信息化技术的运用：在施工过程模拟仿真技术、混凝土温控防裂技术与工艺智能化等关键技术，应用了数字信息技术、施工仿真技术和云计算技术，实现工程施工全过程实时监控，使现代信息技术与传统筑坝施工技术相结合，提高了混凝土施工质量，简化了施工工艺，降低了施工成本，达到了混凝土坝快速施工的目的；再如碾压混凝土技术在国内大规模运用：节省了水泥，降低了能耗，简化了施工工艺，降低了工程造价和成本；还有，在科研、勘察设计和施工一体化方面，数字化设计研究面向设计施工一体化的三维施工总布置、水工结构、钢筋配置、金属结构设计技术，推广复杂结构三维技施设计技术和前期项目三维枢纽设计技术，形成建筑工程信息模型的协同设计能力，推进建筑工程三维数字化设计移交标准工程化应用，也有了长足的进步。因此，在当前形势下，编撰出一部新的水利水电施工技术大型工具书非常必要和及时。

　　随着水利水电工程施工技术的不断推进，必然会给水利水电施工带来新的发展机遇。同时，也会出现更多值得研究的新课题，相信这些都将对水利水电工程建设事业起到积极的促进作用。该全书是当今反映水利水电工程施工技术最全、最新的系列图书，体现了当前水利水电最先进的施工技术，其中多项工程实例都是曾经创造了水利水电工程的世界纪录。该全书总结的施工技术具有先进性、前瞻性，可读性强。该全书的编者们都是参加过我国大型水利水电工程的建设者，有着非常丰富的各专业施工经验。他们以高度的社会责任感和使命感、饱满的工作热情和扎实的工作作风，大力发展和创新水电科学技术，为推进我国水利水电事业又好又快地发展，做出了新的贡献！

近年来，我国水利水电工程建设快速发展，各类施工技术日臻成熟，相继建成了三峡、龙滩、水布垭等具有代表性的水电工程，又有拉西瓦、小湾、溪洛渡、锦屏、糯扎渡、向家坝等一批大型、特大型水电工程，在施工过程中总结和积累了大量新的施工技术，尤其是混凝土温控防裂的施工方法在三峡水利枢纽工程的成功应用，高寒地区高拱坝冬季施工综合技术在拉西瓦等多座水电站工程中的应用……，其中的多项施工技术获得过国家发明专利，达到了国际领先水平，为今后水利水电工程施工提供了参考与借鉴。

目前，我国水利水电工程施工技术已经走在了世界的前列，该全书的出版，是对我国水利水电工程建设领域的一大贡献，为后续在水利水电开发，例如金沙江上游、长江上游、通天河、黄河上游的水电开发、南水北调西线工程等建设提供借鉴。该全书可作为工具书，为广大工程建设者们提供一个完整的水利水电工程施工理论体系及工程实例，对今后水利水电工程建设具有指导、传承和促进发展的显著作用。

《水利水电工程施工技术全书》的编撰、出版是一项浩繁辛苦的工作，也是一项具有创造性的劳动过程，凝聚了几百位编、审人员近5年的辛勤劳动，克服各种困难。值此该全书出版之际，谨向所有为该全书的编撰给予关心、支持以及为此付出了辛勤劳动的领导、专家和同志们表示衷心的感谢！

2015 年 4 月 18 日

前　言

由全国水利水电施工技术信息网组织编写的《水利水电工程施工技术全书》第三卷《混凝土工程》共分为十二册，《混凝土温度控制及防裂》为第九册，由中国葛洲坝集团（股份）有限公司编撰。

根据国内外水利水电工程混凝土裂缝的统计分析，表明混凝土施工中出现的裂缝大多属于温度裂缝，其中表面裂缝又占绝大多数。由于贯穿性裂缝会危及大坝的安全运行，加之少数表面裂缝在一定条件下可能继续发展成贯穿性裂缝。因此，分析工程特点、现场气候条件和混凝土材料的特性，合理确定稳定温度场、分缝分块尺寸、混凝土抗裂指标，提出相应的温度控制标准及防裂措施，对防止危害性贯穿裂缝、尽可能减少表面裂缝、确保工程的质量和安全是至关重要的。

我国于 20 世纪 60 年代兴建，70 年代建成的丹江口水电站工程，在 60 年代初浇筑的 100 万 m^3 坝体混凝土上，出现大量的裂缝，经过停工整顿，并集中设计、施工、科研和高等院校的科技力量，在现场进行了历时数年的调查研究工作，总结了设计施工经验，于 1964 年复工后浇筑的 200 多万 m^3 大坝混凝土上，没有再发现有害的贯穿裂缝或深层裂缝，一般的表面裂缝也很少出现。在这一时期，采取的三条主要措施是：①严格控制基础允许温差，新老混凝土上下层温差和内外温差；②严格实施新浇筑混凝土的表面保护措施；③提高混凝土的抗裂能力（极限拉伸值和 C_v 值）。表面保护是总结了丹江口水电站前期浇筑的 100 万 m^3 混凝土的经验教训以后，提出来的防止裂缝的一项有效措施，达到预防表面裂缝的效果。

在 20 世纪 70 年代修建的葛洲坝一期工程上，由于基岩在 10 闸段以左为软弱的砂岩和黏土质的粉砂岩，其变形模量为 1.0～4.0GPa，而 11 闸段以右的为比较坚硬的砾岩，其变形模量为 10～14GPa，这两种基岩的变形模量相差悬殊，其温控标准分别对待，其余的温控标准和质量要求，基本上和丹江口水电站工程的后期相似，工程建成后没有发现严重的危害性裂缝。

20世纪90年代初开始修建三峡水利枢纽工程，提出了按照不同的月份控制混凝土的内部最高温度。施工中通过对最高温度的控制，大坝基本上没有出现危害性裂缝，但在经过1～2个冬季以后，泄洪坝段上游出现垂直裂缝，主要因寒潮冲击等原因而诱发的浅层裂缝。在三峡水利枢纽三期工程施工中，混凝土永久表面保温改为粘贴厚3.0cm、5.0cm的聚苯乙烯泡沫板材料，大坝混凝土没有发现裂缝。

从三峡水利枢纽工程以后，各地的大体积混凝土的设计和施工，大多参照三峡水利枢纽工程的标准，特别是表面保护方面，一般大型工程混凝土表面均采用聚苯乙烯泡沫板等材料进行保温。

本册的内容较全面地反映了近30年来我国混凝土温控施工领域技术进步和科技创新成果。编写体例在吸取相关工具书经验的基础上，以水利水电工程施工温控技术为重点，广泛收集相关成果资料并纳入较多的工程实例，是一部主要面向大、中型水利水电工程施工、管理的工具书。

本册的编写得到施工技术信息网及参编单位等多方面的大力支持，经过全体参编和参审人员历时5年的辛勤努力，终于得以出版，在此特向参加本书编审的单位和个人表示衷心的感谢！

由于我们搜集、掌握的资料和专业技术水平有限，加之时间仓促，不妥之处在所难免。在此，热切期望广大工程技术人员提出宝贵意见和建议。

编著者

2015年8月12日

目　录

1 综 述

混凝土由于水泥水化过程中产生的大量水化热不易散发,浇筑后初期,混凝土内部温度急剧上升引起混凝土膨胀变形,此时混凝土弹性模量很小,在温度升高过程中由于基岩约束混凝土膨胀变形而产生的压应力很小。随着温度逐渐降低,同时,混凝土弹性模量逐渐增大,混凝土发生收缩变形时又受到基岩的约束,收缩变形就会产生相当大的拉应力。当拉应力超过混凝土抗拉强度时就会产生基础约束区深层裂缝或贯穿性裂缝,破坏混凝土的整体性,对混凝土结构产生不同程度的危害,故必须采取措施控制混凝土温度。此外,当混凝土内部温度较高时,如果外部环境温度较低或外在气温骤降期间,因内外温差过大或温度梯度较大,则在混凝土表面也会产生较大拉应力,引起表面裂缝,这种表面裂缝,如果长期暴露在外面反复遭受气温骤降袭击,或由于坝体内部温度较高继续降温的结果,将在坝体内部形成非线性温度场,在表面裂缝的端部,形成应力集中,向纵深发展成深层裂缝。国内外水利水电工程混凝土裂缝的统计分析表明,混凝土施工中出现的裂缝大多属于温度裂缝,其中表面裂缝又占绝大多数。由于贯穿裂缝将危及大坝安全运行,同时少数表面裂缝在一定条件下可能继续发展成贯穿裂缝。因此,分析工程特点、现场气候条件和混凝土材料的特性,合理确定稳定温度场、分缝分块尺寸、混凝土抗裂指标,提出相应的温控标准及防裂措施,对防止危害性贯穿裂缝、尽可能减少表面裂缝、确保工程的质量和安全是至关重要的。

1.1 混凝土温度应力及危害

1.1.1 混凝土温度应力产生的原因简析

混凝土坝体因温度变化而产生热胀冷缩的体积变化,当体积变化受约束时就会产生应力。混凝土在凝固过程中,水化热上升导致其体积膨胀,随着水化热的释放和混凝土内部热量的向外传递,以及混凝土弹性模量的增加,在温度下降过程中,混凝土坝体受到基础的约束或者表面混凝土温度降低受到内部混凝土的约束等条件下,就会在混凝土内产生拉应力。一旦拉应力超过混凝土抗拉强度时,即产生温度裂缝。由于混凝土的抗压强度远比抗拉强度大,温度压应力一般不会引起温度裂缝,所以对于坝块的温度应力,主要是分析其拉应力。下面通过嵌固板、自由墙和柱状块的温度应力,来分析说明大体积混凝土温度应力的产生原因。

(1)嵌固板的温度应力。混凝土施工时基岩上浇筑的薄块混凝土,长期停歇为嵌固板时,其温度应力大小与混凝土的弹性模量、热膨胀系数、混凝土的泊松比以及初始温差有关，其中热膨胀系数和泊松比为常量，弹性模量随混凝土的龄期逐渐增长，当水泥水化热升温时混凝土弹性模量较小。而降温时弹性模量较大。因此，混凝土降温后仍然残留较大的拉应力，这种拉应力超过混凝土的抗拉强度时，就会出现裂缝。

（2）自由墙的温度应力。所谓自由墙就是变形不受外部的约束，对于坝体而言，主要是坝体脱离基础约束区的部位，自由墙的温度应力，是由于温度分布不均匀内部相互约束而引起的。如内外温差引起的温度应力，当外部气温低于坝体内部温度时，由于热胀冷缩的原理，外部混凝土相对于内部混凝土存在收缩的趋势，这种收缩的趋势受内部混凝土的约束而产生拉应力。

另外墙面的温度应力受外界温度的降温速率的影响，降温速率越大，表面的应力越大，越容易出现裂缝。因此，对于寒潮、混凝土表面冷击等，需要做好表面保护。

（3）柱状块的温度应力。柱状块为建立在基岩上的混凝土块体，由于浇筑块温度的变化，在内部温度升高最高温度时，混凝土产生的膨胀变形受到基岩的约束，而形成压应力，这个压应力不会引起混凝土裂缝，但当内部温度由最高降至稳定温度时，混凝土产生的收缩变形受到基岩的约束，即产生拉应力，当拉应力超过混凝土极限拉伸强度时，就产生裂缝。

基岩对柱状块的约束应力分布，沿着块高逐渐减少而至消失，其约束力影响的高度，大概等于 $L/2$（L 为底部长边的长度）。

1.1.2 混凝土温度应力的危害性

混凝土坝的温度和湿度的变化、混凝土本身的脆性和不均匀性，以及分缝分块和结构形式不恰当等，会产生应力，此外原材料的不合格、模板的变形走样和基础的不均匀沉陷，也会产生混凝土应力变化，当温度变化产生的应力超过混凝土的抗裂的强度时就产生裂缝，混凝土中最常见的裂缝是由温度应力产生的温度裂缝和干缩裂缝。混凝土的温度应力主要有几种：基础约束产生的应力；内外温差产生的应力；上下层温差产生的应力等，如果没有实施适当的温控措施，这些温度应力均有可能产生温度裂缝。裂缝按照发生的部位和深度不同，主要分为三种：第一种是表面裂缝；第二种是基础贯穿性裂缝；第三种是深层内部裂缝。

混凝土浇筑后，由于内部温度较高和外界气温的变化较大造成，使表面混凝土温降过低产生收缩，而内部温度较高，没有体积的变化。因此，内部混凝土对表面混凝土产生约束的应力，当应力超过混凝土抗裂强度时就出现表面裂缝。表面裂缝多发生在施工期间混凝土浇筑块的顶、侧面及其棱角部位，一般深度不大，所以成为表面裂缝。

对于基础部位的混凝土，混凝土浇筑最高温度出现后，内部温度开始缓慢下降，由于基岩的约束对浇筑的混凝土产生应力，容易产生基础裂缝，最严重的为基础贯穿性裂缝，由于它自下而上的延伸发展，可能贯穿到坝体的下游面，或者横向分割坝体，贯穿至坝体的顶部，所以称它为基础贯穿性裂缝。此外还有温度裂缝，既非深度较浅的表面裂缝，又未发生到贯穿坝体，常称之为深层内部裂缝。

裂缝的危害性，以贯穿性裂缝最为严重。因为，这种裂缝一旦发生在坝体的横断面上，就会把坝体分割成为独立的块体，坝体的整体性遭到破坏。使坝体应力发生变化并重新分布，特别是发生在上游面坝踵处，将出现较大的拉应力，恶化到影响坝体的稳定，直接危害大坝的安全。如果这种裂缝发生在坝体的纵断面上，当其与迎水面相通时，还会引起严重漏水。

对于暴露在外的混凝土，当遇寒潮时，或者外界气温变化很大时，容易在表面形成应力，而出现表面裂缝，表面裂缝由于其深度较浅，如能处于稳定状态，不延伸发展，一般危害性较小。但表面裂缝发生在坝的上游迎水面，在温度变化和渗压影响下，可能发展成为深层裂缝，这对坝的防渗及耐久性极为不利。发生在坝的基础部位或新混凝土受老混凝土约束范围内的表面裂缝，在混凝土内部降温过程中，可能发展转化为贯穿性裂缝，其危害性亦将随之而发生质的变化。

无论是表面裂缝、贯穿裂缝或深层裂缝，都可能对坝的防渗性、耐久性、整体性和安全运行带来严重的威胁。因此，混凝土施工过程中，要做好温度控制措施，尽可能地降低温度应力，减少温度裂缝的产生。

1.2 混凝土温控防裂基本内容

本书主要介绍混凝土温控施工中的主要计算方法、施工措施和工程实例。理论计算方法包括出机口温度计算、入仓浇筑温度计算和混凝土内部最高温度计算等；施工措施中包括原材料的选择、出机口温度控制、运输和浇筑过程中的温度控制，混凝土内部最高温度控制以及表面保护等；工程实例主要介绍三峡水利枢纽三期工程、三峡水利枢纽永久船闸和升船机工程、锦屏水电站大坝右岸工程、水布垭水电站面板堆石坝工程的温控与防裂措施。

1.2.1 混凝土及其特性

混凝土及其特性中介绍混凝土的各种力学性能和热学性能，以及一些变形系数等，从概念上对其论述，并简单说明现行规范中对各种温差的一些要求，对表面保温的要求和保温被的计算方法等。

1.2.2 混凝土的温度计算

混凝土的温度计算包括出机口温度计算、入仓和浇筑温度计算、混凝土内部最高温度计算，内部最高温度计算中，介绍了单相差分法、双向差分法和使用计算法，并简单介绍有限元分析方法。

1.2.3 原材料的选择及温控

组成混凝土的原材料包括：水泥、粉煤灰、粗细骨料、外加剂等，混凝土的原材料的组合，决定着混凝土热学和力学性能，选用优质的原材料，可以提高混凝土的抗裂性能，降低混凝土的水化热温升等；比如选用低热或中热水泥（如矿渣水泥、火山灰质水泥或粉煤灰水泥）配制混凝土；使用粗骨料；掺加粉煤灰等掺合料、或掺加减水剂，改善和易性，降低水灰比，控制坍落度，减少水泥用量，降低水化热量；利用混凝土后期（90d、180d）强度，降低水泥用量；在非结构部位的素混凝土中，酌情掺加20%以下的块石等措施。

原材料的温控包括骨料料堆的要求、骨料风冷、水冷等措施，从而达到混凝土拌和时需要的温度，出机口温度的控制中，高温季节需要掺和制冷水和片冰，通过对骨料的预冷、拌和的加冰和掺和制冷水，满足出机口温度要求。

1.2.4 混凝土浇筑温度的控制

降低混凝土浇筑温度，主要是通过拌和楼出机口温度的控制、降低运输和浇筑过程中的温度倒灌，减少混凝土施工过程中的温度回升。

1.2.5 混凝土内部最高温度控制

降低混凝土水化热最高温升，除了采用发热量较低的水泥和减少水泥用量外，就是加速混凝土的散热。散热有两个主要途径：采用薄层浇筑，适当延长层间间歇时间，或者采用表面流水养护，充分利用顶面散热；采用预埋冷却水管，通水冷却等，以降低胶泥材料的水化热温升。

1.2.6 混凝土的通水冷却

混凝土的通水冷却包括：初期、中期和后期通水。初期通水为消减混凝土内部最高温度的峰值，降低混凝土因温差产生的应力；中期通水为消减混凝土的内外温差，减少混凝土内外温差引起的自约束的应力；后期通水是将混凝土内部温度降低至稳定温度，达到接缝灌浆的温度。一般而言，初期、后期通水采用制冷水，中期通水为河水，通水流量和历时可根据实际情况而确定。

1.2.7 混凝土表面养护和保护

混凝土的养护方式有洒水、流水、蓄水、覆膜等方式，一般跟温控有直接相关，在初期为加速表面的散热，消减混凝土内部最高温度峰值，高温季节多数为流水养护，低温季节由于内部最高气温容易控制，一般采用洒水养护或者保湿养护等方式。

表面保护是防止混凝土表面裂缝的有效措施。在气温骤降频繁的季节，对基础混凝土及其他重要部位新浇筑的混凝土，进行顶面、侧面的表面保护，或推迟拆模时间等办法，目前重点工程的永久面多数采用聚苯乙烯泡沫板粘贴保温。

1.2.8 现场管理措施

温控措施的实施，需要强有力的管理，使每个措施落实到位，管理措施从机构组建、人员配置、设备配置以及制度建设抓起，实行奖惩制度，专业措施落实到人，加强现场的记录和监测，及时反馈信息，并且建立预警机制，确保温控措施有序、有效地进行。

1.3 混凝土温控防裂技术的发展

1.3.1 20世纪90年代前的历史回顾

根据1938年3月、4月美国混凝土杂志（A.C.I）34卷"大体积混凝土裂缝"一文提供的资料，波尔德坝采取的温控措施包括：纵横缝均为15m，混凝土的水泥用量为223kg/m³，采用低热水泥，浇筑层厚1.5m，并限制间歇期，以及预埋冷却水管进行人工冷却；另从美国土木工程杂志（A.S.C.E）1959年8月的"垦务局对拱坝裂缝控制的实施"和动力杂志（Power division）1960年2月的"T.V.A对混凝土重力坝的裂缝控制"，两篇文章中可以看出，美国在对水工大体积混凝土温控防裂方面，在20世纪60年代初已经逐渐形成了比较定型的一种设计、施工模式，所采取的控制措施包括：①采用具有低水化热水泥，或一部分用活性掺合料来代替；②采用低水泥含量减少总的发热量；③限制浇筑层厚度和最短的浇筑间歇期；④采用人工冷却混凝土组成材料的方法来降低混凝土浇筑温度；⑤在混凝土浇筑以后，采用预埋冷却水管，通循环水来降低混凝土内部最高温度的峰值；⑥对混凝土外露面覆盖保温等措施。

苏联在 20 世纪 60 年代中，建设在安加拉河上的坝高 125m，坝体混凝土近 1400 万 m^3，以及建设在叶尼塞河上，于 1972 年建成的克拉斯诺亚尔斯克水电站，坝高 124m，坝体混凝土 435 万 m^3，这两个工程，虽然在设计施工方面，对大体积混凝土的温控问题也采取了比较严格的措施，还是出现了不少的裂缝，一直到 1977 年兴建在纳伦河上的高 215m，坝体混凝土 320 万 m^3 的托克古尔水电站建成后，才宣布他们在温控防裂方面取得成功。

我国于 20 世纪 60 年代兴建，70 年代建成的丹江口水电站工程，在 60 年代浇筑的 100 万 m^3 混凝土时，出现大量的裂缝，经过停工整顿，并集中设计、施工、科研和大专院校的科技力量，在现场进行了历时数年的调查研究工作，总结了设计施工经验，于 1964 年复工浇筑的 200 多万 m^3 混凝土后，没有再发现严重危害性的贯穿裂缝或深层裂缝，一般的表面裂缝也很少出现。在这一时期，采取的三条主要措施是：①严格控制基础允许温差，新老混凝土上下层温差和内外温差；②严格执行新浇筑混凝土的表面保护；③提高混凝土的抗裂能力（极限拉伸值和 C_v 值）。

表面保护是总结了丹江口水电站前期浇筑的 100 万 m^3 混凝土的经验教训以后，提出来的防止裂缝的一项有效措施，达到预防表面裂缝的效果，在 2～7d 内，日平均气温下降 7℃ 以上，就要保温。

另外，要求按不同季节控制混凝土的内部最高温度，按冬季（12 月至次年 2 月）24～27℃，春秋季（3—5 月，9—11 月）32～36℃，夏季应不大于 40℃。要确保以上的温控标准，在高温和较高温季节，都必须采取预冷骨料或加冰拌和等人工冷却措施，以控制浇筑温度。

1.3.2 温控发展的趋势

大体积混凝土温控发展有 70 多年，逐步形成了完善的理论和措施，我国在新中国成立后，从丹江口水电站工程开始，经历了葛洲坝水利枢纽工程、三峡水利枢纽工程的温控发展的几个阶段，丹江口、葛洲坝和三峡水利枢纽工程都是温控技术发展的节点，特别是三峡水利枢纽工程的完工，温控技术得到了长足的进步。温控的未来发展趋势，在以往成熟的技术基础上，逐渐与其他行业和现代科技相结合，形成标准化、个性化和自动化等温控技术的形式。

（1）标准化、模块化的工艺。温控的标准化，是指在温控措施中，通过严格的施工工艺，达到满足每个单项措施的要求，比如拌和楼冷却过程中，骨料的冷却程度与冷却时间和冷风的温度有关。因此，设计时考虑到最大的生产量时，骨料在一次、二次预冷仓内受冷风的时间达到相应的要求，冷风的风温控制、骨料仓内骨料的堆高的控制均需达到某种标准等。

将复杂的工艺模块化，比如冷却水厂的模块化，以往在大坝冷却通水的生产中，均是建设制冷水生产厂，冷水厂布置在拌和楼附近或者布置在大坝附近为砖混结构，占地面积一般都在 120m² 以上，建成后直到完成大坝通水冷却任务时才能被拆除；近几年我国水电行业规模的扩大，冷水站也进行了模块化设计，用一个集装箱来安放一台冷水机组，包括冷水箱、冷却塔和相关管道阀门系统，整个集装箱就是一个冷水站，体积约为 9.2m（长）×2.8m（宽）×2.6m（高），大大减少了占地面积，方便布置和拆移，可以就近布置在马路上，拆移时分为 2 大件，单件重量小于 30t，集装箱安放在大坝入仓设备覆盖范围内，利用起吊设备安装冷水站。模块化的设计，既方便布置，亦降低成本，并且就近的布置可以降低冷水的温度回升。

（2）个性化、高效能的方案。温控不同的措施有不同的特性，同一个措施的不同阶段也有不同的特点，针对这些特点采取个性化的、高效能的方案，有效地控制温度在允许值以内。比如初期冷却通水，混凝土水泥水化热一般在前 7d 释放 80％以上。因此，混凝土内部最高温度出现在前 7d 内，针对这个特点，在最高温度出现前，加大冷却通水的流量，降低混凝土内部温度峰值，在最高温度出现后，减少制冷水的流量，使混凝土内部温度缓慢下降；另外在高标号区、重点区域，采用加密冷却水管铺设间距，加大制冷水通水流量，也是个性化和高效能的温控方案。

（3）自动化、智能化的控制。在拌和楼的出机口温度控制中，绝大多数采用的自动化和智能化的控制，包括加冰、加制冷水和冷却的骨料等，随着科技的发展，在温控其他措施上也采用自动化和智能化的控制方式，比如冷却通水的自动化和智能化，采用温度传感器、流量计和电动阀门等控制系统，自动收集通水数据、计算分析混凝土内部温度，判断温度是否满足设计要求，自动控制流量和是否保持通水或者判断使用多大的通水流量，达到自动化、智能化，减少人力资源和人工采集数据的误差，这种智能系统已经在锦屏水电站大坝施工中成功地应用。

（4）系统化、综合化的措施。温控与防裂的措施是综合性的措施，单项的措施往往难以达到防裂的要求，需要通过系统化的控制方法，从拌和楼、入仓浇筑、冷却通水、表面养护等混凝土生产一条龙的各个环节中去控制，通过综合措施来实现，出机口温度控制、入仓和浇筑温度的控制、冷却通水等来实现最高温度的控制，如果其中某一项措施不到位，势必增加下一项的控制难度，影响控制效果甚至不能满足设计要求。

温控措施中，每个单项措施控制温度的回升值有限，假设拌和楼出机口温度没有得到控制，对浇筑温度控制带来直接的影响，浇筑温度不能控制就会给冷却通水带来压力，而冷却通水的消减最高温度峰值大约在 4～6℃，超出这个范围就可能超出设计要求。因此，温控每项措施都需要严格实施。

（5）精细化、数字化的目标。在温控防裂技术的发展过程中，由粗放式的工艺逐渐发展为精细、高标准、严要求的工艺，如浇筑过程中的仓面覆盖，以往要求不高，现在在开仓浇筑之前，隔热被必须准备齐全，施工中有专人负责盖被。冷却通水过程中对流量、水温的稳定性以及进出口的转换时间等均按要求操作，每一项措施都是以高标准来要求。

在数字化方面，与大坝施工过程进行同步的反演分析，从开工到投入运行，进行全坝、全过程的有限元仿真计算，施工期即可了解各坝块的温度场和应力场，并可根据当时的实际状态和施工计划预报后续时间及运行期坝体的应力场和安全系数，可以在施工期及时针对性的调整措施，以达到无缝大坝的要求。

2 混凝土力学变形性能

混凝土作为十分重要的建筑材料，其应用广泛，优点十分繁多：①使用方便，由于混凝土具有半流动状态，配合模板和钢筋的使用，使其有良好的可塑性，满足建筑的造型需要，同时满足在其面上进行二次装修；②造价低，取材方便，混凝土由砂石、水泥等组成，几乎各个地方都可以找到建筑材料；③高强耐久，具有良好的耐久性，对比砖混结构，框架混凝土结构稳定，抗震性能好；④性能容易调整，根据不同的需要调整配合比，方便满足各种结构工程的需要；⑤施工工艺成熟简单，施工机具和熟练工人容易获得，产品质量比较稳定；⑥环境保护，混凝土可以充分利用矿渣、粉煤灰等工业废料，变废为宝等。

混凝土的用途十分广泛，公路、铁路、房屋建筑、水工等领域均离不开混凝土，在国民经济建设和人民生产、生活中发挥了巨大作用；在水工混凝土领域，与一般的工业和民用建筑物混凝土有所不同，它除了有强度要求以外，还需根据工程功能和工作条件，分别满足抗渗、抗裂、抗冻、抗冲磨、抗风化和抗侵蚀等要求，在大体积混凝土的温控防裂方面，与混凝土的力学性能和热学性能密切相关，在满足混凝土的各项强度等指标的前提下，还要努力提高其抗裂能力。

2.1 力学性能

混凝土的力学性能是混凝土在外力作用下的变形规律，是决定混凝土质量的关键因素之一，对混凝土的温控裂缝起非常关键的作用，其主要包括：强度、弹性模量及泊松比、极限拉伸变形等。

（1）强度。水利水电工程中的混凝土配合比设计中，除要满足抗压强度外，还需满足抗拉强度等其他技术指标。混凝土的抗拉强度，根据试验方法的不同，分为轴心抗拉强度、劈裂抗拉强度和弯曲抗拉强度。

轴心抗拉强度与抗压强度的比值一般为 1/8～1/12，不同的工程，不同的配合比，其比值有所不同。

根据《水工混凝土结构设计规范》（DL/T 5057—2009）中列出的混凝土强度标准值和设计值（见表 2-1、表 2-2），在没有试验资料时可以参考，但大型工程在开工之前，应由试验的确定值。硅酸盐水泥拌制的混凝土，其不同龄期混凝土的抗压强度见表 2-3。

DL/T 5057—2009 中，混凝土强度 R 和强度等级 C 之间的换算关系为：

$$C = \frac{1 - 1.645\delta_{fcu,15}}{0.95(1 - 1.27\delta_{fcu,15})} \times (0.1R) \tag{2-1}$$

式中　　R——混凝土强度；

　　　　C——强度等级。

由式（2-1）可得出 R 与 C 的换算关系见表 2-4。

表 2-1　　　　　　　　　　　混凝土强度标准值表　　　　　　　　　单位：N/mm²

强度种类	符号	混凝土强度等级										
		C10	C15	C20	C25	C30	C35	C40	C45	C50	C55	C60
轴心抗压强度	f_{ck}	6.7	10.0	13.5	17.0	20.0	23.5	27	29.5	32.0	34.0	36.0
轴心抗拉强度	f_{tk}	0.90	1.20	1.50	1.75	2.00	2.25	2.45	2.60	2.75	2.85	2.95

表 2-2　　　　　　　　　　　混凝土强度设计值表　　　　　　　　　单位：N/mm²

强度种类	符号	混凝土强度等级										
		C10	C15	C20	C25	C30	C35	C40	C45	C50	C55	C60
轴心抗压强度	f_c	4.8	7.2	9.6	11.9	14.3	16.7	19.1	21.1	23.1	25.3	27.5
轴心抗拉强度	f_t	0.64	0.91	1.10	1.27	1.43	1.57	1.71	1.80	1.89	1.96	2.04

注　计算现浇钢筋混凝土轴心受压和偏心受压构件时，如果截面长边或直径小于 300mm，则表中的强度设计值应乘以系数 0.8。

表 2-3　　　　　　　　　　不同龄期混凝土抗压强度表　　　　　　　　单位：N/mm²

水泥品种	混凝土龄期/d				
	7	28	60	90	180
普通硅酸盐水泥	0.55～0.65	1.0	1.10	1.15	1.20
矿渣硅酸盐水泥	0.45～0.55	1.0	1.20	1.30	1.40
火山灰质硅酸盐水泥	0.45～0.55	1.0	1.15	1.25	1.30

注　1. 表中数值是在假设龄期 28d 的强度为 1.0 时的比值。
　　2. 对于蒸汽养护的构件，不考虑抗压强度随龄期的增长。
　　3. 表中数值未计入掺合料及外加剂的影响。
　　4. 表中数值适用于 C30 及其以下的混凝土。

表 2-4　　　　　　　　　　　　R 与 C 换算关系表

原规范混凝土标号/（N/m²）	100	150	200	250	300	350	400
混凝土立方体抗材强度变异系数	0.23	0.20	0.18	0.16	0.14	0.12	0.10
现行规范混凝土强度等级 C（计算值）	9.24	14.20	19.21	24.33	29.56	34.89	40.28
现行规范混凝土强度等级 C（取用值）	C9	C14	C19	C24	C29.5	C35	C40

注　表中混凝土立方体抗压强度的变异系数取用全国 28 个大中型水利水电工程合格水平的混凝土立方全抗压强度的调查统计分析的结果。

（2）弹性模量及泊松比。弹性模量是指在材料弹性范围内，正应力和对应的正应变的比值，不同标号混凝土的弹性模量见表 2-5；泊松比是指在材料的比例极限内，由均匀分布的纵向应力所引起的横向应变与相应的纵向应变之比的绝对值，现行规范中建议混凝土泊松比为 1/6。

表 2-5		混凝土弹性模量表								单位：10^4N/mm^2		

强度种类	符号	混凝土强度等级										
		C10	C15	C20	C25	C30	C35	C40	C45	C50	C55	C60
弹性模量	E_c	1.75	2.20	2.55	2.80	3.00	3.15	3.25	3.35	3.45	3.55	3.60

（3）极限拉伸变形。混凝土极限拉伸值是混凝土温控防裂的重要指标之一，一般工程均通过试验求得，在没有试验资料时可按混凝土的标号或抗拉强度估值，或者参考相似工程资料，但实际的混凝土极限拉伸值的要求，应根据不同的工程要求来确定，见表 2-6 及表 2-7。

表 2-6		混凝土标号与极限拉伸关系表				

标　号	100	150	200	250	300
$\varepsilon_p / \times 10^{-4}$	0.57～0.63	0.65～0.72	0.72～0.81	0.77～0.90	0.82～0.97

注　1. 表中下限值见朱伯芳著《大体积混凝土温度应力与温度控制》，中国电力出版社，1999 年。
　　2. 表中上限值见《中国水力发电工程·施工卷》，中国电力出版社，2000 年。

表 2-7			坝体混凝土极限拉伸值表

工程名称	坝型	骨料	极限拉伸值 $\varepsilon_p / \times 10^{-4}$
东风水电站	混凝土双曲拱坝	灰岩人工骨料	0.96
岩滩水电站	混凝土重力坝	灰岩人工骨料	0.75（内部），0.85（外部）
五强溪水电站	混凝土重力坝	砂岩人工骨料	0.85
钢街子水电站	混凝土重力坝	河卵石天然骨料	0.75
漫湾水电站	混凝土重力坝	流纹岩人工骨料	0.89（内部），0.94（外部）
紧水滩水电站	混凝土双曲拱坝	河卵石天然骨料	0.96（28d），1.06（90d）
安康水电站	混凝土重力坝	河卵石天然骨料	0.71（内部），0.83（外部）
东江水利枢纽	混凝土双曲拱坝	河卵石天然骨料	抗拉强度 2.59MPa
故县水利枢纽	混凝土重力坝	河卵石天然骨料	90d 允许抗拉 2.10MPa
万安水利枢纽	混凝土重力坝	河卵石天然骨料	28d 不小于 0.75（基础），28d 不小于 0.65（内部）
二滩水电站	混凝土双曲拱坝	正长岩人工骨料	1.04～1.14（$R_{90}250～R_{90}350$）
小湾水电站	混凝土双曲拱坝	片麻岩人工骨料	$R_{90}350$, 1.329；$R_{90}400$, 1.335
隔河岩水电站	混凝土重力拱坝	灰岩人工骨料	
三峡水利枢纽	混凝土重力坝	花岗岩人工骨料	$R_{90}150$, 0.7～0.75；$R_{90}200$, 0.8～0.85
葛洲坝水利枢纽	混凝土重力坝	河卵石天然骨料	$R_{90}150$, 0.75；$R_{90}200$, 0.85
锦屏水电站	混凝土双曲拱坝	人工骨料	$C_{180}40$, 1.05；$C_{180}35$, 1.0；$C_{180}30$, 0.95

2.2　热学性能

混凝土的热学性能是指混凝土在受热变化时，混凝土本身及与外界之间所表现的热能变化规律，混凝土热学性能一般包括导热系数 λ、导温系数 α、比热容 c 和热膨胀系数 α。导热系数是指在稳定传热条件下，单位厚度的材料，两侧表面的温差为 1℃，在 1h 内，通过 $1m^2$ 面积传递的热量；比热容指使单位质量物体改变单位温度时的吸收或释放的内能；导温系数通过计算确定，$\alpha = \dfrac{\lambda}{c\rho}$；热膨胀系数指材料升高 1℃ 时，单位物理量改变的数值。

大中型工程混凝土热学性能由试验确定，一般工程在没有试验资料的情况下，可参考类似工程资料确定。部分工程混凝土的热学性能及参考值见表 2-8，混凝土各种材料的热学性能见表 2-9。

表 2-8　　　　　　　　我国一些大坝混凝土的热学性能及参考值表

工程名称	坝　型	混凝土热学性能			密度 ρ /(kg/m³)
		$\lambda/[kJ/(m \cdot h \cdot ℃)]$	$\alpha/(m^2/h)$	$c/[kJ/(kg \cdot K)]$	
三门峡水利枢纽	混凝土重力坝	10.17	0.003850	1.08	2450
新安江水电站	混凝土重力坝	11.93	0.00460	1.05	2465
刘家峡水利枢纽	混凝土重力坝	8.00	0.00321	1.05	2380
丹江口水利枢纽	混凝土重力坝	10.89	0.00446	1.01	2450
东江水利枢纽	混凝土重力坝	10.05	0.00408	1.01	2450
小湾水电站	混凝土拱坝	7.12	0.00315	0.92	2452
岩滩水电站	混凝土重力坝	7.37	0.00333	0.92	2400
漫湾水电站	混凝土重力坝	7.41	0.00321	0.94	2462
紧水滩水电站	混凝土拱坝	7.42	0.00339	1.02	2443
安康水电站	混凝土折线重力坝	11.87	0.00510	0.95	2450
五强溪水电站	混凝土重力坝	6.88	0.00329	0.87	2400
二滩水电站	混凝土拱坝	9.92	0.00432	0.93	2460
葛洲坝水利枢纽	混凝土重力坝	11.34	0.00473	0.98	2450
隔河岩水电站	混凝土重力拱坝	9.96	0.0038	0.96	2500
三峡水利枢纽	混凝土重力坝	9.00	0.00347	0.96	2440

表 2-9　　　　　　　　混凝土各种材料的热学性能表

材料	$\lambda/[kJ/(m \cdot h \cdot ℃)]$				$c/[kJ/(kg \cdot K)]$			
	21℃	32℃	43℃	54℃	21℃	32℃	43℃	54℃
水	2.160	2.160	2.160	2.160	4.187	4.187	4.187	4.187
普通水泥	4.446	4.593	4.735	4.865	0.456	0.536	0.662	0.825
石英砂	11.129	11.099	11.053	11.036	0.699	0.745	0.795	0.867
玄武岩	6.891	6.871	6.858	6.837	0.766	0.758	0.783	0.837
白云岩	15.533	45.261	15.014	14.366	0.804	0.821	0.854	0.888
花岗岩	10.505	10.467	10.442	10.379	0.716	0.708	0.733	0.775
石灰岩	14.528	14.193	13.917	13.657	0.749	0.758	0.783	0.821
石英岩	16.910	16.777	16.638	16.475	0.691	0.724	0.758	0.791
流纹岩	6.770	6.812	6.862	6.887	0.766	0.775	0.800	0.808

混凝土热膨胀系数一般可取 $\alpha=1.0\times10^{-5}/℃$，影响混凝土热膨胀系数主要为混凝土的组成材料，其中骨料对混凝土热膨胀系数影响较大，如石灰岩骨料混凝土的热膨胀系数一般较小。已建和在建的部分工程混凝土热膨胀系数见表 2-10，不同的岩石骨料的热膨胀系数见表 2-11。

表 2-10 我国一些大坝混凝土的热膨胀系数表

工程名称	坝型	骨料	α /($\times10^{-5}/℃$)
岩滩水电站	混凝土重力坝	人工灰岩	0.8
漫湾水电站	混凝土重力坝	人工流纹岩	0.95
龙羊峡水电站	混凝土重力拱坝	天然河卵石	0.95
五强溪水电站	混凝土重力坝	人工石英砂岩	1.00
二滩水电站	双曲拱坝	人工正长岩	0.80
东江水利枢纽	双曲拱坝	天然河卵石	1.00
安康水电站	混凝土重力坝	天然河卵石	1.00
紧水滩水电站	混凝土双曲拱坝	天然河卵石	1.00
三峡水利枢纽	混凝土重力坝	天然河卵石人工花岗岩	0.94 0.85
小浪底水利枢纽	进水塔	天然河卵石	0.80
小湾水电站	混凝土双曲拱坝	人工片麻岩	0.901（C35） 0.921（C40）
东风水电站	混凝土双曲拱坝	人工灰岩	0.55~0.60
葛洲坝水利枢纽	混凝土重力坝	天然河卵石	1.0
隔河岩水电站	混凝土重力拱坝	人工灰岩	0.67
三门峡水利枢纽	混凝土重力坝	天然河卵石	1.00

表 2-11 不同岩石品种骨料混凝土的热膨胀系数表

岩石品种	石英岩	砂岩	花岗岩	白云岩	玄武岩	石灰岩
α/($\times10^{-5}/℃$)	1.20	1.17	0.80~0.95	0.95	0.85	0.5~0.7

2.3 自生体积变形

混凝土在硬化过程中，由于胶泥材料水化而引起混凝土体积的变形称为自生体积变形，胶泥材料和水组成的体系在水化反应前后，反应物与生成物的密度不同，即生成物的密度小于固态反应物的密度所致，尽管反应后的固相体积比水化前的固相体积大，但对于胶泥材料和水组成的体系的总体积来说却是缩小了（膨胀水泥除外）。自生体积变形对大体积混凝土应力分布和温度应力都有一定的影响，如混凝土的自生体积变形或膨胀，则在约束条件下产生的是压应力，反之则产生拉应力，自生体积变形小对于减少混凝土的内应力是有利的。

2.4 干燥收缩

混凝土的干燥收缩是当混凝土停止养护后，在空气中失去内部毛细孔和凝胶孔中的吸附水而产生的不可逆收缩，影响混凝土干燥收缩变形的因素主要有：

（1）水泥品种、细度、用量。使用火山灰质硅酸盐水泥时，混凝土的干燥收缩较大；而使用粉煤灰硅酸盐水泥时，混凝土的干燥收缩较小。水泥的细度越大，混凝土的用水量越多，干燥收缩越大。高标号水泥的细度往往较大，故使用高标号水泥的混凝土干燥收缩较大。水泥用量越多，水泥石含量越多，干燥收缩越大。

（2）水灰比。水灰比越大，混凝土内的毛细孔隙数量越多，混凝土的干燥收缩越大。

（3）骨料的规格与质量。骨料的粒径越大，级配越好，则水与水泥用量越少，混凝土的干燥收缩越小。骨料的含泥量及泥块含量越少，水与水泥用量越少，混凝土的干燥收缩越小。针、片状骨料含量越少，混凝土的干燥收缩越小。

（4）养护条件。养护湿度高，养护的时间长，则有利于推迟混凝土干燥收缩的产生与发展，可避免混凝土在早期产生较多的干燥收缩裂纹，但对混凝土的最终干燥收缩率没有显著的影响。采用湿热养护时可降低混凝土的干燥收缩率。

2.5 徐变性能

混凝土加载后，除了产生瞬时的弹性变形外，随时间的延长，变形不断地增加，在应力保持不变的情况下，这种变形的增加称为混凝土的徐变变形；当变形保持不变的情况下，应力将随时间的延长而逐渐降低，这种应力的降低称为应力松弛。

由于徐变的存在混凝土建筑物内部的应力和变形都会不断地产生从新分布，影响混凝土徐变的因素很多，主要有加荷龄期、持荷时间、应力大小、荷载性质、湿度、骨料含量及弹性模量、水泥品种、水灰比和胶材用量等。通常把单位应力作用下产生的徐变，称为徐变度，它表示为 $C(t,\tau_1)$，其度量单位为 $10^{-6}/\text{MPa}$。

$$C(t,\tau_1)=\frac{\sigma(\tau_1)}{E(\tau_1)}+\sigma(\tau_1)C(t,\tau_1)=\sigma(\tau_1)\delta(t,\tau_1) \qquad (2-2)$$

式中　$\delta(t,\tau_1)$——单位应力作用下的总变形。

$$\delta(t,\tau_1)=\frac{1}{E(\tau_1)}+C(t,\tau_1) \qquad (2-3)$$

$\delta(t,\tau_1)$ 的倒数常称为有效弹模，表示为：

$$E^*(t,\tau_1)=\frac{1}{\delta(t,\tau_1)}=\frac{E(\tau_1)}{1+E(\tau_1)C(t,\tau_1)} \qquad (2-4)$$

在加载时，徐变为零，即 $\tau_1=t$；$C(t,\tau_1)=0$。

混凝土的弹模和徐变都与龄期有关，在不同的龄期加载可以得到变形曲线。在任意时

间 t 的应力 $\omega(t,\tau_1)$ 与初始应力 $\delta(\tau_1)$ 的比值称为应力松弛系数，表示为：

$$k_p(t,\tau_1)=\frac{\sigma(t,\tau_1)}{\sigma(\tau_1)} \qquad (2-5)$$

其值可直接由混凝土松弛试验求出。由于松弛试验较费事，所以一般是根据徐变试验资料通过计算求出松弛系数。

国内外使用不同龄期的大坝混凝土应力松弛系数 k 见表 2-12。

表 2-12　　　　　　　　　大坝混凝土松弛系数 k

资料来源	加荷龄期/d				备 注
	3	7	28	90	
柘溪	0.30	0.30	0.40	0.52	
刘家峡	0.35	0.35	0.44	0.56	
乌江渡	0.50	0.52	0.57	0.61	持荷 220d，由徐变曲线推算
上椎叶（日本）水电站	0.40	0.40	0.44	0.59	
宫川（日本）水电站	0.20	0.20	0.42	0.48	
全苏水利科学研究院	—	0.56	0.60	0.70	持荷 30d
《混凝土重力坝设计规范》	0.5				DL 319—2005
《水工混凝土结构设计规范》	加荷龄期/d	持续时间/d			DL/T 5057—2009
		3	30	100	500	
	3	0.623	0.444	0.326	0.262	
	7	0.681	0.521	0.602	0.644	
	28	0.742	0.602	0.498	0.443	
	90	0.772	0.644	0.547	0.495	

2.6　抗裂性能

混凝土的抗裂能力是受混凝土的干缩、自生体积变形、弹性模量、徐变、线性膨胀系数、浇筑温度、水化热温升、抗拉强度等诸因素制约的一个综合指标。为了初步评价混凝土的抗裂性能，根据混凝土的结构特性和变形性能，引入抗裂参数 Φ，其表达式为：

$$\Phi=\frac{\varepsilon_p R_1}{\alpha\Delta T E_1} \qquad (2-6)$$

式中　ε_p——nd 龄期时混凝土的极限拉伸值，1×10^{-6}；

$\quad\quad R_1$——nd 龄期时混凝土的抗拉强度，MPa；

$\quad\quad \alpha$——混凝土的温度变形系数，1/℃；

$\quad\quad \Delta T$——nd 龄期时混凝土的温升，℃；

$\quad\quad E_1$——nd 龄期时混凝土的抗拉弹性模量，MPa；

Φ——无量纲参数，其值越大，混凝土抗裂性就越好，这里忽略自生体积变形、徐变等因素的影响。

式中极限拉伸值和抗拉强度为分子，即极限拉伸值和抗拉强度越大，混凝土的抗裂参数值越大，混凝土的抗裂性能越好，混凝土的温度变形系数越大、抗拉弹性模量越大、在 ΔT 时段内的温升越大，其抗裂参数值越小，抗裂能力越差。

3 混凝土的温控标准

3.1 基础温差

基础温差是指混凝土浇筑块在其基础约束区范围内（即 1/2 底部的长边的高程范围内），混凝土最高温度与稳定温度之差，控制基础温差的目的是为了防止基础贯穿裂缝。混凝土最高温度一般取 28d 龄期内浇筑块混凝土出现的最高温度。

大体积混凝土基础温差的最大允许值，由混凝土强度条件并结合实际情况根据《混凝土重力坝设计规范》（DL 5108—1999）的规定确定，所谓强度条件，即在 ΔT 作用下，坝块基础约束区产生的拉应力或拉伸应变不大于混凝土的极限拉伸或强度。目前，国家重点工程中，多数是通过有限元仿真计算后确定。

对于基岩面上薄层混凝土块及基岩弹性模量比混凝土弹性模量高出较多者，以及基础约束区内混凝土不能连续浇筑上升者，应核算基础约束区内混凝土温度应力，不能满足防裂要求时，应考虑减小分缝分块尺寸。《混凝土重力坝设计规范》（DL 5108—1999）对 28d 龄期极限拉伸值不低于 0.85×10^{-4}、基岩变形模量与混凝土弹性模量相近、短间歇均匀上升的常态混凝土浇筑块的基础允许温差的规定值见表 3-1。陡坡和填塘部位混凝土基础允许温差，应视所在部位结构要求和其特征尺寸，参照平整基础温差标准适当提高，填塘、陡坡混凝土浇平至相邻基岩后，应停歇冷却至与周围基岩温度相近时，再继续上升。某重力坝和某大型拱坝混凝土浇筑块基础允许温差见表 3-2、表 3-3。

表 3-1　　　　　　　混凝土浇筑块基础允许温差规定值

离基岩面高度 H	混凝土基础允许温差/℃				
	17m 以下	17~21m	21~30m	30~40m	40m 至通仓
$(0\sim0.2)L$	26~24	24~22	22~19	19~16	16~14
$(0.2\sim0.4)L$	28~26	26~25	25~22	22~19	19~17

表 3-2　　　　某重力坝混凝土浇筑块基础允许温差　　　　单位：℃

部　位	混凝土浇筑块长边尺寸 L/m				
	≤20	21~30	31~40	41~50	通仓
基础强约束区	22	20~21	17~19	16	14
基础强约束区	25	23~24	20~22	19	17

注　1. 高度 $(0\sim0.2)L$ 为基础强约束区，$(0.2\sim0.4)L$ 为基础弱约束区。
　　2. 基岩与混凝土的弹性模量比为 1.5∶1。

　　　　　某大型拱坝混凝土浇筑块基础允许温差　　　　　单位：℃

部　　　　位		允　许　温　差
约束区	陡坡坝段	13
	除陡坡坝段外	14.5
自由区		18

3.2　上、下层温差

　　上、下层温差指在老混凝土面（间歇期超过 28d）上、下层各 $L/4$ 范围内，上层混凝土最高平均温度与新混凝土开始浇筑时，下层老混凝土的实际平均温度之差，在老混凝土上浇筑新混凝土时，需要控制其上、下层温差，目的是为了防止上下层温差过大而造成裂缝。当上层混凝土短间歇连续浇筑上升，且浇筑高度大于 $0.5L$ 时，其允许值一般为 15～20℃。浇筑块侧面长期暴露，或上层混凝土高度小于 $0.5L$，或非连续浇筑上升时，一般取下限值。

　　由于长间歇的老混凝土的水化作用已几本完成，内部温度直接受气温影响作周期性变化，接近甚至低于年平均气温；老混凝土龄期长，弹性模量高，甚至超过基岩，对新浇筑的混凝土产生较大的约束。

　　DL 5108—1999 中制定的上、下层温差是一个控制标准，比较难以掌握，为了便于在工程中，实施最好将上、下层温差的限制转化为控制新浇筑混凝土的内部最高温度。

　　由于老混凝土的龄期较长，内部温度基本随外界气温变化。因此，对老混凝土坝块，在新浇混凝土开始浇筑时，老混凝土深度 0～$L/4$ 之间的平均温度计算式为：

$$T = \frac{\int_0^{L/4}\left[T_m + T_b e^{-x\sqrt{\frac{\omega}{2a}}}\sin\left(\omega t - \sqrt{\frac{\omega}{2\alpha}}x\right)\right]\mathrm{d}x}{L/4} = T_m + \xi T_b \tag{3-1}$$

$$\xi = \frac{\int_0^{L/4} e^{-x\sqrt{\frac{\omega}{2a}}}\sin\left(\omega t - \sqrt{\frac{\omega}{2\alpha}}x\right)\mathrm{d}x}{L/4} \tag{3-2}$$

式中　T_m——年平均气温；

　　　T_b——气温年变幅；

　　　α——老混凝土导温系数。

　　对于具体的坝块，气温年变化 $T_m + T_b\sin(\omega t)$ 及老混凝土的尺寸为已知，代入式（3-2）即可求出 ξ 值与老混凝土内 0～$L/4$ 之间新混凝土开始浇筑时的平均温度 T_0，根据规范的要求，求得满足上下层温差的上层新浇筑混凝土的最高平均温度（$L/4$ 内）的控制要求 T_m，按式（3-3）计算：

$$T_m \leqslant 15～20 + T_m + \xi T_b \tag{3-3}$$

3.3　内外温差

　　坝体或浇筑块的内部温度与外界气温之差称为混凝土内外温差。对于脱离基础约束区的混凝土,一般以内外温差来作为控制标准。此时,混凝土受内外温差的影响,产生自约束,即内层温度约束表层温度,如果内外的温差超过一定值,将会在表层产生裂缝。为防止坝体内外温差过大引起混凝土表面产生裂缝,施工中必须控制坝体内外温差的值,一般为 20~25℃。在设计及施工中为了便于掌握,一般将内外温差转化为控制坝体最高温度。任何部位,包括基础约束区及基础非约束区,其最高温度均不得超过坝体最高温控标准。坝体最高温控标准通过计算确定的,在确定过程中会参考其他工程的控制情况。

内外温差有三个基本特点:①以浇筑后的第一个冬季为最大。一般的浇筑块,其温度场的变化过程有一个显著的特点:即不论坝块是哪个月份浇筑,它的内外温差以第一个年头的冬季为最大。②产生的拉引力以上下游面为最大。③内外温差产生的裂缝与气温骤降产生的裂缝有不同的特征前者发生在后期,多为深层性的,而气温骤降产生的裂缝主要发生在早期(6~20d),且深度较浅。

国内某重力坝对均匀上升浇筑块,坝体常态混凝土最高温度按表 3-4 控制。

表 3-4 国内某重力坝混凝土最高温控标准 单位:℃

月 份	12月至次年2月	3、11	4、10	5、9	6—8
≤R₉₀200	23~24	26~27	30	33、34	35~38
≥R₉₀250	24~26	28~29	31、33	34~36	37~39

注 重要部位取下限值。

3.4 设计允许最高温度

设计允许的最高温度,是指浇筑块浇筑后由于水化热温升而使混凝土内部出现的最高平均温度,确定坝体设计允许最高温度原则:是考虑混凝土的抗裂能力,在混凝土凝结过程中,由于热胀冷缩的因素,混凝土受基础约束、内外约束以及老混凝土的约束,使之产生应力,这种应力随混凝土内部温度的降幅增大而增大,以混凝土所能承受的拉应力为原则,能承受温度的最大降幅,并考虑一定安全系数,作为设计允许的最高温度,对于大型工程,一般是通过有限元仿真计算来确定,在确定最高温度过程中,还参照其他工程的经验,作为确定最高温度的依据之一。国内三峡水利枢纽泄洪坝段、藏木水电站、向家坝水电站泄洪坝段工程设计允许最高温度见表 3-5~表 3-7。

表 3-5 三峡水利枢纽工程溢流坝段设计允许最高温度 单位:℃

部 位	区 域	月 份				
		12月至次年2月	3、11	4、10	5、9	6—8
第Ⅰ仓	基础强约束区	23	26	30	33	34
	基础弱约束区	23	26	30	33	35~36
	脱离基础约束区	23	26	30	33	36~37
第Ⅱ仓及1~7坝段第Ⅲ仓	基础强约束区	24	27	31	33	33
	基础弱约束区	24	27	31	34	35~36
	脱离基础约束区	24	27	31	34	36~38

部 位	区 域	月 份				
		12月至次年2月	3、11	4、10	5、9	6—8
8～23坝段 第Ⅲ仓	基础强约束区	24	27	31	34	32
	基础弱约束区	24	27	31	34	35
	脱离基础约束区	24	27	31	34	36～37
1～7坝段第Ⅳ仓	基础强约束区	24	27	31	34	36
	基础弱约束区	24	27	31	34	36～37
	脱离基础约束区	24	27	31	34	36～38

表3-6 藏木水电站大坝设计允许最高温度 单位：℃

温控分区	月 份		
	夏季（5—9）	春、秋季（3月中下旬、4、10）	冬季（11月至次年3月上旬）
0～0.2L 强约束区	25	25（表面保护后）	25（保温后）
弱约束区（0.2～0.4）L	28	28（表面保护后）	28（保温后）
自由区 0.4L 以上	30	30（表面保护后）	30（保温后）

表3-7 向家坝水电站泄洪坝段设计允许最高温度 单位：℃

月 份		1	2	3	4	5	6	7	8	9	10	11	12
甲块	0～0.2L	25	25	30	30	30	30	30	30	30	30	30	26
	(0.2～0.4)L	25	25	31	32	32	32	32	32	32	32	32	26
	非约束区	25	25	31	33	37	37	37	37	37	36	32	26
乙块	0～0.2L	25	25	31	31	31	31	31	31	31	31	31	26
	(0.2～0.4)L	25	25	31	33	33	33	33	33	33	33	32	26
	非约束区	25	25	31	33	37	37	37	37	37	36	32	26
丙块	0～0.2L	25	25	31	32	32	32	32	32	32	32	32	26
	(0.2～0.4)L	25	25	31	33	34	34	34	34	34	34	32	26
	非约束区	25	25	31	33	37	37	37	37	37	36	32	26

3.5 等效放热系数

表面放热系数是指一定单位面积、单位时间和温度下，释放的热量，固体在空气中的放热系数见表3-8。混凝土表面保温后，其表面不与外界空气接触，不存在真正的热交换系数，只能是等效的热交换系数。

等效放热系数

$$\beta_{效} = \cfrac{1}{\cfrac{1}{\beta_0} + \sum_{i=1}^{n} \cfrac{\delta_i}{K_1 K_2 \lambda_i}} \tag{3-4}$$

式中 δ_i——第 i 层保温材料厚度，m；

λ_i——第 i 层保温材料导热系数，见表 3-9，J/(m·h·℃)；

β_0——不保温时混凝土表面放热系数，kJ/(m²·h·℃)；

K_1——风速修正系数，见表 3-10；

K_2——潮湿程度修正系数，潮湿材料取 3~5，干燥材料取 1。

表面流水养护时混凝土表面温度可取水温与气温的平均值。对于有初期通水冷却者，可将差分法与一期通水冷却计算相结合进行。差分法计算时可用计算机编写程序进行计算，快速简便。

表 3-8　　　　　　　　　　　固体在空气中的放热系数

风速/(m/s)	β/[kJ/(m²·h·℃)]		风速/(m/s)	β/[kJ/(m²·h·℃)]	
	光滑表面	粗糙表面		光滑表面	粗糙表面
0	18.5	21.1	5.0	90.1	96.7
0.5	28.7	31.4	6.0	103.2	111.0
1.0	35.8	38.7	7.0	116.1	124.9
2.0	49.4	53.0	8.0	128.6	138.5
3.0	63.1	67.6	9.0	140.8	151.7
4.0	76.7	82.2	10.0	152.7	165.1

表 3-9　　　　　　　　　　各种保温材料导热系数 λ

名　称	λ/[kJ/(m·h·℃)]	名　称	λ/[kJ/(m²·h·℃)]
泡沫塑料	0.1256	膨胀珍珠岩	0.1675
玻璃棉毡	0.1674	沥青	0.9380
木板	0.8370	干棉絮	0.1549
木屑	0.6280	油毛毡	0.1670
稻草或麦秆席	0.5020	干砂	0.1720
炉渣	1.6740	湿砂	4.0600
甘蔗板	0.1670	矿物棉	0.2090
石棉毡	0.4190	麻毡	0.1880
泡沫混凝土	0.3770	普通纸板	0.6280
聚苯乙烯泡沫板	0.1000	聚乙烯泡沫板	0.1600

表 3-10　　　　　　　　　　　风速修正系数 K_1

保温层透风性		风速小于 4m/s	风速大于 4m/s
易透风保温层（稻草锯末等）	不加隔层	2.6	3.0
	外面加不透风隔层	1.6	1.9
	内面加不透风隔层	2.6	2.3
	内外加不透风隔层	1.3	1.5
不透风保温层		1.3	1.5

4 温 度 计 算

施工期温度计算包括初期最高温度计算和后期通水温度计算等，坝体混凝土初期温度计算，主要是比较各种温控措施条件下混凝土浇筑后出现的最高温度，判别混凝土的温度是否控制在基础允许温差、上下层温差及内外温差和坝体内部最高温度等控制标准范围内，为温控措施和温度应力分析提供依据。混凝土初期温度计算一般可用差分法或实用计算法，对于大型工程和边界条件复杂者可用有限元法。

4.1 混凝土出机口温度的计算

4.1.1 预冷骨料

对于有温控要求的坝体施工时，需要控制混凝土出机口温度，出机口温度的计算原理在不考虑拌和机械产生的热量和拌和时的水化热情况下，拌和前后的拌和物总热量不变。因此，出机口温度的高低调整，通过调整原材料的温度来实现，原材料包括粗细骨料、胶泥材料、水和外加剂等。

粗细骨料的温控通过堆积、运输、冷却降温等各个环节来实现，根据工程的要求和现场的实际情况，对骨料采取不同的冷却方式。比如砂、石骨料在骨料场采取增加堆积厚度，降低骨料温度，一般骨料堆积厚度为9m时，底层骨料的温度可比月平均气温低2～3.5℃。水泥的温度都较高，并且也难于采取直接的降温措施，只有在装罐前延长罐车停放时间或者延长罐内停留时间，通过自然散热来降低温度。拌和用水如果采用天然河水，则随季节有很大的变动；如采用地下水，一般接近年平均河水温度，如采用冷却水，可根据实际情况采用2～5℃的冷却水。

为了降低混凝土浇筑温度，往往需要对混凝土原材料采取降温措施，以降低混凝土出机口温度。降温的措施不同，降温的效果差别较大。一般粗骨料通过二次冷却可降至零度以下，拌和水可降至2℃。砂子一般不进行降温处理，特别需要时，可采取真空气化法等方法冷却，或使用冷却排管或冷却螺旋输送器，冷却效果都不大。

利用拌和前混凝土原材料总热量与拌和后流态混凝土总热量相等的原理，按式(4-1)可求得混凝土的出机口温度 T_0：

$$T_0 = \frac{(C_s + C_w q_s)W_s T_s + (C_g + C_w q_g)W_g T_g + C_c W_c T_c + C_w(W_w - q_s W_s - q_g w_g)T_w + Q_j}{C_s W_s + C_g W_g + C_c W_c + C_w W_w}$$

$$(4-1)$$

式中 T_0——混凝土出机口温度，℃；

C_s、C_g、C_c、C_w——砂、石、水泥、水的比热，kJ/(kg·℃)，在没有试验值的情况

下，C_s、C_g、C_c 取值为 $0.837kJ/(kg \cdot ℃)$；

q_s、q_g——砂、石的含水量，%；

W_s、W_g、W_c、W_w——混凝土中砂、石、水泥、水的用量，kg/m^3；

T_s、T_g、T_c、T_w——砂、石、水泥、水的温度，℃；

Q_j——混凝土拌和时产生的机械热、小型拌和楼可忽略不计，大型拌和楼可取 $1500kJ/m^3$。

各种原材料中，对混凝土出机口温度影响最大的是粗骨料温度，砂及水的温度次之，水泥的温度影响较小。所以，降低混凝土出机口温度最有效的办法是降低粗骨料的温度，粗骨料温度降低 1℃，混凝土出机口温度约可降低 0.6℃。

4.1.2 加冰拌和

在预冷混凝土骨料等措施的情况下，不能满足出机口温度要求时，需要在拌和物中掺入片冰，代替部分拌和用水，片冰的掺量根据出机口温度要求和配合比的设计要求来确定。片冰在拌和过程中融解，将吸收 335kJ/kg 的热量，加冰拌和的效果见表 4-1。

表 4-1　　　　　　　　　　加冰拌和的效果

加冰率/%	25	50	75	100
降温值/℃	2.8	5.7	8.5	11.4

一般每加 10kg 冰，可降低混凝土出机口温度 1℃ 左右，拌和混凝土的加冰率为 70%～85%。

加冰拌和的混凝土出机口温度计算式：

$$T_0 = \frac{(0.837+4.19q_s)W_sT_s+(0.837+4.19q_g)W_gT_g+0.837W_cT_c}{0.837(W_s+W_g+W_c)+4.19W_w}$$
$$+\frac{4.19(1-p)(W_w-q_sW_s-q_gW_g)T_w-335\eta p(W_w-q_sW_s-q_gW_g)}{0.837(W_s+W_g+W_c)+4.19W_w}$$

$$(4-2)$$

式中　p——加冰率；

η——加冰的有效系数，在进入拌和楼前，有一些冰屑在运输途中已经融化，通常 $\eta=0.75～0.85$。

4.2　混凝土入仓温度

混凝土入仓温度是指从拌和楼出机后，通过运输设备运输至仓内时的温度，其取决于混凝土出机口温度和运输过程的温升，而运输过程中的温升值大小与外界气温、运输工具类型、运输时间和转运次数等有关。混凝土入仓温度可按式（4-3）计算：

$$T_{B,P}=T_0+(T_a-T_0)(\theta_1+\theta_2+\cdots+\theta_n) \qquad (4-3)$$

其中混凝土运输时：　　　　　　　　　$\theta=At$

式中　　　　$T_{B,P}$——混凝土入仓温度，℃；

T_0——混凝土出机口温度，℃；

T_a——混凝土运输时气温,℃;

$\theta_i(i=1,2,3,\cdots,n)$——温度回升系数,混凝土装、卸和转动每次$\theta=0.032$;

A——混凝土运输过程中温度回升系数,见表4-2;

t——运输时间,min。

表4-2　　　　　　　混凝土运输过程中温度回升系数 A

运输工具	容积/m³	A	运输工具	容积/m³	A
自卸汽车	1.0	0.0040	长方形吊斗	1.6	0.0013
自卸汽车	1.4	0.0037	圆柱形吊罐	1.6	0.0009
自卸汽车	2.0	0.0030	圆柱形吊罐	3.0	0.0007
自卸汽车	3.0	0.0020	圆柱形吊罐	6.0	0.0005
长方形吊斗	0.3	0.0022			

对于大型自卸汽车及胶带机输送混凝土时温度回升率,设计单位在三峡水利枢纽工程大坝施工时曾用双向差分法计算分析,自卸汽车运送混凝土时温度回升系数见表4-3。胶带机输送混凝土时温度回升系数与胶带机生产率、单段长度及总长度等因素相关。按三峡水利枢纽工程大坝采用的高速槽型胶带总长390~780m、生产率2~4m³/min计算得胶带机输送混凝土时单位长度温度回升系数为0.00025~0.00045℃/(m·℃),生产率较高且胶带总长度较长时取下限值。

三峡水利枢纽工程和龙滩水电站工程皮带机入仓有实测经验数据,在三峡水利枢纽工程中,当外界气温高于30℃时,混凝土皮带机运输途中温度升高5~8℃。龙滩水电站工程通过测量结果可得:在皮带机启动初期,即使环境温度较低,温升仍然较快,在环境温度为22.0℃时,最大温升为3.8℃,在测试时环境温度最高为32~33℃,温升反而只有1.8~2.8℃,试验结果表明环境温度在22~33℃时实际温升为1.8~3.8℃,比汽车入仓温升平均高1℃。龙滩水电站单条皮带机的最大入仓强度约330m³/h,三峡水利枢纽工程的单条皮带机入仓强度一般在120m³/h以内。因此,采用皮带机入仓方式,当入仓强度增大时,其温度回升减小。

表4-3　　　　　　　自卸汽车运送混凝土时的温度回升系数

运输时间/min		5	10	15	20	25	30
温度回升系数/[℃/(min·℃)]	3m³	0.0053	0.0042	0.0039	0.0037	0.0035	0.0034
	6m³	0.0030	0.0024	0.0022	0.0021	0.0020	0.0020
	9m³	0.0021	0.0018	0.0016	0.0015	0.0015	0.0014

4.3　混凝土浇筑温度

浇筑温度是混凝土入仓经过平仓振捣后,在覆盖上层混凝土之前距离浇筑层面以下10cm处的温度为浇筑温度,浇筑温度一般跟入仓温度、仓面气温、是否有太阳直射等有关,一般可用式(4-4)计算:

$$T_p = T_{B,P} + \theta_\rho \tau (T_a - T_{B,\rho}) \qquad\qquad (4-4)$$

式中　　T_p——混凝土浇筑温度，℃；

　　　　θ_ρ——混凝土浇筑过程中温度倒灌系数，一般可根据现场实测资料确定，也可用单向差分法等进行计算，缺乏资料时可取 $\theta_\rho = 0.002 \sim 0.003/\mathrm{min}$；

　　　　τ——铺料平仓振捣至上层混凝土覆盖前的时间，min。

　　某枢纽工程的设计单位在施工组织设计阶段，用单向差分法对高温季节混凝土浇筑过程中温度回升系数进行了计算分析，在浇筑过程中不计混凝土水化热温升时的温度回升系数见表 4-4，表中保温指浇筑时在平仓振捣后立即用厚 1cm 的高发泡聚乙烯塑料覆盖保温，直至浇筑上层混凝土时解开。该工程混凝土运输、浇筑过程中温度总回升率为：浇筑过程进行保温时为 0.21～0.25。不保温时为 0.29～0.33。

　　由于高发泡聚乙烯塑料卷材为开孔型的材料，在仓面覆盖时材料会吸水，影响其隔热效果，实际的情况与理论计算会有出入，可以根据实际情况来测定。

表 4-4　　　　　　混凝土浇筑过程中不计混凝土水化热时温度回升系数　　　单位：℃/(min·℃)

浇筑坯覆盖时间/min	30	60	90	120	150	180
不保温时混凝土温度回升系数	0.001251	0.001513	0.001512	0.001448	0.001374	0.001303
保温时混凝土温度回升系数	0.001251	0.001087	0.000811	0.000659	0.000568	0.000507

4.4　差分法计算浇筑块内部温度

4.4.1　单向差分法

　　对于平面尺寸较大的混凝土块，可用单向差分法计算其温度场，按式（4-5）计算：

$$T_{n,\tau+\Delta\tau} = T_{n,\tau} + \frac{\alpha\Delta\tau}{\delta^2}(T_{n-1,\tau} + T_{n+1,\tau} - 2T_{n,\tau}) + \Delta\theta_\tau \qquad\qquad (4-5)$$

式中　　$T_{n,\tau+\Delta\tau}$——计算点计算时段的温度，℃；

　　　　$T_{n,\tau}$——计算点前一时段的温度，℃；

$T_{n-1,\tau}$、$T_{n+1,\tau}$——与计算点相邻的上下两点在前一时段的温度，℃；

　　　　α——混凝土导温系数，$\mathrm{m^2/d}$；

　　　　δ——计算点间距，m；

　　　　$\Delta\tau$——计算时段时间步长，应满足 $\dfrac{\alpha\Delta\tau}{\delta^2} \leqslant 0.5$，d；

　　　　$\Delta\theta_\tau$——计算时段内混凝土绝热温升增量，℃。

　　混凝土绝热温升用公式 $\theta_\tau = \dfrac{\theta_0 \tau}{DN + \tau}$ 和公式 $\theta_\tau = \theta_0(1 - e^{-m\tau^b})$ 表示，对于浇筑层面计算点，可取上下浇筑层绝热温升增量各一半作为该点绝热温升增量，建基面上计算点绝热温升增量可取第一层之一半。

4.4.2　双向差分法

　　双向差分法计算温度场，计算分格见图 4-1，按式（4-6）计算：

$$T_{0,\tau+\Delta\tau}=T_{0,\tau}+\frac{2\alpha\Delta\tau}{\delta^2}\left[\frac{1}{L_1+L_2}\left(\frac{T_{1,\tau}}{L_1}+\frac{T_{2,\tau}}{L_2}\right)+\frac{1}{L_3+L_4}\left(\frac{T_{3,\tau}}{L_3}+\frac{T_{4,\tau}}{L_4}\right)-T_{0,\tau}\left(\frac{1}{L_1L_2}+\frac{1}{L_3L_4}\right)\right]+\Delta\theta_\tau$$

$$(4-6)$$

式中　$T_{0,\tau+\Delta\tau}$——计算点计算时段温度，℃；

$T_{0,\tau}$——计算点前一时段温度，℃；

$T_{1,\tau}$、$T_{2,\tau}$——计算点相邻的左、右点前一时段温度，℃；

$T_{3,\tau}$、$T_{4,\tau}$——计算点相邻的上、下点前一时段温度，℃；

α——混凝土导温系数，$\mathrm{m^2/d}$；

δ——计算点平均点距，m；

$\Delta\tau$——计算时段时间步长、应满足$\frac{\alpha\Delta\tau}{\delta^2}\leqslant0.25$，d；

L_1、L_2——与计算相邻的左、右点间距与平均点距之比；

L_3、L_4——与计算相邻的上、下点间距与平均点距之比；

$\Delta\theta_\tau$——计算时段混凝土绝热温升增量，℃。

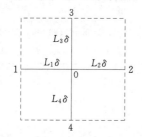

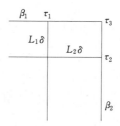

图 4-1　双向差分计算分格图　　图 4-2　棱角上温度双向差分计算边界条件图

双向差分法计算场时，棱角上的边界若为第三类边界条件，按图 4-2 分格，温度按式（4-7）计算：

$$T_y=\frac{\dfrac{T_1}{L_1\delta}+\dfrac{T_2}{L_2\delta}+\dfrac{T_a}{\lambda}(\beta_1+\beta_2)}{\dfrac{1}{L_1\delta}+\dfrac{1}{L_2\delta}+\dfrac{1}{\lambda}(\beta_1+\beta_2)}$$

$$(4-7)$$

式中　T_y——棱角点温度，℃；

T_1、T_2——两边界上相邻点温度，℃；

T_a——气温，℃；

λ——混凝土导热系数，$\mathrm{kJ/(m\cdot h\cdot ℃)}$；

β_1、β_2——两边界上混凝土热交换系数，$\mathrm{kJ/(m^2\cdot h\cdot ℃)}$；

$L_1\delta$、$L_2\delta$——边界上的分格距离，m。

与气温接触的混凝土表面温度按第三类边界条件处理，其计算式（4-8）为：

$$T_{F,\tau+\Delta\tau}=\frac{T_{0,\tau+\Delta\tau}+\dfrac{\beta L_F\delta}{\lambda}T_a}{1+\dfrac{\beta L_F\delta}{\lambda}}$$

$$(4-8)$$

式中　$T_{F,\tau+\Delta\tau}$——边界点计算时段温度，℃；

$T_{0,\tau+\Delta\tau}$——靠近边界的计算点计算时段温度，℃；

$L_F\delta$——$T_{0,\tau+\Delta\tau}$点至混凝土边界的距离；

T_a——混凝土表面气温，℃；

λ——混凝土导热系数，kJ/(m·h·℃)；

β——混凝土表面放热系数，kJ/(m²·h·℃)。

混凝土表面放热系数 β 值，无保温时可根据坝区平均风速资料参照表 3-8 取值，表面进行保温时混凝土表面等效放热系数，可根据保温层厚度及保温材料导热性能按 3.5 节中的等效放热系数进行计算。

4.5 实用计算法浇筑块内部温度

4.5.1 单向散热浇筑块最高温度计算

由于热传导微分方程和边界条件都是线性相关的。因此，可以利用叠加原理，将浇筑块复杂的散热过程分解为图 4-3 的四个单元求解。

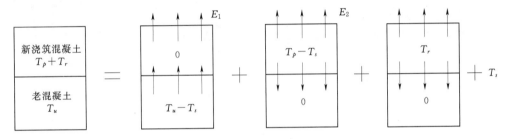

图 4-3 混凝土块温度计算示意图

（1）下层混凝土通过上层混凝土的向顶面散热。下层混凝土在初始均匀温度 T_u 时，通过上层新浇混凝土向顶面散热并残存一部分热量于新浇混凝土中，引起新浇混凝土温度升高，其平均温度残留比为：

$$E_1=\frac{\sqrt{F_0}}{\sqrt{\pi}}(1+e_0^{-\frac{1}{F}}-2e_0^{-\frac{1}{4F}})+p\left(\frac{1}{\sqrt{F_0}}\right)-P\left(\frac{1}{2\sqrt{F_0}}\right) \tag{4-9}$$

$$F_0=\frac{\alpha\tau}{l^2}$$

$$p(\chi)=\frac{2}{\sqrt{\pi}}\int_0^\chi e^{-u^2}du[几率积分函数,p(\chi)\leqslant 1]$$

式中　α——混凝土导温系数，m²/d；

τ——计算时间，d；

l——混凝土浇筑层厚度，m。

（2）上层混凝土向下层混凝土和顶面散热。上层新浇混凝土固定热源 T_p-T_s（混凝土浇筑温度与混凝土表面温度之差）向空气和老混凝土传热的残留比为：

$$E_2=\frac{\sqrt{F_0}}{\sqrt{\pi}}(4e^{-\frac{1}{4F_0}}-e^{-\frac{1}{F_0}}-3)-p\left(\frac{1}{\sqrt{F_0}}\right)+2P\left(\frac{1}{2\sqrt{F_0}}\right) \tag{4-10}$$

（3）混凝土水化热向下层和顶面散热。混凝土水化热 θ_r 向顶面空气和下层老混凝土散发后引起新浇混凝土温度上升值 T_r，可采用时差法计算，即将每个单位时段的混凝土绝热温升值的增量视为常量，与满足边界条件下的相应散热残留比中的中值相乘，然后将各时段的积叠加求和，即为该时段水化热温升 T_r，具体计算过程见表 4 - 5。

表 4 - 5 　　　　　　　　　　时差法计算 T_r

时段	时间	绝热温升	绝热温升增量	F_0	E_2	温度计算			
						时段 1	时段 2	时段 3	…
1	$\Delta\tau$	$\theta_{\frac{1}{2}\Delta r}$	$\Delta\theta_1=\theta_{\frac{1}{2}\Delta t}$	$\dfrac{\alpha\Delta\tau}{l^2}$	E_{21}	$E_{21}\Delta\theta_1$	$E_{22}\Delta\theta_1$	$E_{23}\Delta\theta_1$	…
2	$2\Delta\tau$	$\theta_{1\frac{1}{2}\Delta r}$	$\Delta\theta_2=\theta_{1\frac{1}{2}\Delta t}-\theta_{\frac{1}{2}\Delta t}$	$\dfrac{2\alpha\Delta\tau}{l^2}$	E_{22}		$E_{21}\Delta\theta_2$	$E_{22}\Delta\theta_2$	…
3	$3\Delta\tau$	$\theta_{2\frac{1}{2}\Delta r}$	$\Delta\theta_3=\theta_{2\frac{1}{2}\Delta t}-\theta_{1\frac{1}{2}\Delta t}$	$\dfrac{3\alpha\Delta\tau}{l^2}$	E_{23}			$E_{21}\Delta\theta_3$	…
⋮	⋮	⋮	⋮	⋮	⋮				
		T_r				Σ	Σ	Σ	…

注　表中 E_2 根据 F_0 值由式（4 - 10）计算。

（4）混凝土浇筑块平均温度计算。

1）无初期通水冷却时混凝土浇筑块早期平均温度计算式（4 - 11）为：

$$T_m=(T_u-T_s)E_1+(T_p-T_s)E_2+T_r+T_s \qquad (4-11)$$

在短间歇均匀上升情况下，可简化计算，令 $T_u\approx T_m$，得计算式（4 - 12）为：

$$T_m=\frac{(T_p-T_s)E_2}{1-E_1}+\frac{T_r}{1-E_1}+T_s \qquad (4-12)$$

$$T_s=T_a+\Delta T$$

式中　T_m——混凝土浇筑块平均温度，℃；

　　　T_p——混凝土浇筑温度，℃；

　　　T_r——混凝土水化热温升，采用时差法计算，℃；

　　　E_1——新浇混凝土接受老混凝土固定热源作用并向顶面散热的残留比，可由式（4 - 9）求得，或由相关的数据图查得；

　　　E_2——新浇混凝土固定热源向空气和老混凝土传热的残留比，可由式（4 - 10）求得，或由相关数据图查得；

　　　T_s——混凝土表面温度，℃；

　　　T_a——气温，℃；

　　　ΔT——混凝土表面温度高于气温的差值，当气温为常温时，可用有热源半无限体公式作近似解，即利用式（4 - 13）及式（4 - 14）求出不同 τ 与 ΔT 的对应关系，再根据确定的 τ 通过内插法求得所需 ΔT。也可根据实测资料，近似取 $\Delta T=2\sim5$℃（混凝土标号较低时取小值）；当顶部盖一层草袋或其他相当的保温材料时，$\Delta T\approx10$℃；当顶面流水养护时，$T_s=(T_a+T_w)/2$。

$$\Delta T=\frac{\theta_\tau}{2+\dfrac{\beta}{\lambda}x} \qquad (4-13)$$

$$\tau=\frac{1}{6a}\left[\frac{\chi^2}{2}+\frac{2\lambda}{\beta}\chi-\left(\frac{2\lambda}{\beta}\right)^2\ln\left(\frac{\beta}{2\lambda}x+1\right)\right] \tag{4-14}$$

式中 x——时间为 τ 时，表面散热影响半无限体距表面以下的深度，m；

θ_τ——τ 时刻混凝土水化热温升，按实测胶凝材料水化热归纳计算式计算，℃。

2）有初期通水冷却时，需要计入通水冷却散热浇筑层平均温度，计算式（4-15）为：

$$T_m=\frac{(T_p-T_s)E_2X}{1-E_1X}+\frac{(T_w-T_s)E_2(1-X)}{1-E_1X}+\frac{T_r}{1-E_1X}+T_s \tag{4-15}$$

式中 T_w——冷却水管进水口处水温，℃；

X——水管散热残留比，$X=f\left(\dfrac{a\tau}{D^2},\dfrac{\lambda L}{C_w\gamma_w q_w}\right)$。

由相关数据图查得，或由式（4-16）求得：

$$X=e^{-kF_0^s} \tag{4-16}$$

$$k=2.08-1.174\xi+0.256\xi^2$$

$$F_0=\frac{a\tau}{D^2}$$

$$s=0.971+0.1485\xi-0.0445\xi^2$$

$$\xi=\frac{\lambda L}{C_w\rho_w q_w}$$

式（4-11）及式（4-15）即为实用计算法基本计算公式，用该公式可计算混凝土浇筑后间歇期内浇筑块平均温度过程，出现的最高温度一般为浇筑块早期最高温度。对于短间歇连续均匀浇筑上升浇筑块，用实用法计算浇筑块早期最高温度时精度较高，但对于基岩面上浇筑层或间歇时间较长或初期通水冷却时间较长的浇筑块，采用实用法计算早期温度时精度相对稍低，一般偏高 1℃ 左右；采用冷却水进行初期通水冷却时反映的冷却效果一般为 2℃ 左右，比实际效果低 1~2℃。

4.5.2 墩墙浇筑块最高温度计算

4.5.2.1 两向散热残留比

混凝土墙散热见图 4-4，严格来讲属三向散热问题，但在实际计算中，考虑到 z 方向尺寸比 x、y 方向大得多，则可略去其散热作用。由此，可将墩墙结构简化为两向散热问题，见图 4-5。

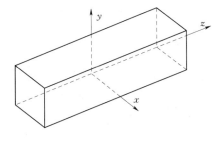

图 4-4 墩墙散热示意图

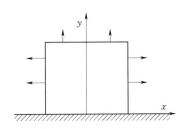

图 4-5 墩墙散热简化示意图

数学上可以证明，两个垂直方向的综合散热残留比为：

$$E = E_x E_y \qquad (4-17)$$

但应注意，两个垂直方向的综合倒灌残留比为：

$$E' = 1 - (1 - E_x)(1 - E_y) \qquad (4-18)$$

4.5.2.2 平均温度计算公式

（1）中墩两个侧面及顶面散热：

$$T_m = (T_u - T_s) E_{11} E_{1y} + (T_p - T_s) E_{11} E_{2y} + T_r + T_s \qquad (4-19)$$

$$T_s = T_a + \Delta T$$

式中　T_p——混凝土浇筑温度，℃；

$\quad\quad$ T_r——混凝土水化热温升，采用时差法计算，℃；

$\quad\quad$ E_{11}——无限平板散热残留比；

$\quad\quad$ E_{1y}——新浇混凝土接受老混凝土固定热源作用并向顶面散热的残留比；

$\quad\quad$ E_{2y}——新浇混凝土固定热源向顶面空气和老混凝土传热的残留比；

$\quad\quad$ T_s——混凝土表面温度，℃；

$\quad\quad$ T_a——气温，℃。

（2）边墩一个侧面及顶面散热：

$$T_m = (T_u - T_s) E_{1x} E_{1y} + (T_p - T_s) E_{2x} E_{2y} + T_r + T_s \qquad (4-20)$$

式中　E_{1x}——新浇混凝土接受老混凝土固定热源作用并向侧面散热的残留比；

$\quad\quad$ E_{2x}——新浇混凝土固定热源向侧面空气和老混凝土传热的残留比。

4.5.3 坝体混凝土的天然冷却

当混凝土浇筑后，由于水化热的作用，混凝土内部温度将开始上升，当内部温度高于外界的自然温度时，混凝土就开始向外散热，随着水化热的消失和内部热量向外界的传递，混凝土的温度将逐渐下降。根据混凝土块体结构尺寸和水化热温升的不同，其温度下降至稳定温度的时间亦不相同，一般大的结构块体温度下降的时间长，小的块体温度下降的时间短，并且与外界温度变化亦有很大的相关性，外界温度低，其散热速度亦较快。通过对混凝土块体天然冷却的计算，来确定坝体长期暴露部位的内、外温差（或温度梯度），长间歇块继续浇筑上部混凝土时的上、下层温差和混凝土块体天然冷却至稳定温度所需要的时间等。

混凝土块体天然冷却的前期是有热源的，其计算方法在前面已经叙述。当混凝土龄期超过28d后，坝体混凝土后期温度的天然冷却计算，可视为无热源的温度场计算，仅与周围介质的温度变化和太阳辐射等密切相关。

4.5.3.1 外温为常温

自然冷却中，混凝土块体温度场按一定规律分布，为简化计算，设混凝土块体为均匀的初温 T_0，外界气温为 T_a 中，混凝土块体为两侧暴露，则其平均温度可用式（4-21）、式（4-22）计算：

$$T_m = T_a + (T_0 - T_a) E \qquad (4-21)$$

$$E = \frac{8}{\pi^2} \sum_{n=1}^{\infty} \frac{1}{(2n-1)^2} e^{-(2n-1)^2 \pi^2 E_0} \qquad (4-22)$$

$$F_0 = \frac{\alpha\tau}{l^2}$$

式中　T_m——混凝土平均温度，℃；

T_a——平均气温，℃；

T_0——混凝土初始温度，℃；

E——温度残留比，为参数 F_0 的函数，可用相关公式计算，或查相关的图表；

α——混凝土导温系数，$\mathrm{m^2/d}$；

τ——计算时间，d；

l——混凝土浇筑层厚度，m。

4.5.3.2　外温任意变化

坝体冷却过程中，由于时间较长，外界的气温随时间而变化，T_a 是常数，可用时差法计算，即将整个冷却过程划分为若干时段，对于每一个时段，假定气温为常数，按式（4-23）计算，然后用叠加法求出最终成果，时差法计算平均温度见表 4-6。

$$T_m = T_{ai} + \sum_{i=1}^{n}(T_{i-1} - T_{ai})E_i \qquad (4-23)$$

式中　i——时段数，$i = 1, 2, 3, \cdots, n$。

表 4-6　　　　　　　　　　时差法计算平均温度表

时段	气温	温差	时间	F_0	E_i	平均温度计算				
						第 1 时段	第 2 时段	第 3 时段	第 4 时段	…
1	T_{a1}	$T_0 - T_{a1}$	$\Delta\tau$	$\frac{\alpha\Delta\tau}{l^2}$	E_1	$E_1(T_0 - T_{a1})$	$E_2(T_0 - T_{a1})$	$E_3(T_0 - T_{a1})$	$E_4(T_0 - T_{a1})$	…
2	T_{a2}	$T_{a1} - T_{a2}$	$2\Delta\tau$	$\frac{2\alpha\Delta\tau}{l^2}$	E_2		$E_1(T_{a1} - T_{a2})$	$E_2(T_{a1} - T_{a2})$	$E_3(T_{a1} - T_{a2})$	…
3	T_{a3}	$T_{a2} - T_{a3}$	$3\Delta\tau$	$\frac{3\alpha\Delta\tau}{l^2}$	E_3			$E_1(T_{a2} - T_{a3})$	$E_2(T_{a2} - T_{a3})$	…
4	T_{a4}	$T_{a3} - T_{a4}$	$4\Delta\tau$	$\frac{4\alpha\Delta\tau}{l^2}$	E_4				$E_1(T_{a3} - T_{a4})$	…
⋮	⋮	⋮	⋮	⋮	⋮					…
T_m						$T_{a1} + E_1$ $(T_0 - T_{a1})$	$T_{a2} + \sum$	$T_{a3} + \sum$	$T_{a4} + \sum$	…

4.5.3.3　双向冷却

当浇筑块具有两个散热面时，其计算原理和方法同上，双向残留比 $E' = E_x E_y$，E_x、E_y 分别为坝块 x 及 y 两个方向的散热残留比。

4.5.3.4　温度分布计算

浇筑块中任意点的温度可用与计算混凝土平均温度相同的步骤计算。当取 $X = \frac{1}{2}$ 时，所求温度即为坝块中心点温度，混凝土表面温度可以近似估算：

$$E_c = \frac{4}{\pi} \sum_{n=1}^{\infty} \frac{1}{2n-1} e^{-(2n-1)^2 \pi^2 F_0} \sin \frac{2n-1}{l} \pi X \qquad (4-24)$$

$$\Delta T = T_c - T_a = \eta(T_c - T_a) \qquad (4-25)$$

式中　　η——折减系数，是参数 $\frac{\lambda}{\beta}$ 和温度变化周期的函数，可查表 4-7；

　　　　λ——混凝土导热系数；

　　　　β——混凝土表面热交换系数。

表 4-7　　　　　　　　　　　　　　折减系数 η 值

$\frac{\lambda}{\beta}$	瞬时降温或日变化	长期气温变化		$\frac{\lambda}{\beta}$	瞬时降温或日变化	长期气温变化	
		15d	1年			15d	1年
0.10	0.61	0.87	0.97	0.20	0.42	0.77	0.94

注　坝体温度场天然冷却计算亦可采用差分法。

4.6　冷却通水计算

4.6.1　初始温度计算

一期温度计算中，考虑混凝土内部初期通水的影响，新浇筑的混凝土与外界进行热交换。同时，有胶泥材料的水化热释放、冷却通水带走混凝土内部的热量，计算式（4-26）为：

$$T_m = T_w + X(T_0 - T_w) + X_1 \theta_0$$

$$X = f\left(\frac{\alpha_c \tau}{D^2}, \frac{\lambda_c L}{C_w \rho_w q_w}\right) \qquad (4-26)$$

$$X_1 = f\left(\frac{\alpha_c \tau}{b^2}, b\sqrt{\frac{m}{\alpha_c}}, \frac{b}{c}, \frac{\lambda_c L}{C_w \rho_w q_w}\right)$$

式中　　T_m——混凝土平均温度，℃；

　　　　T_0——开始冷却时混凝土初温，℃；

　　　　T_w——冷却水水温，℃；

　　　　θ_0——混凝土绝热温升，℃；

　　X、X_1——水管散热残留比；

　　　　α_c——混凝土导温系数，m²/h；

　　　　τ——混凝土浇筑后的历时，h；

　　b、D——冷却圆柱体半径、直径，m；

　　　　λ_c——混凝土导热系数，kJ/(m·h·℃)；

　　　　L——单根水管长，m；

　　　　C_w——水的比热，kJ/(kg·℃)；

　　　　ρ_w——水的密度，kg/m³；

30

q_w——水管通水流量，L/min；

m——胶泥材料水化热发散系数，d^{-1}；

c——冷却水管半径，m。

4.6.2 二期冷却通水计算

二期水管冷却，由于水化热已经基本散发完毕，可作为初温均匀分布、无热源的温度场，只考虑温差的影响，可按式（4-27）计算：

$$T_m = T_w + X(T_0 - T_w) \tag{4-27}$$

式中 T_m——混凝土平均温度，℃；

T_w——冷却水水温，℃；

X——水管散热残留比；

T_0——开始冷却时混凝土初温，℃。

二期冷却的时间计算，可根据流量、通水的水温、混凝土内部初始温度、冷却水管长度等，形成相应的关系曲线，通过查曲线点可得出，也可以通过简化计算，根据流量、进出水温差等条件，得出内部温度。

4.7 有限元法

对于计算精度要求较高，边界条件复杂的混凝土，当需要计算其温度场和应力场时，可用有限元法计算。有限元计算包括两个部分，顺向计算和逆向演算（反演法），顺向计算一般是为大坝设计提供制定温控标准的依据，在大坝设计时，通过不同方案的组合和计算分析，得出混凝土施工时温度控制标准和需要采取的措施；反演法是根据施工中的实际参数，进行验算，分析现行措施下混凝土内部温度和应力情况，判定是否满足设计条件，存在那方面的不足，如何优化设计标准和施工方案。由于有限元法计算较繁杂，采用已编制好的计算机程序进行计算。包括构建几何实体模型、生成有限元模型、施加荷载、求解以及后处理等，一般都是委托科研单位和大专院校完成。

目前有限元计算主要是科研单位和大专院校，本书只对有限元仿真分析做简单的介绍，主要通过三个方面说明：一是有限元仿真在设计中的应用；二是有限元仿真在施工中的应用，也就是反演分析；三是某些特殊措施中使用有限元分析。

4.7.1 有限元法设计中的应用

近年来，大坝在设计过程中，特别是结构较为复杂的混凝土大坝，多数采用了有限元的仿真计算，通过有限元仿真计算、结合混凝土设计规范所提温度控制标准以及相似工程的经验，确定大坝设计的温控标准。设计过程中的仿真计算：①对基本条件的分析和选取，比如地温和气温的选取；②建立计算模型，可以选择一个典型坝段，也可以相邻的3个坝段进行分析；③单元划分、材料属性的输入等。初步工作完成后进行计算分析，选取不同的方案进行比较，从中找出最佳的方案。下面为拉西瓦拱坝的仿真计算中，针对关键性的问题，选择3个不连续典型坝段，一个拱冠坝段，两个边坡坝段进行分析，从而得出基本的温控设计标准和施工措施。

4.7.1.1 基本条件选择

(1) 拱冠坝段基础长边的长度 $L=49$m，边坡坝段 1 的长边 $L=50$m，边坡坝段 2 的长边 $L=30$m，分别模拟 4 月、7 月、10 月、12 月分别代表春夏秋冬四个季节的气候特征，混凝土的浇筑层厚选取 1.5m、2.0m、3.0m 三种不同的层厚，层间间歇期为 5d 和 7d。

(2) 混凝土的浇筑温度：基础约束区分别按 6℃、8℃、10℃、12℃、13℃、14℃ 选取，非约束区控制在 15℃ 以内。

(3) 仿真计算中冷却水管分别选 PVC 管和黑铁管，间排距分别为 2.0m×1.5m、1.5m×1.5m、1.0m×1.5m 以及 1.0m×1.0m，冷却方式分为初期、中期和后期。

(4) 表面保护的保温材料的等效放热系数分别为 $\beta \leqslant 3.05$kJ/(m²·h·℃)、$\beta \leqslant 4.18$kJ/(m²·h·℃)、$\beta \leqslant 7.26$kJ/(m²·h·℃)、$\beta \leqslant 1.2$kJ/(m²·h·℃)、$\beta \leqslant 0.8$kJ/(m²·h·℃) 等。

(5) 计算中的绝热温升、线性膨胀系数、混凝土弹性模量、基岩弹性模量、极限拉伸值以及徐变系数等数据，根据试验取得。

4.7.1.2 仿真计算分析

仿真计算分析包括：水库水温数值计算分析和拱坝稳定场计算分析，水库水温稳定分析根据不同的季节，计算出水库水温在不同深度处的温度分布情况；温度场分析中，根据不同的工况组合情况，多达上百个组合，然后分析这些温度场、应力场得出一般性的规律的结论，根据这些结论，推荐温控措施。

4.7.1.3 推荐温控措施

通过计算分析，对浇筑层厚、间歇期、浇筑温度、混凝土允许最高温度等措施的推荐，其中大部分被设计和施工采纳。

(1) 大坝混凝土允许基础温差控制标准为 14~16℃，基础强约束区 (0~0.2)L 混凝土的最高温度须控制在 23℃ 以内；基础弱约束区 (0.2~0.4)L 混凝土最高温度须控制在 25℃ 以内；脱离约束区 (>0.4L) 混凝土允许最高温度可略放宽；基础混凝土允许抗裂应力为 2.1MPa (180d，$K=1.8$)；混凝土内外温差不超过 16℃。

(2) 基础约束区混凝土浇筑温度：11 月至次年 3 月为 6~8℃；4—10 月自然入仓；5—9 月河床坝段为 12℃，边坡坝段为 10~12℃。非约束区混凝土浇筑温度：11 月至次年 3 月 6~8℃；4 月、10 月自然入仓；5—9 月 15℃。

(3) 基础约束区混凝土浇筑层厚和间歇期：夏季宜采取 1.5m 的浇筑升层，间歇期为 7d；秋冬季可采取 1.5~3.0m 的浇筑升层，间歇期 5~7d，边坡坝段基础约束区应适当加严；非约束区混凝土浇筑层厚可取 3.0m，间歇期 5d。

(4) 大坝所有区域的混凝土浇筑后，需要采取初期通水措施，基础约束区的水管间距宜为 1.0m×1.5m，非约束区的水管间距为 1.5m×1.5m，5—9 月为 6℃ 制冷水，其他月份可用河水；基础约束区的通水时间为 20d，非约束区的通水时间为 15~20d，通水过程中，控制混凝土降温速度不大于 1℃/d。

(5) 对部分经过初期通水后，混凝土内部温度仍然高于 16~18℃ 的区域 (一般为 4—9 月浇筑的混凝土)，须进行中期通水，每年 9 月对当年 4—7 月浇筑的混凝土、10 月对当年8月、9月浇筑的混凝土进行中期通水，中期通水为河水，拉西瓦地区9月、10月河水水温为11℃左右，通水时间以混凝土温度降至16～18℃为止。

（6）大坝封拱前，相应的区域需要进行后期冷却通水，水温为4～6℃的制冷水，将坝体温度降低致封拱温度。

（7）对大坝上、下游永久暴露面，须采取全年保温措施，要求混凝土保温后，其表面等效放热系数 $\beta \leqslant 3.05 \mathrm{kJ/(m^2 \cdot h \cdot ℃)}$；对距离建基面高度5～10m的混凝土表面，应加严保温，保温后混凝土等效放热系数 $\beta \leqslant 1.2 \sim 0.84 \mathrm{kJ/(m^2 \cdot h \cdot ℃)}$。

（8）每年10月至次年4月底，混凝土浇筑收仓后临时暴露面亦需要采取临时保温措施，保温后混凝土的等效放热系数为 $\beta \leqslant 4.18 \mathrm{kJ/(m^2 \cdot h \cdot ℃)}$，高温季节采用表面流水措施。

（9）合理安排施工程序和进度，在设计规定的间歇期内连续均匀上升，尽量避免长间歇。如果出现长间歇，应做好层面的保温，避免气温骤降引起表面裂缝。

（10）在分析计算不同的方案中，各方案基础约束区最大拉应力发生时间一般在该区域混凝土后期冷却至封拱温度（9℃）时；发生的部位在拱圈坝段基础5～10m的范围内，边坡坝段位于10～12m的范围内；表面拉应力发生的时间一般为混凝土浇筑后所经历的第一个冬季。

4.7.1.4 有限元仿真分析的一些说明

对于仿真分析，常常是在比较理想的状态下进行分析，比如在基本条件的选取上，外界气温按照多年的平均气温选取的温度变化曲线，跟实际施工年份的外界温度不一定相符。大坝的分层分块也是理想状态下进行分析，比如基础约束区分层为1.5m，非基础约束区为3.0m，但实际施工中，由于种种原因，分层厚度并非完全相同，对于过孔口部位、廊道部位、非正常间歇等情况，其分层厚度均不一定是像仿真分析那样标准，虽然仿真不是按照施工中出现的真实情况来模拟的，但是接近实际施工的情况。因此，有相当高的准确性。

4.7.2 有限元法在施工中的应用

大坝在施工过程中，由于实际情况的变化，并不一定与设计时所考虑的条件相符合，有的工程在施工中出现不可预见的问题，除施工经验外，常常需要在理论上寻求支持以及解决的办法，有限元分析法在此会发挥出很好的作用，例如，锦屏水电站大坝工程在施工初期，由于基础部位施工时正逢冬季，外界气温变化复杂，昼夜温差大，导致基础约束区混凝土出现裂缝，针对这种情况进行仿真分析。

4.7.2.1 边界条件选取

施工过程中的仿真，可以根据实际施工时发生的参数进行选取，比如温度可选择每天的实际温度，浇筑层厚选择为实际层厚，浇筑温度选择实际测量的温度，其他的措施如保温、养护等，均以实际发生的措施进行选取，将这些数据作为计算的边界条件，这种仿真计算，大大地提高了精确度，基本真实地反映坝体混凝土浇筑后其温度场和应力场的变化，并且可以跟坝体内部埋设的仪器的观测值进行相对照。这里选择锦屏水电站大坝阶段性的（2010年1月1日至2010年1月21日）仿真为例进行说明。

大坝选择实际浇筑的11～13号坝段为分析对象，混凝土的力学和热学性能为生产混凝土的实际各种性能指标，浇筑温度为实测的温度，另外考虑的措施均为实际实施的措施。

4.7.2.2 仿真计算

通过对绝热温升和混凝土浇筑后的应力场进行分析，模拟出绝热温升变化曲线和混凝土应力变化曲线，与实际的检测的温度变化相对比，绝热温升出现驼峰式的变化，驼峰式的早期降温明显带来较大的应力，容易造成裂缝。

4.7.2.3 对现行措施的改进建议

根据仿真的计算成果和实际监测的结果，可以优化施工措施，主要有下列几个方面内容。

（1）冷却通水的时间的控制，由于绝热温升出现驼峰式曲线，控制冷却通水的流量和通水时间，甚至在极端气候条件下不予通水，确保绝热温升在不超过设计值的前提下，缓慢下降。

（2）延长拆模时间，特别是不在低温时段拆模。

4.7.2.4 施工阶段仿真的意义

施工阶段的仿真分析具有非常重要的意义，仿真中比较真实地反映了混凝土浇筑后内部温度和应力的变化，可以及时发现问题，并分析出问题出项在什么地方，根据这些信息的反馈，从而可以调整温控措施，及时纠正错误，减少裂缝发生的几率。

目前有一些重点工程均在施工期进行仿真，特别是大型拱坝，比如溪洛渡大坝、锦屏大坝等，由于重力坝的技术非常成熟，常规的计算和参考类似大坝的经验，基本可以解决施工中的问题；拱坝特别是高拱坝，受力比较复杂，温度控制要求严格，施工中采取仿真很有必要。

4.7.3 特殊措施的仿真分析

有限元分析不仅能用于大坝的综合分析，也可以对单个措施进行效果分析，比如冷却水管的通水效果分析、太阳辐射对仓面浇筑温度的影响分析、保温效果分析、大坝蓄水时上游坝面冷击情况分析等，下面简单介绍几个特殊措施仿真的实例。

4.7.3.1 塑料冷却水管冷却效果仿真分析

目前高密聚乙烯塑料在水电工程中广泛应用，在应用之前，对塑料管的应用做了各种试验，包括铺设、碾压、下料的冲击、振捣的冲击等，相关研究单位也作了冷却效果的试验，比如在周公宅水库拱坝作了相关的仿真试验，试验对象为大坝 18 号坝段 192.5～199.0m 范围的混凝土，冷却水管层间间距为 1.5m×1.5m，自高程 193.50m 开始，每隔1.0m 设置 4 个监测点，共布置 5 层 20 个监测点，作为与仿真计算相对照的特殊点。

反演参数包括混凝土绝热温升指数式中的三个参数，混凝土的表面散热系数和使用塑料管后混凝土的等效散热系数，经过现场实测和反演计算对比，计算的误差很小，并且塑料冷却水管的冷却与铁管相比，铁管冷却时，热传导可视为第一类边界，塑料管应视为第三类边界条件，其冷却效果比铁管略差；当采用塑料冷却水管降温时，在流量 32L/min以内的变化区间，随着流量的增加，其降温幅度也增大，当流量超过 32L/min 时，随着流量的增加，其降温幅度增加不明显。

4.7.3.2　混凝土表面保温效果分析

针对混凝土表面保温，亦可以根据保温材料的性能，外界温度的变化等条件，对大坝表面进行保温效果分析，本节选取沙老河无缝拱坝表面保温效果的分析实例。

沙老河无缝拱坝位于贵阳市郊北部，大坝为外掺 MgO 无缝常规混凝土拱坝，边界条件的选取中，气温为多年平均气温拟合的正弦曲线，混凝土的相关参数如泊松比、应力松弛系数、线性膨胀系数、弹性模量等为试验参数，通过对 1212.0～1214.5m 区域的混凝土进行仿真分析，得出温度变幅与保温材料厚度之间的关系，气温变幅在 9℃ 以上应该考虑保温。另外对大坝表面出现裂缝的原因进行分析，在不保温的情况下，大坝局部会出现表面浅层裂缝，分析结果与实际裂缝出现的位置基本相符合。

4.7.3.3　水管冷却自生徐变应力分析

采用三维有限元分析冷却水管自生徐变应力的分析，分析中选用三种模型进行计算，分别为均质混凝土、新老结合的两种混凝土、混凝土和基岩的结合，导温系数、徐变参数、线性膨胀系数、弹性模量等混凝土和基岩的参数，以及冷却通水的参数均按照常规通水参数选取，冷却水管间距为 1.5m×1.5m。

通过仿真分析：①初期通水的早期在水化热温升在孔口边缘形成拉应力，最大拉应力出现在 4～5d，其值为 1.1MPa，随着混凝土平均温度的下降，孔口的拉应力逐渐变成压应力。②在后期冷却通水中，如混凝土温度为 30℃，制冷水为 9℃，混凝土龄期为 90d，如果采用一期的通水措施，即从初温一次通水降到目标温度 10℃，管口周边最大拉应力为 5MPa，深度为 0.33～0.70m，如果采用 4 阶段通水，即不同阶段采用不同的水温进行通水，第一阶段水温为 24℃；第二阶段为 19℃；第三阶段为 14℃；第四阶段为 9℃。从 30d 龄期开始通水，通水时间为 30～40d，则管口应力降到 1.2MPa，不至于产生裂缝。③从这里可以看到，如果通水采用小温差，早冷却，冷却水管周边产生裂缝的可能性大大降低。

5 原材料选择及配合比优化

5.1 原材料选择

混凝土的原材料有水泥、粉煤灰、水、骨料和外加剂等，有特殊要求的混凝土，还需要掺入其他的材料，比如抗冲耐磨混凝土掺入硅粉，有特殊抗裂要求的掺入钢纤维等。控制混凝土水化热主要通过采用发热量低的中热硅酸盐水泥或低热矿渣硅酸盐水泥，选择较优骨料级配和掺粉煤灰、外加剂，以减少水泥用量和延缓水化热发散速率等措施。混凝土的原材料选择对混凝土的力学性能和热学性能有直接影响。因此，一般原材料的选择需要遵行如下原则：

（1）水泥。采用发热量较低的水泥和减少单位水泥用量，是降低混凝土水化热的最有效措施。有关计算表明，不同品种水泥单位发热量相差 4J/g，若单位水泥用量以 200kg/m³ 计，则混凝土绝热温升相差约 3～4℃；而每立方米混凝土少用 10kg 水泥，则可降低混凝土绝热温升 1℃左右。因此，应优先选用发热量较低的中热或低热水泥。

大体积混凝土一般使用中热硅酸盐水泥，部分工程使用低热硅酸盐水泥，水泥的强度等级多数为 42.5 级。选用的水泥满足《中热硅酸盐水泥、低热硅酸盐水泥、低热矿渣硅酸盐水泥》（GB 200—2003）的要求。

按照温控的要求，大型工程对于所需的水泥进行品种选择，一般选择几个不同品牌进行对比，在满足各项强度指标的基础上，原则上选择水化热较低的水泥。

（2）粉煤灰。掺优质粉煤灰除了能节约部分水泥外，更重要的是能改善混凝土的和易性，降低混凝土水化热温升，抑制碱骨料反应，对混凝土起到改性作用。

大型工程一般采用Ⅰ级粉煤灰或Ⅱ级粉煤灰，优先选用Ⅰ级粉煤灰，粉煤灰须满足《水工混凝土掺用粉煤灰技术规范》（DL/T 5055—2007）、《用于水泥和混凝土中的粉煤灰》（GB/T 1596—2005）的要求。粉煤灰技术指标见表 5-1。

表 5-1　　　　　　　　　　　　粉煤灰技术指标表

项　目	细度（45μm 方孔筛筛余）/%	需水量比/%	烧失量/%	SO_3/%	含水量/%
Ⅰ级粉煤灰	≤12	≤95	≤5	≤3	≤1
Ⅱ级粉煤灰	≤20	≤105	≤8	≤3	≤1

某工程采用全人工骨料，为减少混凝土单位用水量，降低混凝土水泥水化热，在试验论证的基础上，采用了Ⅰ级粉煤灰。Ⅰ级粉煤灰与Ⅱ级粉煤灰相比，混凝土单位用水量要少 10kg/m³ 左右，采用Ⅱ级粉煤灰可大大节约胶凝材料用量，有利于混凝土温控。

（3）水。凡符合国家标准的饮用水，均可用于拌和与养护混凝土。未经处理的工业污水和生活污水不得用于拌和与养护混凝土。地表水、地下水和其他类型水在首次用于拌和与养护混凝土时，经检验合格方可使用，检验项目和标准应符合下列要求：

1）混凝土拌和养护用水与标准饮用水试验所得的水泥初凝时间差及终凝时间差均不应大于 30min。

2）混凝土拌和养护用水配置水泥砂浆 28d 抗压强度不应低于标准饮用水拌和的砂浆抗压强度的 90%。

3）拌和与养护混凝土用水的 pH 值和水中的不溶物、可溶物、氯化物、硫酸盐的含量应符合表 5-2 的规定。

表 5-2　　　　　　　　　拌和与养护混凝土用水的指标要求表

项　　目	单　　位	钢筋混凝土	素混凝土
pH 值		>4	>4
不溶物	mg/L	<2000	<5000
可溶物	mg/L	<5000	<10000
氯化物（Cl^- 计）	mg/L	<1200	<3500
硫酸盐（以 SO_4^{2-} 计）	mg/L	<2700	<2700
硫化物（以 S^{2-} 计）	mg/L	—	—

（4）骨料。根据优质、经济、就地取材的原则选择骨料，可选用天然骨料、人工骨料，或者两者互相补充，选用人工骨料时，优先选用石灰岩质的料源。尽量采用较大骨料粒径，改善骨料级配。

细骨料的质量技术除满足表 5-3 的要求外，人工砂的细度模数应控制在 2.4～2.8，天然砂的细度模数宜在 2.2～3.0 范围内，石粉（颗粒直径 $d \leqslant 0.16mm$）含量应控制在 6%～18%，砂的含水率应保持稳定，其表面含水率不宜超过 6%。

表 5-3　　　　　　　　　细骨料的品质要求表

项　　目		指　　标		备　　注
		天然砂	人工砂	
石粉含量/%		—	6～18	
含泥量/%	≥$C_{90}30$ 和有抗冻要求的	≤3	—	
	<$C_{90}30$	≤5		
泥块含量		不允许	不允许	
坚固性/%	有抗冻要求的混凝土	≤8	≤88	
	无抗冻要求的混凝土	≤10	≤10	
表观密度/(kg/m³)		≥2500	≥2500	
硫化物及硫酸盐含量/%		≤1	≤1	按质量计，折算成 SO_3
有机质含量		浅于标准色	不允许	
云母含量/%		≤2	≤2	
轻物质含量/%		≤1	—	

粗骨料的质量技术要求应满足表5-4的有关规定。骨料应坚硬、粗糙、耐久、洁净、无风化。粒形应尽量为方圆形，避免针片状颗粒。针片状是指最大边尺寸为最小边尺寸的3倍或3倍以上的形状。

表5-4　　　　　　　　　　　　　　　粗骨料的品质要求表

项　目		指　标	备　注
含泥量/%	D20、D40 粒径级	≤1	
	D80、D150（D120）粒径级	≤0.5	
泥块含量		不允许	
坚固性/%	有抗冻要求的混凝土	≤5	
	无抗冻要求的混凝土	≤12	
硫化物及硫酸盐含量/%		≤0.5	按质量计，折算成 SO₃
有机质含量		浅于标准色	如深于标准色，应进行混凝土强度对比试验，抗压强度比不应低于 0.95
表观密度/(kg/m³)		≥2550	
吸水率/%		≤2.5	
针片状颗粒含量/%		≤15	经试验论证，可以放宽至 25%

粗骨料的最大粒径，不应超过钢筋最小净间距的2/3及构件断面最小边长的1/4，素混凝土板厚的1/2，对少筋或无筋结构，应选用较大的粗骨料粒径。

施工中应将骨料按粒径分成下列几种粒径组合：

1）当最大粒径为40mm时，分成D20、D40两级。

2）当最大粒径为80mm时，分成D20、D40、D80三级。

3）当最大粒径为150（120）mm时，分成D20、D40、D80、D150（D120）四级。

控制各级骨料的超逊径含量，以原孔筛检验，其控制标准：超径小于5%，逊径小于10%；当以超、逊径筛检验时，其控制标准：超径为零，逊径小于2%。混凝土应采用连续或间断级配，由试验确定。

（5）外加剂。选用具有一定缓凝和能大幅度降低混凝土单位用水量的缓凝高效减水剂。大幅度降低用水量能大大减少混凝土的总发热量，降低混凝土的水化热温升。缓凝作用既能保证夏季施工时，仓面混凝土在层面间歇时间内不初凝，又能大大延缓水泥水化热温峰出现的时间，从而推迟混凝土温度峰值的出现时间，对预防混凝土早期裂缝有积极意义。

可通过混凝土性能试验寻求满足混凝土和易性和混凝土有关设计指标的外加剂及其掺量，达到适当减少水泥用量的目的。

5.2　配合比优化

混凝土配合比是混凝土施工的基础，是保证混凝土质量的关键。一般工程施工中所采用的混凝土配合比是在大量试验基础上提出的，并随着施工进程的推进和需要，在满足设计要求的前提下，不断完善而优化。

在工程施工过程中，随着试验资料的不断丰富，通过对现场检测的试验成果分析，并结合施工现场反馈的情况，分析现行的配合比是否可以优化，如果可以优化，再通过试验确定新的配合比。

5.2.1 配合比优化设计原则

混凝土配合比优化设计原则是在满足设计要求的强度、抗裂性、耐久性和施工和易性要求的条件下，突出解决胶凝材料用量高、混凝土水化热高的问题，着重从以下几个方面进行优化设计：

（1）减少单位用水量：根据拌和系统各方面条件已经比较完善，混凝土浇筑方量较大，砂石骨料含水量较为稳定等特点，降低混凝土的单位用水量。

（2）提高掺合料用量：为降低水泥用量，改善混凝土施工和易性和其他的有关性能，应考虑提高掺合料（如粉煤灰等）。

（3）低砂率：根据施工现场反馈资料，调整混凝土砂率。由于砂料颗粒显著变细，混凝土应尽量采用较低的砂率，以降低混凝土中胶凝材料的用量。

（4）选用优质外加剂：选用减水率高的优质减水剂与引气剂联掺，在满足混凝土施工和易性的前提下，尽量降低混凝土单位用水量。

在温控和防裂方面，配合比优化中需要注意几个方面：

（1）减少胶泥材料。在水灰比不变的情况下，胶凝材料的减少，会相应的减少拌和水的掺量，进而降低混凝土的自身变形和混凝土的干缩率，水泥用量的减少，亦可以降低水化热温升，有利于混凝土的抗裂。因此，可以通过掺用高效减水剂，降低混凝土的单位用水量，减少胶凝材料的用量。

（2）使用水化热低的水泥。水泥品种的不同、强度等级不同，其水化热温升亦不相同，比如中热水泥的水化热温升高于低热水泥的水化热温升，在其他指标允许的情况下，可以使用低热水泥。

不同厂家水泥也存在水化热不同，各个厂家水泥的生产配方、原材料来源均不相同，其放热物质的含量有所差别，大体积混凝土在水泥品种选用时，应选择水化热偏低的水泥。

（3）增加混凝土的抗裂性能。通过配合比的优化，增加混凝土的抗裂性能，其抗裂性能与极限拉伸值、抗拉强度等因素有关。混凝土的抗裂参数值越大，混凝土的抗裂性能越好，混凝土的温度变形系数越大、抗拉弹性模量越大、在 ΔT 时段内的温升越大，其抗裂参数值越小，抗裂能力越差。

5.2.2 配合比优化设计方法

（1）调整优化砂率和用水量。在原配合比的基础上，降低 2%～3% 的砂率，降低用水量 3～5kg/m³。

（2）进行混凝土水胶比与强度关系试验。采用砂率优化后的配合比参数，水胶比分别采用 0.30、0.40、0.55，粉煤灰掺量分别采用 0、20%、30%、40%，掺缓凝高效减水剂和引气剂，成型混凝土进行 7d、28d、90d 抗压强度试验及 28d、90d 极限拉伸试验，以确定胶水比与强度的关系。

（3）进行混凝土特殊性能指标试验。根据初步试验成果，结合设计要求，确定混凝土特殊性能指标试验的配合比参数，进行混凝土性能试验，主要验证混凝土的性能是否满足设计要求。

5.2.3 配合比优化参考资料

某工程大坝混凝土优化后的施工配合比见表 5-5。

表 5-5   某工程大坝混凝土优化后的施工配合比表

部　　位	混凝土标号	水胶比	级配	用水量 /(kg/m³)	粉煤灰掺量 /%	砂率 /%	总胶材 /(kg/m³)
大坝基础	C₉₀20F150W10	0.5	四	85	35	27	170
大坝内部	C₉₀15F100W8	0.55	四	88	40	28	160
水上、水下外部	C₉₀20F250W10	0.5	四	86	30	27	172
水位变化区外部	C₉₀25F250W10	0.45	四	86	30	26	191

从表 5-5 中可看出，优化后的配合比比优化前的配合比混凝土单位用水量减少 $5\sim9kg/m^3$，胶凝材料用量除大坝内部配合比由于受低胶凝材料用量 $160kg/m^3$ 限制，降低较少外，其余部位混凝土胶凝材料用量的降低在 $16\sim20kg/m^3$ 之间；优化后配合比的粉煤灰比优化前配合比粉煤灰掺量提高了 5%～10%，粉煤灰掺量的提高，不仅有利于改善混凝土的施工和易性，也可起到降低混凝土单位用水量和水泥用量的目的。通过这两项优化措施，使四级配混凝土中的水泥用量减少了 $14\sim35kg/m^3$，平均为 $22.5kg/m^3$，按中热 525 号水泥各龄期水化热计算，平均每立方米混凝土减少发热量为：1d、3937kJ，3d、5400kJ，7d、6075kJ，混凝土的比热按 $910J/(kg\cdot℃)$ 考虑，混凝土容重按 $2400kg/m^3$，则混凝土温升比未调整前降低为：1d、1.8℃，3d、2.47℃，7d、2.78℃。

通过以上优化措施，可将混凝土施工配合比调整到比较先进的水平，与原配合比相比，四级配混凝土胶凝材料用量除大坝内部配合比外，其余均比原配合比的胶凝材料用量低 $7\sim8kg/m^3$，为混凝土温控提供了良好的条件。

6 原材料及拌和温控

6.1 原材料冷却

大体积混凝土自然散热缓慢，浇筑后水泥水化，温度迅速上升，且幅度较大。为了防止混凝土内外温差过大，在温度应力的作用下而发生裂缝，混凝土体内的最高温度必须加以严格的控制。控制混凝土最高温升的方法之一是降低其入仓温度。因此，要采取措施降低混凝土的出机口温度。在气温较高的季节，混凝土在自然条件下的出机口温度往往超过施工所要求的限度，此时就必须采取人工降温，使用预冷却材料拌制混凝土，从而降低混凝土出机口温度。

6.1.1 原材料冷却方式

6.1.1.1 冷却方式

（1）堆料场骨料初冷包括：料堆表面喷水、料堆内部通风冷却以及设置遮阳棚，保持一定的储料量和料层厚度等措施，以稳定、降低骨料的初始温度。

（2）冷冻水拌和。

（3）以冰代水加冰拌和。

（4）风冷粗骨料，有仅在拌和楼料仓内风冷和先在调节料仓内一次风冷，而后在拌和楼料仓内二次风冷等两种方法。

（5）水冷粗骨料，有浸泡冷法、罐内循环水冷法和喷淋水冷却等方法。

（6）真空汽化法冷却粗、细骨料。

（7）在热交换器内冷却水泥和砂子。

（8）在气力输送系统中用液氮冷却水泥，用液氮直接冷却水或正在拌和中的混凝土。

6.1.1.2 各种材料对混凝土降温效果影响

表6-1是以某配合比的混凝土为例，各种材料冷却1℃对混凝土降温效果。

由表6-1可见，冷却粗骨料产生的效果最显著；在拌和机中加冰，也可得到较明显的降温效果。从技术和经济效果综合考虑，一般宜以冷却拌和水、加冰拌和、冷却骨料作为混凝土材料的主要冷却措施。只在降温幅度要求很高时，才需要冷却砂和水泥。

6.1.1.3 各种冷却方式与混凝土的降温幅度

在夏季不同的气温条件下，对于有不同出机口温度要求的混凝土，建议采取的材料冷却方式，见表6-2。

表 6 - 1   冷却各种材料对混凝土的降温效果表

材料	混凝土用量 /(kg/m²)	比热 /[kJ/(kg·K)]	每种材料冷却1℃ 所需的冷量/kJ	混凝土可降低 的温度/℃
石子	1650	0.837	1381.71	0.55
砂	550	0.837	460.57	0.19
水	120	4.187	502.44	0.20
水泥	180	0.837	150.73	0.06
合计（新拌混凝土）	2500	0.997	2495.45	1.00

注　1. 表中数据未计骨料的含水量。

　　2. 混凝土加冰 10kg/m³ 代水约可降低混凝土温度 1.2～1.5℃。

表 6 - 2   夏季作业混凝土材料冷却组合方式及其降温幅度表

最高月 平均气温 /℃	要求混凝土 出机口温度 /℃	材料冷却方式					混凝土降温 幅度 /℃
		堆场初冷	冷水拌和	加片冰	风冷 粗骨料	水冷 粗骨料	
～23	～20	√	√				3～4
	14～20	√	√	√			8～9
	10～14	√	√	√	√ *		14～15
23～27	22～24	√	√		√ *		3～4
	17～22	√	√	√	√		8～9
	12～17	√	√	√	√		15～16
	<10	√	√	√	√	√	19～21
27～30	>23	√	√				4～5
	17～23	√	√	√			9～10
	12～17	√	√	√	√ *		16～18
	<10	√	√	√	√	√	19～23

注　√为应采用的冷却方式；＊为在混凝土生产能力高时宜采用水冷为主，冷风保温的组合方式。

6.1.1.4　各种冷却方式的技术经济指标

（1）伊泰普工程每千瓦制冷设备的有效冷量（即实际用于降低混凝土温度的冷量）如下：冰冷为 3534kJ；风冷为 2508kJ；水冷为 2713kJ。

（2）我国某工程混凝土冷却成本（系 1983 年资料），在夏季每立方米混凝土的降温 1℃所需费用约 0.42～0.52 元。

6.1.2　骨料冷却

骨料冷却的方法：利用堆料场进行初冷、风冷、水冷及真空汽化冷却等。在选定冷却方法时，应根据对混凝土的降温要求结合当地条件进行技术经济比较。

6.1.2.1　堆料场骨料冷却

由于混凝土工厂骨料堆料场有相当大的储量，距拌和楼又近，国内外许多工程常在堆料场采取一些简易的措施，进行骨料的初步冷却，可获得明显的降温效果和经济效益。堆料场冷却常采用以下几种方法。

（1）采取适当增大堆料高度（一般为 6～8m 视工地实际情况而定），延长堆存时间（料堆活容积能满足混凝土连续生产 5d 以上），在低温时间（例如晚间）上料，适当延长换料的间隔时间以及在骨料堆料场上搭盖遮阳棚等措施。由于料层本身的隔热性能，可使料堆内部的骨料温度基本稳定，不受太阳曝晒、昼夜气温剧烈变化的影响。据新安江，丹江口工程的砂石料堆实测资料，距料堆表面 1.5m 以下的料温变化甚小，实际上可认为不受日气温变化的影响。葛洲坝水利枢纽工程砂石料堆料场（堆高 6～8m）降温效果见表 6-3。

表 6-3　　　　葛洲坝水利枢纽工程砂石料堆料场（堆高 6～8m）降温效果表

月份	成品堆料场	骨料	料堆表面以下 0.5m 处骨料温度与堆料场气温之差/℃	进拌和楼廊道口（机头）骨料温度与堆料场气温之差/℃
6	右岸	砂	0.3～3.0	0.4～1.3
		小石	1.0～4.0	0.5～1.4
		中石	0.7～4.8	0.6～1.2
		大石	1.2～5.3	0.4～2.2
7	西坝	砂	0.3～5.7	1.2～2.8
		小石	0.8～6.8	1.0～2.4
		中石	1.2～6.9	0.4～2.6
8	西坝	砂	0.6～3.0	0.4～1.2
		大石	0.2～3.6	0.8～2.8

（2）在堆料场表面少量喷水，经常保持表面湿润。喷雾也有一定效果，但喷雾主要从大气吸热，虽可降低堆料场上空气温，但由于增加了大气湿度，不利于骨料表面水的蒸发。葛洲坝水利枢纽工程骨料堆喷雾所用的喷雾风扇型号为 038-11-N07，喷水量 20～50kg/h；PDS 型喷头的喷水量为 90～185kg/h，其降温效果见表 6-4。

表 6-4　　　　葛洲坝工程骨料堆（堆高 6～8m）喷雾降温效果表

骨　料	不喷雾时骨料与堆料场气温之差/℃	喷雾时骨料与堆料场气温之差/℃	降温效果/℃	备注
中石	0.6～6.0	1.6～8.4	1.0～2.4	8月测试
大石	1.0～3.2	2.0～7.0	1.0～3.8	

据国外经验，如果骨料干燥并暴晒在太阳下时，其温度可能较月平均气温高出 5～14℃。若在料堆表面喷水保持潮湿，温度可比月平均气温低 1～5℃。料堆表面的蒸发量 Q 可近似地按式（6-1）计算：

$$Q = 0.004C(wP_w - KP_a) \qquad (6-1)$$

式中　Q——蒸发量，mm/h；

P_w——水温 t_w℃时的饱和蒸汽压力，以水银柱高度计，mm；

P_a——气温 t_a℃时的饱和蒸汽压力，以水银柱高度计，mm；

w——风速校正系数，见表 6-5；

K——当地相对湿度，当料堆面积较大或在背风面时取 1.0；

C——该气温下水的汽化热，kJ/kg。

计算表明，蒸发致冷可抵消从太阳、大气吸收的大部分热量，使堆料温度低于月平均气温。但当表面温度低于气温后，蒸发量就开始大大减少。一般喷水量不宜过多，否则多余水分向下渗流，把从表面吸收的热量带到料堆内部，对降温不利。为保持表面湿润，需经常补充适量的水分。补充水量应略大于按式（6-1）计算的蒸发量，一般不超过 1mm/h。风速校正系数见表 6-5。

表 6-5 风 速 校 正 系 数 表

温度/℃	风速/(m/s)							
	0	0.5	1.0	1.5	2.5	5.0	7.0	14.0
$T_w < T_a$	1.00	1.18	1.34	1.45	1.64	1.86	1.95	2.00
$T_w - T_a = 0.5$	1.18	1.34	1.45	1.64	1.64	1.86	1.95	2.00
$T_w - T_a = 3.0$	1.38	1.49	1.58	1.64	1.64	1.86	1.95	2.00
$T_w - T_a = 3.5$	1.48	1.59	1.64	1.64	1.64	1.86	1.95	2.00
$T_w - T_a = 6.5$	1.64	1.64	1.64	1.64	1.64	1.86	1.95	2.00

注 T_w 表示水温；T_a 表示气温。

（3）料堆内部通风冷却。对于粒径 40mm 以上的粗骨料，若当地日夜温差较大，可考虑在夜间鼓入低温自然空气，费用低而效果明显。国外某些工程的试验表明，通风1.5h，骨料基本上可以冷透，如果在晚间和清晨气温最低时刻通风 4～5h，热交换再加蒸发致冷，可望将料堆温度降到日平均气温以下 4～6℃。由于通风时间较长，可以采用较低的风速。

（4）料堆内埋管道冷却水冷却。对于砂和 5～20mm 一级细石，由于对空气的穿透阻力大，又不易脱水，一般都避免直接进行水冷和风冷。但因堆场堆存的时间较长，在潮湿状态下，砂和小石的导热系数较干料高，如冷却要求不高，可在堆场内用循环水进行冷却。计算表明，通 8℃冷水 60h，水管间距 1m，冷却初温为 25℃的砂子，温降可达 6℃。

6.1.2.2 水冷骨料

水冷骨料一般有浸泡法、循环水冷却法和带式输送机喷淋法。目前，国内广泛采用的是喷淋法，欧洲则较多采用循环水罐冷法，浸泡法和循环水冷法都在进拌和楼前的专门料罐中进行。

我国早期的水冷是浸泡法，由于脱水和水处理没有做好，冷却效果不理想。20 世纪80 年代以来，采用在带式输送机喷淋冷水冷却，由于水的载冷量大，热交换迅速，承担了"三冷"（指水冷、风冷和加冰）中大约一半的冷量。

（1）喷淋法。在 100 多米长的微倾角（1°～3°）的带式输送机上喷淋，最后有一大约5%～10%上坡段做初步排干，然后再经脱水筛脱水。带速一般为 0.2～0.3m/s，喷淋冷却时间约 6～10min，带宽大多控制在 1400mm 及以下。冷却的骨料多是分级骨料，且喷淋前没有预冲洗。几个工程喷淋冷却参数见表 6-6。

表 6-6　　　　　　　　　　　　　几个工程的喷淋冷却参数表

工程名称	冷却能力/(t/h)	骨料级	带宽/mm	带速/(m/s)	带长/m	喷淋温度/℃	总喷淋水量/(t/h)	来料温度/℃	冷却终温/℃
葛洲坝	2×200	G1G2G3G4	1400	0.35	135①	3~4(实)	460③	28.4②	6,7,8,13②
水口	320	G1G3	1400	0.33	130①	3~4(实)	600③	28.7	14~11(实)
	320	G2G4	1400	0.33	130①	3~4(实)		28.7	13~10(实)
二滩	700	G1G2	2000	0.3	281	4~5(实)	1200③	25②	—
	570	G3G4	1400	0.6	229	4~5(实)		25②	—

①　喷淋段长度；

②　设计温度；

③　总用水量，(实)实测温度。

东风、五强溪、水口工程采用混合上料、二次筛分新工艺，喷淋冷却连续进行，四种骨料混合冷却，在带面上维持喷淋冷却状态，冷骨料即时供应，混凝土出机口温度可以保持稳定，但混合料冷却效果相对较差。水口工程采用两两混合冷却，即 G1 和 G4 混合，G2 和 G3 混合，因此，特大石 G1 的冷却效果较差，温度只能降到 13~14℃。

1）水口工程喷淋冷却的特点：

①带式输送机前段是水平设置，主喷淋段采用 1° 的缓倾角，使刚进入的骨料与冷水有较充分的热交换时间。

②沿纵向间隔采用不同的槽角，喷淋点较大，溢流点较小，以延长喷淋冷水在带面上的停留时间，从而加深热交换。

③用地面脱水筛兼作二次筛分，取消了楼顶筛。

④采用变速带式输送机。

2）二滩水电站工程喷淋冷却的特点：

①采用两两混合冷却的方法，两相邻级骨料为一组，可使各组料的冷却时间相近，达到相近再冷却终温。

②采用不同长度、宽度和速度的带式输送机对两组骨料进行冷却：对一组骨料，机带的宽度为 2000mm，长度为 281m，带速为 0.3m/s；对另一组骨料，机带的宽度为 1400mm，长度为 229m，带速为 0.6m/s；一组骨料的冷却时间达 15min，冷却时间充分，使得各级骨料都得到相近的冷却终温。

③喷淋冷却的带式输送机基本上是水平设置，全线喷淋冷却且全线溢流回水，不分喷淋段和脱水段；脱水任务全由脱水筛承担。这样，原用作脱水的一段带式输送机也可用作冷却。

④只设一道筛分，共用两套筛分设备兼作冲洗、脱水和二次筛分（其中 1 套备用），筛分机采用水平惯性振动筛，上下两组筛子长度分别为 7m、9m。

⑤采用小型振动筛回收石屑，可作砂子用。

⑥采用锥形沉砂斗和砂泵回收脱水筛下的回水，以便重复合用。

⑦冷水利用率高，二滩水电站工程对水质要求不高，回水仅经过较小的沉砂池，即进入蒸发器冷却，沉砂池每天清理一次，蒸发器下的冷水池一个星期才清理一次，水量损失

不超过 1%。

⑧二次冲洗筛分设在拌和楼外靠近楼顶处，脱水筛分后的骨料，分别用 4 条带式输机送至拌和楼料仓。

需要指出的是包括水口、二滩水电站工程都取消了预冲洗这一工序。在砂石系统，骨料不一定都能冲洗干净，且经过长期的堆存和多次转运，又会产生新的石屑和粉尘，为了保持冷水清洁，减少冷水损失，预冲洗是十分必要的。预冲洗用的是常温水，常低于骨料温度，而无需消耗冷量。二滩水利枢纽工程水量利用率虽高，但喷淋骨料后冷水很快溢流到回水管，水温利用也只有 3℃，温度利用率估计为 75%。

（2）罐冷法。20 世纪 50 年代，三门峡、青铜峡、丹江口等水利枢纽工程都曾采用冷水浸泡罐冷的冷却工艺。由于在阀门密封、脱水、水处理等方面存在一些问题，冷量利用效率和冷却能力均较低，现在重提罐冷，是由于一些欧洲国家都建议采用罐冷。与喷淋冷却比，罐冷占地面积小，冷却时间充分，无需混合上拌和楼顶二次筛分，从而可使整个冷却系统简化。罐冷的最长循环时间为 1.5～2h，只要料罐的容量大于 1.5～2h 的需要量，就能满足工程的预冷要求。罐冷的热交换时间有 30～45min，在充分补充冷水的条件下，骨料内部冷却到 4～5℃ 是可能的。新的罐冷法，除容量上要做到与生产能力匹配外，主要采取了以下措施：

1）进料、充水的速度应始终保持冷水淹没骨料，使充水、进料过程同时为冷却过程，以缩短冷却循环时间。

2）采用上进下出的供水方式。在进料时高温骨料和最低温冷水相遇，冷却效果最好。冷却过程中，水温和料温都是上低下高。排水过程长达 30～40min，也是继续冷却的过程。

3）控制排水速度。

4）脱水筛直接安装在冷却料罐下面，排料时骨料可以立即脱水，可以缩短排水时间，筛下的石屑和水都可回收利用。

5）采用回转带式输送机装料，骨料在料罐内可堆成平顶，可用较低水位将所有骨料都淹没在冷水中。

6）二次筛分可以和预冲洗筛分脱水相结合，冷却后只需脱水。料罐既是冷却罐，又是贮料罐。罐冷与喷淋最主要的差别是冷水和骨料能够在罐内充分热交换，水温的利用率较高，可达 90% 以上。

6.1.2.3 风冷骨料

风冷骨料通常在拌和楼的储仓内进行，其含水量在冷却过程中略有下降，拌和楼停产时亦能维持或降低料温。风冷骨料可将骨料温度降到零下，与加冰冷却结合是最常用的冷却措施。5～20mm 一级细石不宜用负温冷风冷却，如已经过水冷，在拌和楼储仓一般只用冷风保持其原始进料温度。为克服细石风阻，可采用较小的风量和较高风压的风机。

（1）风冷骨料的方式和工艺流程。风冷骨料有连续和倒仓两种冷却方式。连续冷却时冷风自下而上（或水平方向）通过骨料，骨料按用料速度自上而下流动，边进料、边冷却、边出料。连续冷却要求仓内冷却区维持一定的料层厚度，进风口位置不宜过低，进风口以下要留料以防冷风下泄。倒仓法每种骨料占用两个料仓，一仓通风冷却；另一仓供料，交替进行。两种冷却方式的工艺流程相同，见图 6-1。骨料入仓前宜冲洗干净、脱水，但需保持表面湿润。

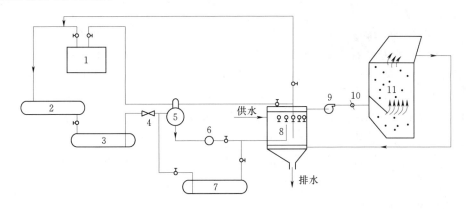

图 6-1　二滩水电站工程风冷骨料工艺流程图
1—制冷机；2—冷凝器；3—储氨器；4—调节阀；5—低压储氨桶；6—氨泵；
7—排液桶；8—空气冷却器；9—通风机；10—调节阀；11—冷却料仓

三峡水利枢纽工程采用的是两次风冷工艺，骨料经冲洗脱水后，进入地面一次风冷调节料仓，通入−10℃冷风，骨料温度由 28.7℃降至 8～10℃；各级骨料轮流运往拌和楼料仓后，再通入−15℃冷风，骨料温度由 8～10℃降至−1～0℃。

目前拌和楼料仓或地面预冷料仓，一般都是连续进料或接近连续进料，料仓人为分为三个层次，即进料层、冷却层和用料层。进料层是新料来源区，也起到压盖作用，防止常温空气的过量补充；冷却层是粗骨料进行冷却降温的区域；冷却后的骨料进入用料层，供拌和楼混凝土生产。在设计中为简化计算，一般考虑 1h 用料量来确定冷却层的高度，在这个区域内安装配风装置，使料仓和冷风机组成冷风循环。4×3m³ 拌和楼地面预冷料仓布置见图 6-2。

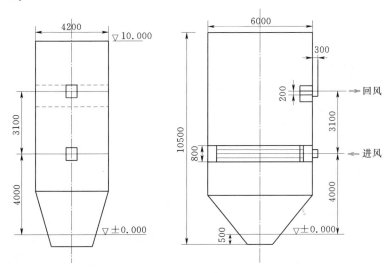

图 6-2　三峡水利枢纽工程 4×3m³ 拌和楼地面预冷料仓布置图（单位：mm）

地面预冷料仓的仓容，可按拌和楼预冷混凝土生产能力来考虑，按每立方米混凝土 $1m^3$ 粗骨料来决定单仓容积。如 $4 \times 3m^3$ 拌和楼预冷混凝土生产能力为 $180m^3/h$，那么四种粗骨料仓容为 $180 \times 4m^3$。

（2）风冷骨料的设备选型。空气冷却器和风机（轴流式、离心式等）组成冷风机，通过它向料仓供给所需要的冷风，目前我国冷却器生产厂家很多，可根据需要选型。

风机的选型主要依据风量和风压，风量依据计算结果，风压可根据工程经验在 $2.4 \sim 2.7$ MPa 之间。并可查阅有关厂家的产品样本选用。要说明的是，一般情况下拌和楼选用轴流风机，地面预冷选用离心风机，这主要是从布置方面来考虑。若使用的骨料石英含量较高时，轴流风机的叶轮要选耐磨性能好的叶片。

近年我国一些冷风机专业生产企业开发出高效节能型冷风系列产品，其传热系数在 $30W/(m^2 \cdot K)$ 以上，同时配有专用风机。

6.1.3 砂和水泥的冷却

砂和水泥的颗粒细小，穿透性能差，冷却比较困难，所花的代价较高。此外水泥还有一个吸湿变质问题。因此，只是在采用其他冷却方法还不能达到降温要求时，才考虑采用砂和水泥的冷却。

（1）砂的冷却。砂的冷却的最有效的方法是真空法。真空法冷却速度很快，但要求料层薄，控制不好容易冻结，宜用于燃料低廉、水源方便的场所，如能与冬季加热设施结合更为有利；另外一种方法是用斗式提升机装载砂子在冷风室内反复循环冷却。砂还可在具有夹套的螺旋机内冷却，但风速受到限制，冷却能力有限。此外砂在冷却廊道内的带式输送机上冷却，每隔一定距离用耙子翻动，也有一定效果。

（2）水泥的冷却。水泥亦可与砂一样在具有夹套的螺旋机内冷却。近来国外有用液氮来冷却水泥的。这种装置可用于向拌和楼输送水泥的气力输送系统中。当水泥开始输送时，即将液氮喷入。由于液氮汽化吸热并与气流混合，水泥可以得到均匀有效的冷却。水泥运输停顿，液化氮也就停喷。为避免水泥吸湿变质，水泥冷却后的温度不应低于露点。采用液化氮冷却的水泥，应尽快使用不宜久存。

6.1.4 冷冻水

为制冰和补充冷冻水拌和，需要预先将常温水制成低温水，以往常的办法是用螺旋管蒸发器置入水池中，根据降温需求，可以设一级水池和二级水池，但工程量大，操作也不方便。目前新建工程多使用冷水机组，它取消了冷水池，只要将常温水接到机组上，就可一次完成冷冻水生产，用单板机进行控制可以直观地了解水温、制水量及运行情况，操作方便。

6.1.5 隔热保温措施

为了减少冷量损失，制冷设备（如冰库、料仓、冷风机、预冷料仓等）和有些管道都应有隔热层。隔热材料应因地制宜地选用价格便宜、性能优良和便于施工、拆除的轻质材料。所有隔热层应能防潮隔气，以免在使用中因受潮而丧失隔热性能。露天设备保温的防潮隔气层外还应做保护层，涂刷保护色，防止破损和热辐射（或吸热）损失。此外，隔热层应注意防止出现"冷桥"，常用低温设施隔热材料特性见表 6-7。

表 6－7 常用低温设施隔热材料特性表

材料名称	密度 /(kg/m³)	导热系数 /[kJ/(m·h·K)]	抗压强度 /MPa	吸湿率 /％	吸水率 /％	适用温度 /℃
软木	150～200	0.21		<8	<50	−60～150
聚苯乙烯泡沫塑料	30	0.16	0.15		0.08	−80～75
聚氨酯硬质泡沫塑料	45～65	0.092	0.25		0.2	−60～120
PVC 橡塑海绵	80～120	0.155～0.160			<4	−40～105
岩棉	50～250	0.126				−30～500
沥青玻璃棉（板）	75	0.147			2	
超细玻璃棉（板）	40～60	0.117～0.126	0.15～0.32		0.2	<400
矿渣棉	100～130	0.147～0.168				−30～400
干稻壳	150	0.336		19.2		
泡沫混凝土	360～500	0.357～0.672		48		
加气混凝土	400～600	0.336～0.588				
木材（杉木、松木）	550	0.63（垂直纹） 1.26（顺纹）				
铝箔（波形纸板）	235	0.227		48h 吸湿率 3％		
水泥珍珠岩	300～400	0.235～0.294	0.5～0.7			

制冷系统中的管道和设备的隔热层厚度一般可以外表不结露为条件进行验算，其式（6-2）计算：

$$T_0 = t_0 - (t_0 - t_1)R_0/R \qquad (6-2)$$

式中 T_0——低温管道围护结构外表温度，℃，应高于露点；

t_0、t_1——室内（管内）室外（管外）空气温度，℃；

R——围护结构总热阻，$(m^2 \cdot K)/W$；

R_0——围护结构外表面换热阻，$(m^2 \cdot K)/W$。

对隔热材料的要求。根据施工经验，露天设施或设备和承受冲击的设施（如料仓等）一般不应选择岩棉和玻璃丝棉，应选用聚苯乙烯或聚氨酯制品及橡塑海绵，岩棉或玻璃丝棉一般用于室内固定设备及管道等。

对隔热材料的要求：

（1）热系数小，吸湿性小，防潮性能好。

（2）有适当的抗压强度，无味无毒，不易燃。

（3）不易腐烂发霉，抗腐蚀性能强，经久耐用不易变质。

（4）低格低廉，资源丰富，施工简单，有适宜的外形尺寸。

6.1.6 制冷设备

6.1.6.1 制冷压缩机

制冷机的总装机容量应满足制冷厂总制冷容量的需要，并应尽可能地选择相同系列的压缩机，以便于维修和管理。近年来主机多采用以 R-717 为制冷剂的螺杆式压缩机组。

氨压缩机确定以后，即可对附属设备选择配套，在配套设计中对它们的选择一般不进行计算，而是根据经验选定基按厂家配套选型。

螺杆式制冷压缩机是由一对相对平行放置且相互啮合的转子，在转动过程中产生的周期性容积变化，完成吸气、压缩和排气单向进行的过程。和活塞式压缩机相比，具有以下特点：①转速高、体积小、重量轻、效率高；②排气温度低，使润滑油易于分离；③制冷量可在10%～100%范围内实现无级调节；④对湿冲程不敏感；⑤设有完善的油路系统，油分离器的分离效率高；⑥振动小，运行平稳；⑦易损部件少，维护管理方便，无故障运转时间长；⑧自动保护，自动控制系统完善。

在实际使用中，螺杆式制冷压缩机也存在以下问题：①运行噪声大，在进行车间布置和厂房设计时要充分注意，尽可能地改善运行管理人员的工作环境，减少对周围居民的影响；②"打空气"时，易引起螺杆结胶，清洗十分麻烦，当制冷系统安装完成后，系统排污、试压及抽真空需借助活塞式制冷压缩机或采用移动式空气机来完成。

6.1.6.2 氨泵

氨泵按类型有齿轮泵和离心泵，而目前水利水电工程较多使用完全无泄漏的屏蔽式氨泵（属离心式）。氨泵一般按系统氨液循环量3～6倍来考虑。齿轮泵进液口应有1～1.5m的静液柱；离心泵进液口当蒸发温度 $T_z = -15℃$ 时，静压高度 $H = 1.5～2m$，当 $T_z = -33℃$ 时，静压高度 $H = 2.5～3.0m$。氨泵的输出压力应能克服氨泵至蒸发器间输送管道上的全部阻力，包括管道、阀门及弯头等局部阻力、氨泵中心至蒸发器的液柱。蒸发器前平常还应维持0.1MPa压力以调节蒸发器的流量。

6.2 骨料预热

为防止混凝土早期受冻。在低温季节，当气温低至于0℃时，因新浇筑混凝土内空隙和毛细管中的水分会逐渐冻结，由于水冻结后体积膨胀（约增加9%），使混凝土结构遭到损坏，最终导致混凝土强度和耐久性能降低。因此，低温季节混凝土施工，首先要防止混凝土早期受冻。

混凝土施工进入低温季节以前，应做好骨料储备、保温和预热等工作。

6.2.1 施工供热

大、中型水利水电工程混凝土低温季节施工时，应采用蒸汽锅炉集中加热，以保证各施工环节的采暖需要。施工供热系统的范围包括：施工建筑物的采暖，骨料预热以及其他原材料的加热，浇筑生产的供热（浇筑仓面、暖棚或蒸汽养护）等。

根据工程实践，较经济合理的预热标准可在日平均气温-5℃时，考虑加热骨料。骨料可以在料堆或储料仓内加热，亦可利用解冻室加热。热风可以用于直接加热，热水一般用于间接加热。

6.2.2 用蒸汽和热水间接加热

在砂石料层内埋设钢排管，通过管壁进行热交换。排管一般采用 $\phi50～100mm$ 的厚壁无缝钢管，可以水平或垂直布置，管距不宜小于0.5m。垂直布置对粗细骨料均适用，水平布置一般用于砂的加热。为了提高砂的加热效果，可以在加热管下面喷射压缩空气，利用空气在砂内扩散传热。

使用蒸汽和热水间接加热骨料的方法具有适应性强、含水量稳定的优点，在水电工程中应用较多。缺点是钢管磨损严重，气温在-10℃以下时，加热管要设置在储料仓内，土建工程量比较大。

6.2.3　用热风直接加热

利用热风炉提供高温热风，通过埋在料层中的风管直接吹入加热骨料，方法简单，可降低含水量。热风加热的蒸发量可按含水量的25%计。缺点是热风的热容量较小，加热时间长，仅适用于大中石的加热。

热风还可以直接吹入旋转鼓桶内加热，加热速度快而均匀，特别适用于小石和砂的加热。

骨料加热的各种方法必须进行热工计算和结构单体设计，具体计算方法可以参考采暖通风设计资料。

6.3　拌和温控

6.3.1　拌和投放的原材料

6.3.1.1　水泥

进入拌和机的水泥，最高温度不得超过60℃。根据前面的分析，为补偿混凝土降温阶段体积收缩，减少温度应力，就要使混凝土具有微膨胀性。根据已有的试验资料和国内大量科研成果以及其他工程的实践经验，水泥中方解石具有水化后体积膨胀的特点，因此在国标基础上《中国长江三峡工程标准》（TGPS 03—1998）规定中热水泥熟料中的 MgO 含量控制在 3.5%～5.0%，该项措施对减少混凝土裂缝具有重要意义。

6.3.1.2　粉煤灰

混凝土中掺粉煤灰，起初是作为替代部分水泥，绝大部分工程使用的是Ⅱ级或Ⅲ级粉煤灰。通过对掺不同品质和等级（Ⅰ级、Ⅱ级、Ⅲ级）粉煤灰所做的混凝土用水量和性能对比试验，发现粉煤灰需水量与混凝土单位需水量存在显著相关关系，Ⅰ级粉煤灰具有减水效果。试验表明Ⅰ级粉煤灰在混凝土中掺入20%，其减水率可达10%，掺入40%，其减水率约为14%。减水作用可以减少混凝土干缩应力，避免和减少干缩裂缝。同时，以葛洲坝水泥厂生产的525号中热水泥掺Ⅰ级粉煤灰并掺 ZB-1A 型高效减水剂，作不同掺量粉煤灰的胶凝材料水化热对比试验（见表6-8），试验表明粉煤灰掺量越大胶凝材料水化热越小。因此，掺加粉煤灰可以节约水泥，降低混凝土温升，有利于防止温度裂缝。

表 6-8　　　　　　　　　　　不同粉煤灰掺量胶凝材料水化热表　　　　　　　　　单位：kJ/kg

材料名称	时间/h	1	2	3	24	48	72	90	120	140	168
粉煤灰掺量/%	0	18.6	21.0	21.5	123	191	220	237	255	260	269
	20	17.2	18.9	19.5	71	149	178	196	220	227	238
	30	14.0	15.0	16.6	84	152	176	192	209	218	227
	40	11.4	12.4	13.1	48	123	148	163	178	185	190

6.3.1.3 外加剂

外加剂已发展成为拌制混凝土不可缺少的组分，由于花岗岩人工骨料混凝土用水量高，造成水泥用量增多，温控难度较大，并影响混凝土单价。因此，必须采取措施降低混凝土用水量。选用品质优良、减水率高的高效减水剂则是降低混凝土用水量的重要措施之一，为适应施工浇筑仓面大、浇筑强度高、高温季节需连续施工等特点，减水剂必须具备缓凝、高效减水等综合性能。另外，为了确保混凝土的耐久性，还必须在混凝土中掺加引气剂以引入结构合理的气泡，使混凝土达到适宜的含气量。因此，必须选用优质引气剂。经过对 32 种减水剂、7 种引气剂的对比试验，从混凝土用水量、拌和物性能、混凝土强度和耐久性等综合论证比较，优选出减水率大于 18%，其他指标均满足国际一等品要求的三种高效减水剂和满足国际一等品要求的两种引气剂。

6.3.2 低热水泥的应用

低热硅酸盐水泥（也称高贝利特水泥，以下简称低热水泥）水化热低、早期强度略低、后期强度增进率高。低热水泥的高 C2S 含量，使得水泥具有低热特性，其长期耐久性也优于高 C3S 含量的水泥。初步试验结果表明，低热水泥可以与中热水泥一样掺相同数量的粉煤灰而获得相同或更优耐久性的混凝土。

6.3.2.1 低热水泥的性能

三峡水利枢纽工程使用的低热水泥，其物理性能试验结果见表 6-9、表 6-10。

表 6-9　　　　　　　　低热硅酸盐水泥物理性能试验结果表

试验编号		密度 /(g/cm³)	比表面积 /(m²/kg)	安定性	碱含量 /%	MgO /%	SO₃ /%	水化热 /(kJ/kg)	
								3d	7d
C-04-117		3.22	379	合格	0.52	3.57	2.16	189	208
《中热硅酸盐水泥、低热硅酸盐水泥、低热矿渣硅酸盐水泥》（GB 200—2003）	中热 52.5	—	≥250	合格	≤0.6	≤5.0	≤3.5	≤251	≤293
	低热 42.5	—						≤230	≤260

表 6-10　　　　　　　低热硅酸盐水泥物理力学性能试验结果表

试验编号		凝结时间 /(h：min)		抗压强度 /MPa			抗折强度 /MPa		
		初凝	终凝	3d	7d	28d	3d	7d	28d
C-04-117		3：30	4：16	—	17.5	47.9	—	4.0	7.5
GB 200—2003	中热 52.5	≥1：00	≤12：00	≥20.6	≥31.4	≥52.5	≥4.1	≥5.3	≥7.1
	低热 42.5			—	≥13.0	≥42.5	—	≥3.5	≥6.5

表 6-9、表 6-10 检验结果表明，低热硅酸盐水泥的各项性能检验结果满足国家标准要求，且水化热远低于国家标准要求，低热效果显著。

中、低热 42.5 水泥混凝土绝热温升试验数据见表 6-11。

低热硅酸盐水泥掺粉煤灰对水泥水化热的影响试验结果见表 6-12。

表 6-11

表 6-11		中、低热 42.5 水泥混凝土绝热温升试验数据表									单位：℃	
水泥种类 \ 时间/d		0	1	2	3	4	5	6	7	10	14	19
中热	温度	13.6	21.1	24.4	27.2	28.5	29.3	30	30.6	31.3	31.79	32.03
	温升		7.5	11.3	13.6	14.9	15.7	16.4	17	17.7	18.19	18.43
低热	温度	13.8	19.7	22.6	24.2	25.1	26	26.7	27.5	29.3	31.07	32.2
	温升		5.9	8.8	9.4	11.3	12.2	12.9	13.7	15.5	17.27	18.4

表 6-12	低热硅酸盐水泥掺粉煤灰对水泥水化热的影响试验结果表							
试验编号	粉煤灰掺量/%	水化热试验结果/(kJ/kg)						
		1d	2d	3d	4d	5d	6d	7d
C-04-117	0	157	180	189	195	201	204	208
C-04-117-1	30	113	139	154	164	172	178	183
水化热降低率/%		28	23	19	16	14	13	12

低热硅酸盐水泥掺粉煤灰 30%，降低水化热的效果早期好于后期，即 1d 龄期水化热的降低幅度接近粉煤灰掺量百分率，7d 降低率约为粉煤灰掺量百分数的 1/3，这一规律与中热水泥掺粉煤灰的规律基本一致。

6.3.2.2 低热水泥混凝土性能

三峡水利枢纽三期工程混凝土配合比参数进行低热硅酸盐水泥混凝土性能试验，试验结果表明：

（1）三峡水利枢纽三期工程各部位配合比参数拌制的混凝土，抗压强度均满足各强度等级混凝土设计要求，且大坝内部、基础和外部等 90d 设计龄期的混凝土富裕强度较多，28d 设计龄期的较高强度等级的混凝土，抗压强度均满足设计强度要求。

（2）低热硅酸盐水泥具有早期强度不高、后期强度增长率高的特点。在相同配合比参数条件下，二期工程中热水泥混凝土 7d、90d 强度增长率分别在 50%~75% 和 110%~145%，而低热硅酸盐水泥 7d、90d 强度增长率分别在 30%~55% 和 135%~200%。早期强度虽然较低，但完全满足施工对早期强度的要求（3d 强度最低达到 5MPa）。

（3）劈裂抗拉强度基本满足设计温控要求的抗拉强度要求（内部、水变区混凝土 28d 劈拉强度略低于设计要求），轴拉强度满足设计要求。从试验结果看，28d 轴拉强度略高于劈拉强度，前者约为后者的 1.1 倍，90d 强度两者持平。

（4）混凝土变形性能。低热水泥混凝土 120d 干缩变形为（279~340）×10^{-6}，而中热水泥大坝混凝土 90d 干缩变形为 310×10^{-6}~370×10^{-6}，低热水泥混凝土干缩变形比中热水泥的小，这对混凝土抗裂是有利的。

（5）混凝土耐久性。低热水泥混凝土与中热水泥混凝土一样，具有优异的耐久性能。各部位不同强度等级的低热硅酸盐水泥混凝土抗冻性均达到 F300，抗渗性均达到 W10，满足设计要求。

（6）中热 42.5 级水泥混凝土（$C_{90}20$）最高温度为 32.03℃，距温度计埋设时间 19d；

低热42.5水泥混凝土最高温度为32.2℃，距温度计埋设时间19d。两个品种水泥混凝土的最高温度和最高温度发生时间基本相同，但低热水泥混凝土头10d温度比中热水泥混凝土低2～3℃，14d后中低热水泥混凝土温度才基本持平。大坝混凝土在通水的状况下，最高温度一般在收仓后3～4d出现，低热水泥混凝土前期温度低这一特点对控制混凝土最高温度，防止出现温度裂缝是有利的。

在三峡水利枢纽三期工程混凝土配合比参数条件下，低热硅酸盐水泥混凝土各项性能满足设计要求。由于低热硅酸盐水泥混凝土早期强度低，水化热温升也低，在掺用相同掺量粉煤灰条件下，对降低混凝土早期水化热温升比中热水泥的效果更好。早期强度低弹模也低，加上低水化热温升，对改善混凝土早期抗裂性能更为有利。

6.3.3　加冰拌和

加冰拌和在我国有一个从碎冰、片冰到冰库的发展过程。早期用碎冰，但是大块冰的制备效率低、破碎损耗大、粒度不好控制，而且碎冰很难储存、运输，一般还要延长拌和时间。20世纪80年代后采用片冰。

6.3.3.1　片冰

20世纪80年代初期，我国片冰机试制成功以后均采用片冰。片冰厚度一般为1.5～2.5mm，呈不规则片状。每吨冰大约有1700m² 表面积。因此，掺在混凝土中极易融化。只要保持片冰干燥过冷，就能进行贮存和运输处理。国产片冰机有5t、15t、20t、30t等，其中以15t、30t片冰机最为常用，大多为转筒处结冰式或内结冰式。由于氨液强制循环，可用较低的蒸发温度，制冷效率较高。东风和二滩水电工程引进国外片冰机，前者为内筒结冰，后者为外筒结冰，葛洲坝、铜街子、水口、三峡等水利枢纽工程也采用外筒结冰式片冰机。

常压下纯水密实的冰，密度为917kg/m³，融解热通常取335kJ/kg。冰温0～−50℃时，导热系数为2.326W/(m²·K)；冰温在0～−20℃时，平均比热为2.093kJ/(kg·K)。片冰的物理性能见表6-13。

表6-13　　　　　　　　　　片 冰 的 物 理 性 能 表

项　　目	条　　件	单　　位	最大值	最小值	平均值
冰厚	各种工况	mm	2.1	0.4	1.2～1.6
冰温	各种工况	℃	−14.6	−6	−8～−12
融解热	各种工况	kJ/kg	373	272	335
密度	原状冰	kg/m³	453	345	413
	运输后		449	442	445
	储存后		471	461	466
摩擦系数	与钢板		0.17	0.12	0.14
	与钢板		0.29	0.17	0.21
滑动角	与钢板		14.5°	10°	12.5°
	与钢板		15°	10°	11.6°
堆积角	各种工况		15.3°	10.3°	12.2°

6.3.3.2 片冰所需冷量的计算

拌制混凝土时所需冰量是根据预冷混凝土生产量和每立方米混凝土加冰量确定的，而每立方米混凝土的加冰量是根据混凝土出机口温度确定的。一般情况每立方米混凝土加片冰 10kg 可使混凝土出机口温度降低 1.0℃ 左右，确定了用冰量后，即可进行冷量计算，其式（6-3）计算：

$$Q_b = G_m/3600n[C_w(t_Z-0)+C_i+C_b(0-t_c)]K \qquad (6-3)$$

式中　Q_b——制片冰时所需冷量，kW；

　　　G_m——用冰量，kg/d；

　　　　n——每日工作时间，h；

　　　C_w——水的比热，kJ/(kg·K)；

　　　t_Z——水的初温，℃；

　　　C_i——冰的溶化热，一般取 335kJ/kg；

　　　C_b——冰的比热，取平均值；为 2.093kJ/(kg·K)；

　　　t_c——冰的终温，℃；

　　　　K——冷损系数，取 1.20～1.25。

关于制冰时的冷量，可根据用冰量选用片冰机，然后根据片冰机的配置要求配置制冷量。目前我国片冰机生产技术日渐成熟，其使用故障率也较低。为减少作业环节，根据需要宜选用较大型号的片冰机。部分片冰机技术性能见表 6-14。

表 6-14　　　　　　　　　部分片冰机技术性能表

片冰机型号	国产片冰机				北极星		冰川		
	PBL-2×75	PBL-15	PBL-2×110	SLP-20	M60	M40	M2×15	M4×15	M6×15
片冰产量/(t/d)	15	15	30	20	24	16	13.5	24	36
片冰温度/℃	-5～-8	-8	-8～-11	-8～-15	-15	-15	-18	-18	-18
片冰厚度/mm	1～2	<3	1.5～2	～2	<2	<2	<2	<2	<2
蒸发温度/℃	-18～-22	-24	-18～-19	-22～-24	-20～-25	-20～-25	-24	-24	-24
淋水温度/℃	5～15	4～6	15	5	15.5	15.5	16	16	16
蒸发筒制冰表面积/m²	6.13	5.85	12.1	6.35	6.45	4.3	3.23	6.45	9.69
制冰面	外面	双面	外面	双面	内面	内面	内面	内面	内面
切冰方式	蒸发筒旋转滚刀切冰	排刀旋转切冰	蒸发筒旋转滚刀切冰	排刀旋转切冰	排刀旋转切冰	排刀旋转切冰	排刀旋转切冰	排刀旋转切冰	排刀旋转切冰
制冷剂	NH₃	NH₃	NH₃	NH₃	NH₃	NH₃	NH₃	NH₃	NH₃
配备氨机容量/kW	116	140	256	140			81	144	215
外形尺寸/mm	2020×1240×2360	φ1720×2600	φ1780×2600	2078×1930×2057	2096×1422×1905	2078×1930×1447	2078×1930×2057	2759×1930×2667	
自重/t	4	3.2	7.8	4.5	3.682		3.2	3.9	4.6

6.3.3.3 加冰拌和的降温效果

影响降温效果的主要因素是加冰率和冰面的过冷干燥程度，其他如冰温、冰柱形状大小也对降温效果有一定影响。其中加冰率 f 的计算可按式（6-4）进行：

$$f = G_i / G_w \tag{6-4}$$

式中　G_i——混凝土中的加冰量，kg/m^3；

　　　G_w——混凝土中的加水量，kg/m^3。

为了提高混凝土的降温效果，确保拌和的均匀性，在考虑砂石料含水和外加剂用水外，应尽量多加冰，几个水利水电工程混凝土拌制片冰加入量实际资料见表6-15。

表 6-15　　　　　　　　　　片冰加入量实际资料表

工程名称	混凝土级配	总加水量/（kg/m³）	骨料含水/（kg/m³）	纯加水量/（kg/m³）	加冰量/（kg/m³）	加冰率/%
葛洲坝水利枢纽	三	93	35	8~28	30~35	32~54
岩滩水电站	四	114	30	39	45	40
东风水电站	四	115	34	36	45	39
二滩水电站	四	85	42	10	34	40
三峡水利枢纽工程高程98.70m系统	三	100	36	10	50	50

注　本表摘自有关工程技术资料，供参考。

加入片冰后，因片冰只有厚1.5~2.5mm，一般不会影响拌和时间，但掺有引气剂的混凝土，在使用强制式拌和机时，因含气量的增加，应适当延长拌和时间。通常拌和时间应通过试验测定，加片冰拌和混凝土设计参数见表6-16。

表 6-16　　　　　　　　加片冰拌和混凝土设计参数表

形　　状	冷量利用率/%	拌和时间/min		加冰10kg时平均降温值/℃
		自落式	强制式	
厚小于2mm片冰（潮湿）	80~90	2~2.5	1~1.5	1.0~1.2
厚小于2mm片冰（干燥过冷）	100	2~2.5	1~1.5	1.2~1.4

6.3.3.4 冰的储存

片冰加入拌和机，有直接加入和通过冰库调节两种。前者20世纪80年代用得较多，以五强溪水电站工程较为典型。该工程安装了16台PBL-2×75型片冰机，片冰直接进入4个容量为12m³的调节冰仓内，由冰仓螺旋机通过冰门和带式输送机向拌和楼供冰。由于片冰机冰水分离效果不好，运输途中片冰易融化、冻结，从而使螺旋机无法正常运行。水口、二滩、东风及三峡水利枢纽工程的几个混凝土系统，都通过大型冰库储存、调节。冰库的容量：水口工程为2×60t，二滩水电站工程为2×100t，冰库直接设在片冰机的下面，片冰在冰库内还能进一步干燥过冷，需要时再用各种运输工具运往拌和楼。采用冰库的最大优点是可以储备冷量。一座容量100t的冰库，大约可储备37000000kJ的冷量，可以起到冷量调峰的作用，大容量的冰库可使片冰机和制冷负荷降低一半。

早期的冰库始于葛洲坝水利枢纽工程，采用立式储冰罐，由于片冰粉碎溶化后容易再结冰，常出事故，而未能广泛使用。

1987年采用耙冰机出冰的15t卧式冰库，首次在安康工程成功投入使用。后经改进，一个以大型冰库为中心的出冰生产、储运、计量的系统在水口、二滩、三峡等水利枢纽工程广泛地得到了应用。冰库容量主要有50t、60t、100t三种，二滩水电站工程采用了两座100t冰库。我国冰库大都采用卧式，冷风夹套保湿，耙冰机螺旋机出冰。

由于大坝工程的用冰量大，要求连续供冰，片冰必须在干燥过冷的条件下才能保持松散，便于运输和储存。由于国产片冰机冰水分离效果不好，在冰库的结构处理上需要特别注意，在片冰进入冰库之前分离好冰水，之后采用较低的库温（-15~3℃），并需经常开动耙冰机，人工观察和操作片冰的排放。二滩水电站工程采用北极星和SUBROE冰机，由于冰水分离好，保温要求较低，实际采用-3℃的库温，隔热板用得也较薄，因而效果较好。

冰库在设计上位置应尽量靠近拌和楼，片冰机安设在冰库上面，其容量应能储存片冰机日产总量的1/3为宜。若采用聚苯乙烯作为保温层时，其厚度不应小于120mm。在布置上有采取架空布置的，安装高度与拌和楼储冰仓相适应，这样就可以用螺旋机或胶带机向拌和楼供应片冰；也有的把冰库布置在地面，向拌和楼供应片冰时采用气力输送。架空布置的冰库常利用下面空间来布置主机和其他设备，组成一座制冷楼。某工程制冷楼设备布置见图6-3；几个水电工程制冷楼的技术经济指标见表6-17。

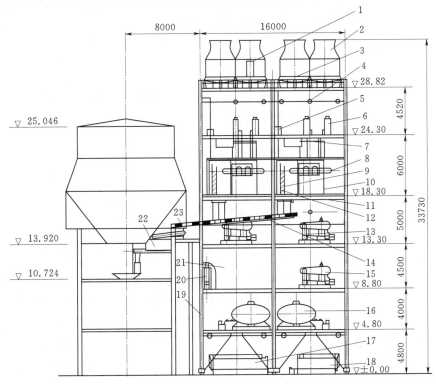

图6-3 某工程制冷楼设备布置示意图（单位：mm）

1—冰水箱；2—YLA-100型冷却塔；3—CD1-30D型电动葫芦；4—T40-11轴流通风机；5—冰门起吊系统；
6—PLB-2×75片冰机；7—耙冰机起吊系统；8—耙冰机；9—冰门；10—冰库；11—冰库螺旋机；12—出冰
闸门；13—JZB×K75螺旋式氨泵机组；14—GX型螺旋机；15—JZB-KA12.5螺旋氨泵机组；16—循环
水箱；17—DZA180螺旋管立式蒸发器；18—DZA90螺旋管立式蒸发器；19—钢结构；20—升降车；
21—控制室；22—片冰配料装置；23—GX型螺旋管立式蒸发器

表 6 - 17　　　　　　　　　　几个水电工程制冷楼的技术经济指标表

项　目	单位	铜街子水电站工程[1]	葛洲坝水利枢纽工程	安康水电站工程	三峡水利枢纽工程高程98.70m[1]
配拌和楼型号		3×1.5	4×1.5	4×3	4×3；2×4.5
低温混凝土生产能力	m³/h	70	90	200	430
制冷设备装机容量	kW	2035	2907	1107	12793
最大产冰量	t/h	3.75	5	5	12.5
片冰机	t/d	15×6	15×8	15×8	30×10
冷风产量	m³/h	9×10⁴	8×10⁴		50×10⁴
冷风温度	℃	−5	−14～−15		−10
空气冷却器冷却面积	m²	7800	4920		15600
最大用水量	m³/h	450	550	300（45补充水量）	1540
电动机总功率	kW	1098.2	1320	657.76	4165
建筑面积	m²	120	1150	112.5	
楼梯尺寸	m×m×m	1.6×7.5×33.7	14.2×16.2×27.8	15×7.5×31.3	
设备总量	t		187	154.325	349
楼梯结构重量	t			165.675	385

[1]　摘自有关工程的技术资料，供参考。

6.3.3.5　片冰输送

片冰很脆，容易起拱和破碎，破碎后融化再结冰，给输送增加困难。片冰输送有机械输送和气力输送两种类型，在水平输送和提升高度不大的场合，较多采用带式输送机和螺旋机输送。

（1）螺旋机输送。螺旋机易于隔热，一般适用于运距60m以内。输冰的螺旋机最大单机他要24m，轴承间距为4.5m，节距为直径的3/4，如使用不当，容易引起堵塞。水口工程拌和楼冰秤给料螺旋，因堵塞时常烧坏电动机，使生产无法正常进行。通常的做法是，选充盈系数为1/3，并将进口段的螺旋节距加密，以限制给料量，在出料口的上方采用活动盖板，便于检查和人工处理。二滩水电站工程的供冰螺旋机单机长度近30m，倾角达30°，使用情况正常。

（2）带式输送机输送。胶带机是输送片冰的较好设备，它有不易损坏片冰形状，输送量大，不和片冰产生机械摩擦等优点，但对胶带机应作好密封和保湿，以隔绝外界气温对片冰的影响。一般认为胶带输送机带速以1.6～2m/s为宜，输送距离不应超过50m。

片冰用带式输送机输送虽不存在堵塞、挤压和破碎的问题，但隔热较难处理。葛洲坝、五强溪等水利枢纽工程都采用带式输送机输送片冰。水口水电站工程采用管内带式输送机输送片冰，是在室外长距离运输较成功的一个例子。机带长约60m，带宽500mm，采用45°槽角，悬挂托辊。钢管内径1100mm，外覆聚乙烯隔热材料。钢管兼作机带桥架，跨度约18m。钢管直接和冰库出口相接，输送片冰时，冰库出口打开，库内冷风随同片冰进入钢管，使拌和楼内的片冰保持充分的干燥和松散，这样有利于后续工序的存放和计量，并可提供较多的冷量。为了保持胶带不跑偏，应采用适当柔度的胶带和强制前倾托辊的措施。

（3）气力输送。布置不受限制，冰库可以设在地面，省去结构庞大的制冷楼。片冰气力输送在我国始用于 1992 年福建的南一水库。1995 年三峡水利枢纽工程右岸混凝土系统 1 号拌和楼也采用 12t/h 的气力输冰装置，输送管道总长 39m，提升高度 20m，两年共输送片冰 23205t。该装置采用风温为 8～10℃，风速为 31～32m/s。

气力输送片冰的浓度与输送距离及高度有关。过高的速度会引起片冰破碎，一般输送速度控制在 25～30m/s 以内为好。为了减少破碎，旋风分离器的内表面最好衬以光洁且不易生锈的材料。

气力输送片冰时要求风温不得超过 10～12℃，输送管道应使用硬质塑料管、铝管或不锈钢管，管道亦应作保温处理，各种输送方式片冰温度损失情况见表 6-18。

表 6-18　　　　　　　　　　各种输送方式片冰温度损失情况表

输送型式	输　送　条　件	片冰入机温度 /℃	出机温度 /℃	单位损失量 /（℃/m）
螺旋输送机输送片冰	螺旋直径 500mm，转速 45r/min，机长 L＝12.5m，保温廊道内温度 10℃	−7	−4	0.24
胶带机输送片冰	带宽 B＝500mm，带速 V＝1.6m/s，机长 L＝55m，保温廊道内部温度 14℃，外界温度 31℃	−7.5	−5.9	0.029
气动输送片冰	管径 4″（1″≈2.54cm），材质：铸铝，折算距离 66m（其中水平段、垂直段各 20m），风速 V＝36m/s，风温 8～12℃	−7	−5	0.03

6.3.4　混凝土出机口温度

控制混凝土原材料和利用冰的溶解热可以有效控制出机口温度，混凝土原材料中的水泥一般难以采用降温措施。拌和用水可以采用冷却水 2℃ 左右，但所占权重小，影响很小。砂石用量占混凝土的权重最大，常采用净料堆存高度大于 5m 的措施，使砂、石温度趋近或略高于旬平均气温，由于预冷砂的技术较复杂。因此，常用的最有效的措施是预冷粗骨料至 0～3℃。初步估算，石子温度下降 1℃，可使混凝土出机口温度下降 0.6℃ 左右。加冰拌和也为常用的有效措施，初步估算，加 10kg/m³ 冰，可使出机口温度下降 1℃ 左右。

6.3.4.1　混凝土出机口计算温度

混凝土出机口计算温度，可根据热平衡原理按式（6-5）计算：

$$T_0 = \frac{\sum T_i G_i C_i - 335\eta G_c + Q}{\sum G_i C_i} \tag{6-5}$$

式中　T_0——混凝土出机口的计算温度，℃；

　　　T_i——组成混凝土第 i 类材料的平均进料温度，℃；

　　　G_i——混凝土中第 i 类材料的质量，kg/m³；

　　　C_i——第 i 类材料的比热，kJ/（kg・K）；

　　　G_c——混凝土的加冰量，kg/m³；

　　　η——冰的冷量利用率，以小数计；

Q——混凝土拌和时产生的机械热，kJ/m^3，若进料温度按入楼前的温度计算时，还应计入运输和二次筛分中增加的机械热；

335——冰的融化潜热，kJ/kg。

计算自然条件下的出机口温度，在堆场有适当遮阳措施，骨料湿润并由地垄取料时，骨料温度可选用当地旬平均气温值。冷却计算时取水泥温度30~60℃，水泥出厂时间短，当地气温高时取较大值，反之取较小值。砂石料的含水（或冰）量应按实际情况作为组成材料之一计入，其温度与砂石的温度相同。

6.3.4.2 岩石及混凝土组成材料的热学特性

各种岩石及混凝土组成材料的热学特性见表6-19，几个工程的混凝土材料比热值见表6-20。

表6-19　　　　　　　各种岩石及混凝土组成材料的热学特性表

| 材料名称 | 比热 c/[kJ/(kg·K)] | | 导热系数 /[kJ/(m·h·K)] | 密度 /(t/m³) | 导温系数 /(m²/h) |
	范围	典型值			
水泥	0.502~0.921	0.921	1.059		
水		4.187	2.093		
冰	2.052~2.093	2.093	6.78~10	0.915（块冰） 0.4~0.45（片冰）	0.0042
砂（干）	0.67~0.921	0.837	1.172	1.45	0.001
湿砂（含水4%）		0.921	2.512	1.50	0.0018
碎石（湿）		0.879	3.852	1.50~1.60	0.0029
砾石（湿）		0.879	4.605	1.60	0.0035
石英岩	0.691~0.724		16.748		
石灰岩	0.938~0.963		11.514		
白云岩	0.963~1.004		11.932		
花岗岩	0.917~0.946		9.211		
玄武岩	0.946~0.967		7.494		
粗面岩	0.942~0.976		7.494		

表6-20　　　　　　　几个工程的混凝土材料比热应用值表

| 工程名称 | 比热 c/[kJ/(kg·K)] | | |
	水泥	砂	砾石
三门峡水利枢纽	0.921	0.921	0.921
丹江口水利枢纽	0.796	0.842	0.867
岩滩水电站	0.515	0.758	0.758
东风水电站	1.005	0.888	0.888
铜街子水电站	0.837	0.921	0.921
三峡水利枢纽	0.746	0.963	0.963

6.3.4.3 冰的冷量利用率

冰的冷量利用率 η 对干燥过冷的片冰可取 1.0；对接近 $0℃$ 的潮湿片冰取 $0.8\sim0.9$。

6.3.4.4 机械热能 Q 的计算

拌和时产生的机械热和二次筛分等增加的机械热，可按式（6-6）估算。

$$Q=3.6(10Pt/V)+\Delta Q \qquad (6-6)$$

式中　Q——每立方混凝土拌和时产生机械热和二次筛分等增加的机械热，kJ/m^3；

P——搅拌机的电动机功率，kW；

t——搅拌时间，min；

V——搅拌机容量，m^3，按有效出料容积计；

ΔQ——运输和二次筛分增加的机械热，一般可取 $837\sim1675kJ$。

当生产常温混凝土时，机械热的估算值可取 $2000kJ/m^3$；生产低温混凝土时，可取 $4000kJ/m^3$。

以三峡水利枢纽右岸大坝工程IB标段为例，出机口温度统计如下：

混凝土生产出机口温度每小时检测 1 次。高程 150.00m 拌和系统 1 号楼按不同标准控制的混凝土共检测 17596 次，总合格率为 98.2%。高程 84.00m 拌和系统按不同标准控制的混凝土共检测 553 次，其中 2005 年底前检测 454 次，2006 年 1—6 月检测 99 次，总合格率为 87.6%。混凝土生产出机口温度汇总统计见表 6-21、表 6-22。

表 6-21　　　　　　　　　　混凝土生产出机口温度汇总统计表

拌和系统	统计时段/（年-月）	工程部位	温控要求/℃	检测次数	最大值/℃	最小值/℃	平均值/℃	合格率/%
高程150.00m	2003-7—9	右厂排坝段~右厂20坝段	≤7	1195	16.0	4.0	6.6	94.4
	2003-10—2004-4		≤7	2481	10.0	3.0	6.3	97.6
			≤9	339	10.5	4.0	7.9	99.7
			≤10	443	16.0	7.0	9.2	90.0
	2004-5—9		≤7	6538	9.0	3.0	6.0	99.8
			≤10	29	10.0	6.0	8.1	100
			≤14	5	14.0	12.0	12.6	100
	2004-10—2005-4		≤7	1277	10.0	4.0	6.6	97.5
			≤10	712	11.0	4.0	9.1	99.2
			≤14	413	18.0	7.0	13.3	98.5
	2005-5—9		≤7（按10℃统计）	153	7.0	5.0	6.6	100
			≤7	4444	10.0	3.0	6.3	99.2
			≤14	358	14.0	5.0	11.5	100
	2005-10—2006-1		≤7	289	9.0	5.0	6.2	96.2
			≤10	321	13.0	6.0	9.0	99.1
			≤14	214	14.0	6.0	11.9	100

拌和系统	统计时段/（年-月）	工程部位	温控要求/℃	检测次数	最大值/℃	最小值/℃	平均值/℃	合格率/%
高程150.00m	（2003—2005年）5—9月高温时段小计	右厂排坝段~右厂20坝段	≤7	12177	16.0	3.0	6.2	99.1
			≤10	29	10.0	6.0	8.1	100
			≤14	363	14.0	5.0	11.5	100
			≤7（按10℃统计）	153	7.0	5.0	6.6	100
	（2003—2006年）10月至次年4月低温时段小计		≤7	4047	10.0	3.0	6.4	97.5
			≤9	339	10.5	4.0	7.9	99.7
			≤10	1476	16.0	4.0	9.4	96.4
			≤14	627	18.0	6.0	12.8	99.0

表6-22　　　　混凝土生产出机口温度汇总统计表

拌和系统	统计时段/（年-月）	工程部位	温控要求/℃	检测次数	最大值/℃	最小值/℃	平均值/℃	合格率/%
高程84.00m	2004-5—9	右厂排坝段~右厂20坝段	≤7	64	9.0	4.0	6.8	80.0
			≤10	112	12.0	7.0	9.0	96.4
			≤14	2	13.0	10.0	11.5	100
	2004-10—2005-4		≤10	19	10.0	7.0	8.7	100
			≤14	3	11.0	10.0	10.5	100
	2005-5—9		≤7	10	13.0	6.0	7.4	90.0
			≤10	1	—	—	12.0	0
			≤14	234	16.5	8.0	13.4	83.3
	2005-10—12		≤10	2	10.0	10.0	10.0	100
			≤14	7	13.0	10.0	12.0	100
	2006-1—6		≤10	36	12	6	9.1	86.1
			≤14	63	19	9	12.9	86.1
	（2004—2006年）5—9月高温时段小计		≤7	74	13.0	4.0	6.9	81.4
			≤10	113	12.0	7.0	8.9	95.5
			≤14	236	16.5	8.0	13.4	83.4
	（2004—2006年）10月至次年4月低温时段小计		≤10	59	12	6	8.7	88.1
			≤14	73	12	6	12.7	88.0

7 运输浇筑温控

根据《水工混凝土施工规范》（DL/T 5144—2001）对混凝土浇筑温度的定义，混凝土浇筑温度系指混凝土经过平仓振捣后，覆盖上坯混凝土前，在 5～10cm 深处混凝土的温度。混凝土浇筑温度由混凝土的出机口温度和混凝土运输、浇筑过程中温度回升两部分组成。因此，控制混凝土浇筑温度：一是必须采取人工降温，使用预冷却材料拌制混凝土，以降低混凝土出机口温度；二是控制混凝土运输温度及浇筑过程中温度回升。

7.1 运输过程温控

运输及浇筑过程中混凝土温度回升主要是指高温季节浇筑预冷混凝土时，混凝土浇筑温度与其出机口温度之差值。混凝土运输过程中预冷混凝土温度回升主要与运输机具类型、运输时间和混凝土转运次数等有关，仓面浇筑过程中预冷混凝土温度回升主要是浇筑时，各坯混凝土的暴露时间内气温倒灌、混凝土水化热温升及平仓振捣过程中机械产生的温度等。

7.1.1 温度回升计算

（1）混凝土运输途中总温度回升可用式（7-1）计算：

$$t'_p = t_b + (t_a - t_b)(N_1 + N_2) \tag{7-1}$$

式中　t'_p——混凝土经运输途中温度回升的入仓温度；

t_a——气温；

N_1——装料、卸料、转运等温度回升系数，每次 $N_1 = 0.032$；

N_2——混凝土运输温度回升系数，$N_2 = A\tau$；

τ——运输时间，min。

A 值与混凝土运输工具和运输混凝土量有关，三峡水利枢纽工程自卸卡车不同混凝土量的 A 值经分析如下：

3m^2　　　$A = 0.0034 \sim 0.0042$

6m^2　　　$A = 0.002 \sim 0.0024$

9m^2　　　$A = 0.0014 \sim 0.0018$

值得提出的是，如采用同等容积的混凝土侧卸料罐车，由于混凝土厚度较厚，其运输温度回升系数 A 值比以上自卸卡车 A 值要小一半左右。三峡水利枢纽工程大坝采用塔带机配合供料皮带运输混凝土，其低温混凝土在高温季节的运输途中温度回升应引起重视，经初步分析和实测，7℃出机口混凝土在外界 30℃左右气温下，经供料线和塔带机的温度回升与混凝土生产率（皮带上连续摊铺厚度）、运距等有直接关系。在运距 600～700m 条件下，当混凝土生产率为 90m³/h，温度回升系数 A 约为 0.23，当生产率为 240m³/h，温度回升系数 A 约为 0.17。因此，为控制混凝土在供料皮带和塔带机运输中的温度回升，应保证连续、必要的生产率和采取保冷措施。

（2）混凝土经平仓、振捣到上坯混凝土覆盖前的温度回升称为仓面温度回升，可由式（7-2）计算：

$$t_p = t_b + (t_a - t_b) N_3 \qquad\qquad (7-2)$$

式中　N_3——平仓、振捣至上坯混凝土覆盖前的仓面温度回升系数，一般取 0.003。

如仓面平仓、振捣（坯厚为 50cm）后至覆盖上坯混凝土的暴露时间分别为 1h、2h、3h，则 N_3 分别为 0.12、0.22、0.28。如取混凝土入仓温度 11℃，外界气温 30℃，经 1h、2h、3h 后的混凝土温度回升分别为 2.3℃、4.2℃、5.5℃，其浇筑温度分别为 13℃、15℃、17℃。可见仓面温度回升对浇筑温度的影响十分明显。三峡水利枢纽工程要求仓面坯间一般暴露时间小于 2h 就缘于此。所以，在高温季节，应加快入仓温度，尽量缩短混凝土坯间暴露时间，并辅以必要的仓面保冷措施，以控制浇筑温度。

以上分析未计入日照的不利影响，如计入日照，则仓面温度回升加剧。所以高温季节浇筑有严格温控要求部位的混凝土，宜避开白昼日照强烈的正午时段。

7.1.2　车辆运输温控

（1）设置遮阳篷。自卸汽车运输混凝土是大坝混凝土运输的主要设备之一，浇筑手段采用门塔机、电吊等起吊设备入仓时均采用自卸汽车运输混凝土。为控制混凝土在运输过程中温升，运送混凝土的自卸车必须为专用设备，车厢顶部设置遮阳篷（亦有防雨功能）。

运送混凝土自卸车的遮阳篷一般采用塑料编织彩条布作为遮阳材料，在汽车厢两侧各焊一根直径为 25mm 钢管，将彩条布两侧安装滑环并套装在钢管上，当汽车卸料时遮阳篷沿钢管滑至车厢尾部，汽车装完混凝土后由人工将篷拉开覆盖车厢。

在 4—10 月间如有太阳直射时，每天 7:00 至 18:00 在拌和楼下有专人拉开遮阳篷；在 6—8 月期间气温较高，阳光较强时，汽车卸完料后也将遮阳篷拉开，使空车返回拌和楼时避免阳光直射车厢。

1999 年 5 月，对自卸汽车遮阳篷效果进行了跟车对比测试，选取三峡水利枢纽工程自高程 79.00m 拌和系统至 2 号塔带机临时供料线区段，测试结果表面，当气温在 28～30℃时，安装遮阳篷的运输汽车，其混凝土温度回升仅 1～3℃，而无遮阳篷情况时的回升达 2～5℃。

（2）楼前喷雾。采用自卸汽车运输混凝土时，空车返回拌和楼，在拌和楼前进行喷雾降温，喷雾装置架设在进入拌和楼前 10～25m 长的道路两侧，略高于自卸车箱，使该范围形成雾状环境，当汽车在楼前等候时，喷雾不但给车厢降温，而且雾状环境可避免阳光直射车厢。

1）喷雾装置采用一种油漆喷枪改装而成，喷枪中间设置一个进水口，尾部设置一个进气接口，进水、进气接口均用高压橡胶软管与供水、供气主管相连，供水压力在 0.4～0.6MPa。

2）供风压力 0.6～0.8MPa。每座拌和楼两侧各设 14 个喷嘴，间距 75cm 左右，喷嘴直径 0.5mm，每座拌和楼用水量月 8m³/h。通过实测雾区比实际气温低 5～10℃，此喷雾装置对混凝土温控起较大作用。

7.1.3　供料线运输温控

在使用塔带机浇筑时，混凝土直接从拌和楼经供料线运输入仓。由于供料线较长，气温对混凝土温度影响较大。皮带机运输混凝土成为控制混凝土温度回升的重点，夏季高温季节运输混凝土，由于混凝土在供料线上分散摊开，极易受周围环境影响使温度回升。因此，运输混凝土的供料线必须全线进行遮阳（包括塔带机的布料皮带设置有遮阳装置），控制混凝土在供料线上温升小于 2℃。

三峡水利枢纽工程三期工程供料线最长达 1100m，在气温达到 30℃左右时，混凝土温度回升达 5～8℃，三峡水利枢纽工程二期工程 TB3 号供料线温度回升抽检见表 7-1。

表 7-1　　　　　　　　　　　TB3 号供料线温度回升抽检表

时间 /（h：min）	仓面气温 /℃	标号/级配	出机口温度 /℃	入仓温度 /℃	浇筑温度 /℃
10：45	28	300/3	10	15.0	18.5
11：00	29	300/3	7.5	13.0	18.5
11：18	29	300/2	6.5	15.0	18
11：37	29	300/3	7.2	13.2	17
13：30	33	150/4	7	12.8	18

注　1. 对同一盘混凝土的跟踪观测。观测的次数较多，这里只选 5 组。
　　2. 由于仓内进行喷雾降温，仓面气温一般低于外界气温 3～5℃。

为减少预冷混凝土在运输途中的热量倒灌，采用了铝合金遮阳板封闭上部皮带和对下部皮带背面冲水降温的措施。在供料线棚顶粘贴聚苯板保温，并在供料皮带上方两侧增设橡皮裙边以达到封闭上部皮带隔热保温目的。然后，在开仓前 15min，用 4℃冷水冲洗皮带，在皮带空转时在下部皮带反面冲水以降低皮带温度，并在供料过程中保持料流的连续，不间断。上述措施使供料线上的混凝土温度回升降低了 2℃。

7.2　浇筑过程温控

7.2.1　仓面喷雾

仓面降温是通过在仓位两侧布置喷雾管喷雾，在浇筑仓面上方形成雾层：一方面雾层阻挡阳光直射仓面；另一方面雾滴吸热蒸发，达到降低浇筑部位上方环境温度的目的。为加强喷雾效果，仓面每侧喷雾管一般分两段，雾化器装在管路中间，通过阀门控制只在浇筑仓面上方喷雾。每次开仓前先进行试喷，确定最佳风、水流量比例、压力确保达到最佳喷雾效果。通过喷雾，仓面小环境温度比气温低 5～6℃。对钢筋密集的厂房仓号，喷雾则是首选的温控措施。为了减少喷雾过程中多余的水入仓，提高雾化效果，一般应保证喷雾的压力在 10～15MPa 以上，喷雾管尽量设在模板外侧，当喷雾管在仓内时，喷雾管下应设截水槽防止向仓内滴水。

7.2.2　仓面覆盖

开仓前须备够 2/3～3/4 仓面面积的保温被，浇筑坯层振捣完毕后立即覆盖保温被保温。三峡水利枢纽工程三期工程使用的隔热被是在 1.0m×2.0m（宽×长）的高发泡聚乙烯塑料卷材外套了一层帆布套，帆布套表面涂刷有一层防水、防酸、碱腐蚀的胶水。这样，保温被使用后经过冲洗焕然一新，不仅美观、耐用，增加保温效果，夏季下雨还可兼做防雨布。浇筑时派专人跟随浇筑工盖、揭保温被，每块保温被搭接 5～10cm 不得出现空隙。实践表明，对面积较大的无钢筋或少钢筋坝块，可在实施大面积或全仓隔热保温的情况下，无需启用仓面喷雾等其他措施，即可确保浇筑温度不超温。

以三峡水利枢纽工程右岸大坝工程为例，混凝土入仓及浇筑温度检测统计如下：

右岸大坝 IB 标段。通过采取上述措施，三期大坝混凝土入仓及浇筑温度检测情况见表 7-2。

表 7-2　　　　　　　　　大坝混凝土入仓、浇筑温度汇总表

施工年份	完成仓次	平均浇筑强度/(m³/h)	混凝土入仓温度/℃					混凝土浇筑温度/℃					
			测次	最大	最小	平均	允许浇筑温度	测次	最大	最小	平均	超温点/个	超温率/%
2003	290	38.74	1605	17	3	9.87	12～14	1387	18	5	11.9	40	2.88
2004	1051	86.9	5049	19	5	11.03	16～18	4365	22	6	13.5	10	0.23
2005	664	36.7	3219	18	6	10.98	16～18	3015	21	6	13.2	12	0.40
2006	284	18.23	1256	14.2	5.5	9.35	16～18	1231	17	7.6	11.7	9	0.73
合计	290	38.74	1605	17	3	9.87	12～14	1387	18	5	11.9	40	2.88
	1999	47.28	9524	19	5	10.45	16～18	8611	22	6	12.8	31	0.36

注　大坝找平层混凝土、填塘、止水基座混凝土、塔机基础混凝土未计入。

右非坝段共检测 424 次，右厂坝段共检测 991 次，均在允许最大值范围内，检测结果见表 7-3。

表 7-3　　　　　高程 160.00m 以上混凝土入仓、浇筑温度检测结果汇总表

部位	完成仓次	平均浇筑强度/(m³/h)	混凝土入仓温度/℃					混凝土浇筑温度/℃					
			测次	最大	最小	平均	允许浇筑温度	测次	最大	最小	平均	超温点/个	超温率/%
右厂坝段	67	26	51	13	5	9.35	≤14	49	14	7	11.9	0	0
			30	10.5	6.8	8.2	14～16	30	13.5	10.5	11.6	0	0
			343	16	5	11.1	16～18	291	17	9	13.55	0	0
右厂坝段	67	26	—	—	—	—	≤14	—	—	—	—	—	—
			—	—	—	—	14～16	—	—	—	—	—	—
			991	16.5	4	11.4	16～18	830	17	5	13.8	0	0

注　只统计有温控要求的大坝混凝土仓次，未统计自然入仓时的入仓和浇筑温度。

8 通 水 冷 却

8.1 冷却通水方式及特点

水工大体积混凝土的施工过程主要可分为：原材料储运—混凝土拌和—混凝土运输—仓面作业（平仓、振捣等）—冷却与养护—新浇混凝土再行上升。

从施工过程可以了解到与混凝土拌和密切相关的是混凝土出机口温度，它是混凝土拌和好之后倾斜出拌和机口时的温度，为组成混凝土的五种原材料（石、砂、胶凝材料、水、外加剂）在拌制中热量平衡的混凝土拌和物温度。混凝土拌和出机口后经水平和垂直运输，要与外界气温等进行热传导，卸入浇筑仓内时称为混凝土入仓温度。混凝土入仓后摊铺、平仓、振捣成厚约 50cm 混凝土坯层，随后暴露在环境温度下一段时间后才能覆盖，在混凝土入仓后至混凝土上坯覆盖期间进行热传导，通常将上坯混凝土覆盖时，下坯混凝土在距表面深度为 5~10cm 处的温度称为浇筑温度。

采用上述平仓、振捣作业浇筑混凝土，当浇筑层厚达到设计规定的 1.5~2.0m 后，必须停歇一段时间，以便浇筑层充分利用顶面向空气（或环境温度）散发热量，必要时还可通过浇筑层埋设的蛇形水管，通冷水带走混凝土内部热量。

8.1.1 冷却的方式

大体积混凝土的冷却（散热）方式可分为两大类：一类为天然冷却；另一类为人工冷却。所谓天然冷却是指未采用人工强迫混凝土冷却的措施，而仅依靠浇筑成形的坝体表面向周围介质散热的冷却方式。人工冷却则是指在大体积混凝土内人为地埋设冷却水管或设置冷却水井等，以人工措施强迫混凝土散热的一种冷却方式。

大体积混凝土单靠天然冷却往往散热过慢且散热效果也满足不了设计要求，为此必须采用人工冷却。水管冷却因其具有很大的适应性和灵活性而被国内外广泛应用，它是大体积混凝土最常用的一种人工冷却。

冷却水管大多采用直径 2.5cm 的钢管，在浇筑混凝土时埋入坝内。为了施工方便，水管通常铺设在浇筑层面上，也可架设浇筑层中部。冷却水管设有进口和出口，为通水管理方便，常将进出口就近设置。仓面上的水管按一定水管间距布置成蛇形回路，故又称蛇形水管。

8.1.2 人工冷却的基本要求

为合理使用水管冷却，发挥其散热的正常效果，通常提出如下的基本要求。

（1）冷却水应为含泥沙较少的清水，通水流量为 18~25L/min，以使其流速在管内形成紊流，能有效地带走较高温度的混凝土经管壁传导至管内流水中的热量。但通水流量也不宜过大，因流量在 25L/min 以上的热传导效果增加甚微，且流量越大越不经济。

（2）水管间距分为水平间距和垂直间距。水平间距 S_1，垂直间距为 S_2，则 $S_1 = 1.547 \times S_2$。一般大坝水管采用矩形布置，则水平间距 S_1 为浇筑层面铺设水管的管距，为 1.5～3m；垂直间距 S_2 为相邻两个浇筑层所铺设的管圈的间距，因而与浇筑层厚一致。

（3）管圈长度以 200m 左右为好。长度过小所需水管的根数过多，不仅管理不便而且会增加不必要的通水总量。长度过大不仅使水管沿途冷却的混凝土温度不均匀程度加剧外，还使通过管圈的水流压力损失增加太大。

（4）进出口位置宜集中布置在坝内灌浆冷却廊道内、坝外或竖井中，并在管口处标记编号，保护管口，以防堵塞。

（5）通水降温温度宜控制 1℃/d 内，冷却水温与混凝土温度之差宜控制 20～25℃，以防降温过快和温差过大而产生裂缝。

（6）由于水管冷却过程沿途不断带走混凝土内部热量，而使水管内水温沿途升高，导致混凝土冷却不均匀，为此冷却水管内的冷却水流向宜每天变换 1 次。

（7）冷却水管布设后，应在混凝土浇筑前试通水，排除堵塞或外漏。

（8）冷却水管的水温、通水历时视水管冷却的作用而定，将在下面分别叙述。

8.1.3 人工冷却的作用

水管冷却按其作用不同可分为初期通水、中期通水和后期通水。

（1）初期通水的作用是削减浇筑层初期水化热温升，以利于控制坝体最高温度，使其满足设计允许最高温度。初期通水一般采用 6～10℃冷水，通水时间一般为 10～15d，混凝土温度一般降至 24～28℃，在混凝土收仓后立即开始通水。

（2）中期通水的作用是削减坝体内外温差。尤其是高温季节浇筑的大体积混凝土，在秋、冬季遭遇外界气温急剧下降时，混凝土内部温度仍维持在较高状态，内外温差往往过大，易导致表面或深层裂缝。为此，在入秋时及时对坝体内部进行中期通水，降低大体积混凝土内部温度和内外温差，改善施工期大坝温度状态就显得十分必要。

中期通水采用江水或河水，通水时间为 1.5～2.5 个月，削减混凝土内部温度至 20～22℃，以混凝土达到略高于坝址年平均气温为宜。

（3）后期通水的作用是使被纵、横缝划分的大坝柱状块，在施工期强迫冷却至稳定温度（或灌浆温度），使之达到灌浆温度 14～18℃。以便将经温度和自身体积变形而张开的接缝用水泥灌注密实，以恢复大坝的整体性。

后期冷却一般采用通江水（河水）或制冷水相结合的通水方案，即对灌浆年度要求先行灌浆的下部灌区范围宜通制冷水，而对灌浆时间较晚的上部灌区可以通江水。后期通水历时一般为 2 个月左右。

8.2 冷却水管布置

（1）平面布置。冷却水管大多采用直径 2.5cm 的黑铁管或钢管，在浇筑混凝土时埋入坝内。为了施工方便，水管通常埋设在每一个浇筑分层面上，也可根据需要埋设在浇筑层内。水管垂直间距一般为 1.5～3.0m，水平间距一般也为 1.5～3.0m，高标号（≥$R_{28}250$）中冷却水管宜加密到 1.5m（水平间距）×1.0m（垂直间距）或 1.0m（水平间距）×1.5m（垂直间距）。若常态混凝土 3m 升层布置有两层水管，第 2 层可用塑料管。冷却水管主要取决于：① 施工进度安排，即接缝灌浆或宽槽回填时间，时间充裕，间距可大些，否则间距要小；② 预定取决于一期冷却所消减的水化热温升幅度。有一期通水冷却要求时（通制冷水）水管间距可按表 8-1 初步估算。

表 8-1　　　　　　　　　　　一期水管通水冷却的效果

水管间距/m	消减的水化热升值/℃	水管间距/m	消减的水化热升值/℃
1.0×1.5	5～7	2.0×1.5	2～4
1.5×1.5	3～5	3.0×3.0	1～3

（2）单根水管长度。一般控制在 200～250m 冷却效果最好，单根管长不超过 250m。仓面较大时，可用几根长度相近的水管，以使混凝土冷却速度较均匀。

（3）水管进出口位置。一般集中布置在坝外、廊道或竖井中，间距 1m 左右。水管管口应编号，且管口应妥当保护，以防堵塞。引入廊道的水管应排列整齐，并做好标识。应注意引入廊道的立管布置不得过于集中，以免混凝土局部超冷，引入廊道的水管间距一般不小于 1m，距廊道底板 50～100cm，管口应朝下弯，管口长度不应小于 15cm，并对管口妥善保护，防止堵塞。所有立管均应引至模板附近，但不宜过于集中，立管管距不小于 1m。

（4）水管安装。冷却水管宜预先加工成弯管和直管段两部分，在仓内拼装成蛇形管圈。埋设的冷却水管不能堵塞，并应清除表面的鳞锈、油漆等物。管道的连接可用丝扣、法兰、套管焊接等方法，并应确保接头连接牢固，不得漏水。混凝土浇筑前和在浇筑过程中应对已安装好的冷却水管各进行一次通水检查，通水压力 0.3～0.4MPa，如发现堵塞及漏水现象，应立即处理。在混凝土浇筑过程中，应注意避免水管受损或堵塞。

8.3　初期通水

8.3.1　通水要求

在混凝土收仓后 12h 内开始通水冷却。通水流量控制在 15～18L/min，当冷却水管内水流量达到 15L/min 时，管内即可产生紊流，可以很好地带出流量。因此，控制在 5～18L/min 最合理，超大则会浪费制冷水。

制冷水首先满足基岩填塘混凝土和强约束区混凝土；其次是弱约束区；最后是脱离约束区。对于脱离约束区的部位，在冷却水不够的情况下，可以通河水、通水流量不小于 25L/min，通水时间为 15～20d。通水后，每隔 2d 进出口方向互换一次。

基础约束区通制冷水，当出水的温度达 20～22℃时，通水时间超过 12d 的，即可进行闷温。闷温时间为 3d。脱离约束区的部位通江水，当出水口温度达 24℃，通水时间超过 15d 可进行闷温，闷温时间为 3d。若闷温后，约束区的温度小于 25℃，脱离约束区的温度小于 29℃，即可停止初期通水。当闷温的温度超过上述数值时，按每超 1℃通 2d 继续通水，然后再闷温。基岩部位出水温度达 14℃，通水时间达 15d，则可进行闷温。初期通水的效果经过初期通水，坝块内部温度一般降到 25～28℃；并且有效地控制了混凝土的最高温升，满足设计要求。

8.3.2 个性化通水

根据混凝土标号高低不同（$R_{28}250$ 以上为高标号混凝土），按时间分别采取不同的通水水温和通水流量。

（1）$R_{28}250$ 以下的混凝土在收仓后 12h 内开始初期通水；$R_{28}250$ 以上的混凝土在开仓时就开始通水冷却。4—11 月由于江水温度较高（＞15℃），初期通水一般使用 6～8℃制冷水；12 月至次年 3 月水温 11～15℃，可通河水进行初期冷却，若采用加大流量至 40L/min 后高标号混凝土仍然有温度超标趋势则改通 6～8℃制冷水。

（2）高温季节（6—9 月）通水流量控制标准如下：$R_{28}250$ 以上的混凝土收仓后头 4d 通水流量 35～40L/min，后 6d 通水流量 20～25L/min；$R_{28}200～R_{90}200$ 混凝土收仓后头 4d 通水流量 25～30L/min，后 6d 通水流量 18～20L/min；$R_{90}150$ 混凝土通水流量 15～20L/min。

（3）其他季节初期通水流量控制标准如下：$R_{28}250$ 以上的混凝土收仓后头 4d 通水流量 25～30L/min，后 6d 通水流量 18～20L/min；$R_{28}200～R_{90}200$ 的混凝土收仓后头 4d 通水流量 20～25L/min，后 6d 通水流量 15～20L/min；$R_{90}150$ 混凝土通水流量 15～18L/min。

（4）通水过程中，隔 1d 换 1 次进出水方向，控制进出水温差在 5℃以上。动态调节流量，如温差小于 5℃，则减小通水流量直至通水量控制标准的下限。

8.3.3 智能化通水

水电工程大体积混凝土的通水冷却降温，是解决水电工程大坝混凝土水化热引起的温度应力和达到设计要求的封拱灌浆温度必须采取的技术措施。在大体积混凝土施工过程中，预先利用结构内钢筋骨架埋设金属或塑料冷却水管，在浇筑过程中或浇筑完成后通水冷却，利用冷却水管的导热性能，再由冷却水的流动带走混凝土的部分热量，降低混凝土的温度，减小温度梯度。水电工程通水冷却技术复杂，而目前通水冷却的测控为人工记录，然后根据人工记录的数据进行调控。冷却通水需根据具体施工情况分别采取初期、中期、后期通水，而且需根据仪器监测的温度变化来指导调整冷却通水流量，在总结得出通水降温规律后，形成相对完善的通水流量控制办法。同时，根据温度监控情况采取个性化通水措施。还要根据具体情况，检测每根冷却水管的温度与流量，检测坝块温度或坝块间灌缝张开度，控制总的通水量等工作。

然而，混凝土坝块的冷却水管的控制阀均在坝后，其环境恶劣，调控工作量非常大。同时，需根据监控数据进行整理分析，然后进行调控，导致调控滞后，且需人工一个一个数据的检测，每天检测数据有限，对温控通水突然变化不能及时反馈，对某些坝块温度陡升陡降等不利坝块温控因素不能做出及时的反馈与调控，无法对大坝温控空间温度场突变做出及时有效的监控，影响大坝通水冷却检测质量，不利于工程质量的控制与管理。目前，人工测试和记录数据并进行人工手动调节，调控手段落后，费工费时，且测量精度受到外界条件影响而发生波动。而且数据采集过程仍然存在较大延迟，不能达到较高的实时控制效果。现在通水冷却的人工控制措施误差大，效率低，与现代水利工程中混凝土双曲拱坝对温控的要求不相匹配。所以，混凝土坝冷却通水智能控制系统成为混凝土温控的必然发展趋势。

随着计算机技术、无线数据传输技术、传感控制技术的发展与成熟，大坝通水冷却自动化监测和智能控制成为可能。针对现有大坝通水冷却方式的缺陷而研发的大坝混凝土通水冷却智能控制系统，将改变以往大坝冷却通水手工监测、记录和调节的管理方式，实现大体积混凝土冷却通水的标准化和自动化运行，提高通水冷却施工现代化管理水平。进一步提高了大坝混凝土温控的施工效率。

8.3.3.1　冷却通水数据自动采集系统

混凝土冷却通水数据自动化采集系统是实现大体积混凝土冷却通水智能控制系统的研究的第一步，即实现只采集数据的"混凝土冷却通水数据采集系统"，为"混凝土坝冷却通水智能控制系统"的开发提供部分软硬件基础。数据采集系统主要包括三个部分，即传感器系统、大坝混凝土冷却通水数据智能采集仪和数据库系统。混凝土冷却通水数据采集系统的开发提高了数据采集的自动化程度，提高了巡检效率和数据的准确性。同时，具有现场适应性、准确性、可靠性、便携性以级数据处理和通水计划付诸设计的科学性等。

全自动采集系统采用将所有安装于水管和混凝土内的传感器用现场总线联网的方式，实现自动的实时的采集。所以，全自动数据采集系统即大坝混凝土冷却通水传感器联网采集系统。

大坝混凝土冷却通水传感器联网采集系统，是建立在原有半自动采集系统所安装的传感器的基础之上，通过连接电缆将所有传感器连接起来，由测控装置进行采集、存储和传送的更加先进的数据采集系统。它能实现更高的采集频率和实时的数据传输，联网采集系统的联网见图 8-1。

冷却通水数据自动采集系统主要由流量和温度传感器组及电动阀门、多通道采集装置、应用服务器、客户端组成。

目前通水冷却的监测主要有两种方式：一种是全手工记录方式；另一种是半自动的采集装置。半自动采集装置在数据的采集和处理方面实现了半自动化，即数据的记录和传送不需要人工干预，采集的数据准确性也有很大的提高，但是其仍然采用了点对点的采集方法，没有将传感器连接成网络，采集过程需要人工携带采集仪到现场进行逐组采集。因此，数据采集过程仍然存在较小的延迟，不能达到较高的实时监测效果。在半自动化采集系统的基础上，添加一种多通道在线式混凝土冷却通水数据自动采集装置，能够自动识别冷却水管的位置信息，对混凝土冷却通水的流量和水温进行在线实时采集和传输，解决人工采集记录人工耗费大、信息反馈慢的缺点，能够实现更高的采集频率和实时的数据传输，进一步减少了采集数据的工作量，达到省时省力且反馈迅速，能够及时反映大坝整体冷却通水的状态，为制定混凝土温控措施提供有力依据，避免混凝土裂缝、保证工程质量和进度。

8.3.3.2　流量式混凝土冷却通水智能控制系统

混凝土坝冷却通水智能控制系统，是指大坝的冷却通水控制全部实现自动化，通过自动采集各项数据并进行处理，生成可供流量预测的数据，再根据仿人工智能控制算法求解下一步的通水计划，在通过智能控制系统调节电动阀门开度，以达到智能控制流量的

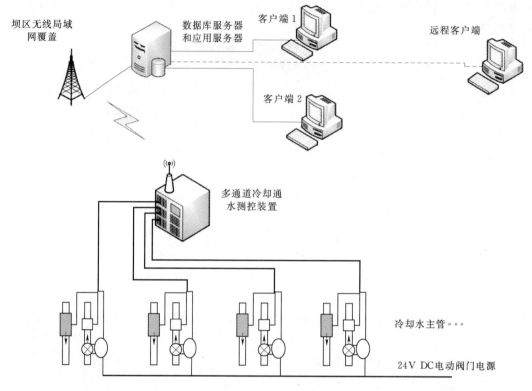

图 8-1　联网采集系统示意图

目的。

　　流量式混凝土冷却通水智能控制系统由传感器组和电动阀门、多通道冷却通水测控装置、现场网络、服务器和 UPS、客户端组成。

　　在冷却通水主管安装流量传感器（带测温功能）和温度传感器，将传感器用电缆接入多通道冷却测控装置（本系统按 8 路设计，可同时接入 8 组主管的进出水流量和温度、混凝土温度），在每组主管上安装 1 个电动控制阀门。同时，接入多通道通水冷却测控装置，采用无线 WIFI 与中心计算机连接，计算机通过自动测控软件设定测试参数，如采样频率、流量控制参数等，对多台测控装置进行控制，自动采集数据并通过软件依据混凝土实际温度自动控制电动阀，智能控制系统结构见图 8-2。

8.3.3.3　通断式混凝土冷却通水智能控制系统

　　所谓的通断式通水系统，即指的是仅控制阀门的开关，电动阀门全开或者全关。根据混凝土的冷却要求，首先为所浇筑的混凝土设计降温曲线，即时间混凝土内部温度关系曲线。通过对于混凝土内部温度的观测（4h/次），可以判断该时刻时混凝土温度与设计温度的大小关系；若实测温度大于设计温度，则进行通水，反之，则不通水。以此原则来确定下 4 个小时的通水情况。在这 4 个小时的时间内，将会分为 5 个小时的时间段，工作人员可根据现场的实际情况来选择具体的通水时长，其结构见图 8-3。

　　通断式冷却通水智能控制系统主要由通断式测控装置、通断式电动阀门、服务器、客户端组成。

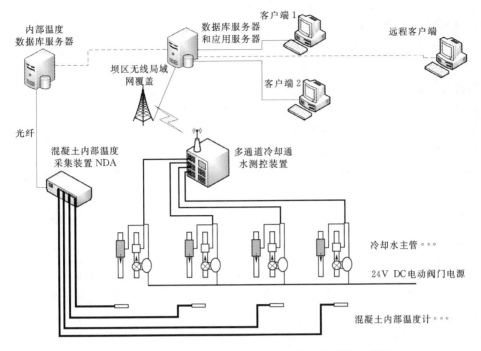

图 8-2　流量式混凝土冷却通水智能控制系统结构示意图

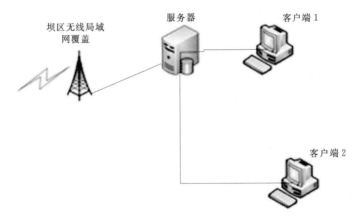

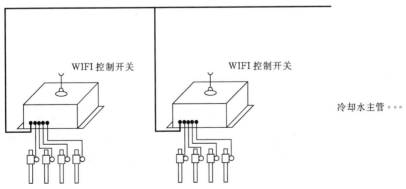

图 8-3　通断式混凝土冷却通水智能控制系统结构示意图

8.3.4 移动式冷水机组

移动式冷水站是为大坝混凝土温控提供一期、二期制冷水的独立完整设备，经过优化集成、合理设计，使该设备满足一期、二期制冷提供所需的水温、水压和流量要求，并具备极高的可移动性、自动化程度和可靠性。适用于温度不小于5℃，大坝最高浇筑高度与冷水站安装高度小于45m的部位。同时，采用闭式循环的冷冻水系统，能够节省能耗和水资源，并最大限度地节约制冷水成本。

8.3.4.1 移动式冷水站运行工艺

移动式冷水站主要由制冷主机、冷却塔、冷冻水泵、冷却水泵、定压水泵、补水箱、空调设备和电气控制设备组成。

移动式冷水站冷冻水系统采用闭式的循环方式，在此设计流程回路中，空调工况主机与冷冻水泵、大坝冷却混凝土的HDPE冷却管组成闭式循环系统，通往大坝负荷的冷冻水通过阀进行换向操作，实现供向大坝的冷冻水进出口换向。在供冷期间，可依所需设定冷水站出口的温度。回路中设有流量控制阀和流量计，通过事先调节流量控制阀调整循环流量。同时，按照流量计反馈的流量值，在控制系统指示下实现供向大坝冷冻水流量的控制，并满足冷负荷变化需要。

8.3.4.2 运行工况要求

（1）在冷水站安装前与使用中需定期对水质进行检测，一旦水质长期超出允许值，则换热器高效换热管有腐蚀致漏和严重结垢的可能。

（2）有腐蚀倾向的项目表明水质长期超过允许值可导致换热管腐蚀致漏，使冷水站无法正常运行，影响正常使用。

（3）有结垢倾向的项目表明水质长期超过允许值可导致铜管严重结垢，影响换热，直接导致冷水站供冷效果下降。

（4）冷水站长时间停机需将冷水站排放干净，建议每次长时间停机后清洗换热管。

8.3.4.3 运行程序

（1）操作前准备工作如下：

1）检查水泵前后的主阀门是否打开。

2）检查主机进出口的阀门是否打开。

3）检查冷水站冷冻水进出口阀门是否打开。

4）检查电动阀是否已调至自动状态。

5）检查各设备的压力表的阀门是否已打开。

6）检查排气阀的阀门是否已打开。

7）检查冷却塔内的水位是否已至正常水位，冷却塔的补水是否正常。

8）检查补水箱液位是否正常。

在混凝土大坝热负荷发生变化时，冷水站将依据实际的冷负荷需求，通过控制系统调节运行模式，在每一必要时段内可以改变冷水站供水进出口及主机供冷的相对应比例和供水温度、流量，以实现冷水站的供冷符合混凝土大坝的发热量，并保证大坝按设计要求冷却。

（2）工况的手动联动操作步骤如下：

1）系统待机工况。关闭冷水站中的所有电动阀门→将所有电动装置（水泵、制冷主机等）处于停机状态→冷却水侧进出口的温度和压力，记录冷冻水泵进出口压力。

2）主机供冷工况。打开对应回路的阀门→启动冷却水泵→启动冷却塔风机→启动冷冻水泵→检查各个温度计压力表、电流、电压是否正常→启动制冷主机。

8.3.4.4 移动式冷水机组使用实施

小湾水电站冷却通水采用了移动式冷水站，共配置 4 台。4 台冷水站的制冷水量 170m³/h，出水 9℃，进回水温差 6℃；2 号、3 号冷水机组，制冷水量 250m³/h，出水 5℃，进回水温差 8℃；4 号冷水机组制冷水量 180m³/h，出水 5℃，进回水温差 8℃，总的制冷水量达到 900m³/h。设计通冷却水规模最高为 850m³/h，一期、二期冷却水温度为 7.0～7.5℃，以上配置满足大坝混凝土浇筑一期、二期冷却通水的需要。

8.4 中期通水

为确保混凝土安全过冬，消减混凝土内外温差，预防混凝土在冬季出现裂缝，每年 9 月初开始对当年 5—8 月浇筑的大体积混凝土块体、10 月开始对当年 4 月、9 月浇筑的大体积混凝土块体，11 月初开始对当年 10 月浇筑的大体积混凝土块体进行中期通水冷却，中期通水采用江水进行，通水时间为 1.5～2.5 个月，以混凝土块体达到 20～22℃ 为准，水管的通水流量达到 20～25L/min。

8 月底以前，对中期通水的冷却水管进行全面检查，对堵塞的水管进行疏通。并对各组水管进水闷温，记录闷温的结果，从而可以了解初期通水后的最终成果和中期通水的坝内温度情况。

中期通水前，先检查冷却水管的出水温度，在出水温度高于进水温度 2℃ 以上时，方可进行正式通水，若出水的水温低于进水温度可延后一段时间，等江水温度降至比坝内温度低时再进行通水。通水时间为 1.5～2.5 个月，在通水期间，凡进水水温于出水水温持平，或相差在 1℃ 以内，可终止通水，隔 3～5d 后再恢复。通水时，每隔 2d 互换一次进出水方向。通水结束的标准是坝内温度降至 20～22℃，即当出水的水温低于 18℃ 时，即可结束中期通水。通水 1 个月进行抽样闷温，待坝体内温度降至 20～22℃ 时，进行全面闷温，闷温时间为 3d。9 月和 10 月浇筑的混凝土，进行初期通水后，紧接着中期通水。视江水的水温和浑浊度情况，9 月下旬和 10 月以后浇筑的混凝土可以用江水进行初期冷却，基础强约束区仍然采用制冷水进行冷却。为了保证资料的完整性，用江水进行连续初、中期通水混凝土坝体，前 15d 按初期通水的要求作测温、闷温的资料，然后再按中期通水的要求进行测温、闷温的检测。

8.5 后期通水

后期通水冷却在坝体接缝灌浆之前进行，其目的是使坝体混凝土温度达到接缝灌浆温度。后期通水是使混凝土柱状块达到接缝灌浆温度的必要措施。可采用通河水和通制冷水相结合的方案，以满足大坝柱状块施工部位分期分批冷却及灌浆的需要。

后期通水冷却水温可根据坝体接缝灌浆时间及坝体接缝灌浆温度等确定。通水时间较短及坝体接缝灌浆温度较低时可采用制冷水;通水时间较长及坝体接缝灌浆温度较高时可采用河水。冷却水温与混凝土温度之差宜控制在 20~25℃,通水降温速度不宜大于 1℃/d。

需进行坝体接缝灌浆的部位,在灌浆前必须进行后期冷却,后期冷却从 10 月开始,通水时间以坝体达到灌浆温度为准。后期冷却采用制冷水时,水温宜为 8~10℃。

在后期通水前,对混凝土块体进行闷温,闷温的时间为 3d。然后汇成资料,分析确定是通江水还是通制冷水。对于混凝土块体温度超过制冷水 15℃,先用江水降温,等温度降至一定程度后,再用制冷水冷却到坝体灌浆温度。

后期冷却的原则,对需要接缝灌浆的灌区,相邻块体必须冷却,冷却的范围,被灌灌区的上一个灌区和下一个灌区所在的混凝土块体必须同时冷却,达到接缝灌浆所需要的温度,才开始施灌。

8.6　温度梯度控制

控制坝体混凝土最高温度实质上是控制坝体混凝土内外温度差。

初期通水的作用是降低大坝混凝土的早期最高温度,控制混凝土最高温度不超过设计允许的最高温度。中期通水是将大坝混凝土温度在入秋前降至 20~22℃,以减小内外温差,防止冬季大坝混凝土遇寒潮而产生裂缝。通过对三峡水利枢纽一期、二期工程大坝混凝土产生裂缝的原因分析后认为,大坝混凝土在入秋后冷却至 20~22℃,冬季遭遇气温骤降仍使大坝混凝土内外温差过大,尤其是保温不及时而产生裂缝。为此,三峡水利枢纽工程大坝混凝土通水冷却对初期和中期通水进行了深入研究和细化,并推行"个性化通水"方案。①"个性化通水"。对高标号、高流态混凝土等个别水泥用量较多的部位埋设测温管,采用加密布置冷却水管,并在初期实施了大流量通水(25~30L/min),待最高温度出现后改为小流量通水(18~20L/min)的冷却措施,有效控制大坝内部混凝土的最高温度,并防止对混凝土冷却过速。②初、中期通水分季节区别。在高温季节浇筑的混凝土,初、中期通水分别进行,并将初期通水时间延长 5~10d,适当降低最高温度;对 9 月以后浇筑的混凝土则初、中期通水连续进行。③加大中期通水效果,在做好混凝土表面保温工作的同时,将中期通水时间提前 10d 开始,将越冬坝体混凝土温度由 20~22℃调整为 18~20℃。

后期通水冷却后的混凝土温度达到设计规定的坝体接缝灌浆温度。控制坝体实际接缝灌浆温度与设计接缝灌浆温度的差值在 ±1℃ 范围内,避免较大的超温和超冷。

向家坝水电站工程灌区混凝土后期冷却控制措施:按照灌浆层超冷 1~2℃、其上过渡层冷到坝体稳定温度、再上压重层冷却至 22℃,形成一个高 30m 左右的梯度合理的温度场。典型灌区后期冷却降温曲线见图 8-4。

特殊部位混凝土后期冷却要求:对于泄水坝段、厂房坝段等基岩齿槽范围较大部位,根据其温度场分布特点及工程实际情况,齿槽混凝土后期冷却目标温度按大坝接缝灌浆温度考虑。向家坝水电站工程泄水坝段齿槽混凝土后期冷却目标温度见表 8-2。

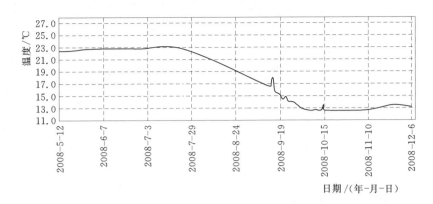

图 8-4　典型灌区后期冷却降温曲线图

表 8-2　　　　向家坝水电站工程泄水坝段齿槽混凝土后期冷却目标温度值

高程范围/m	后期冷却目标温度/℃		
	甲块区	乙块区	丙块区
240.00～230.00	14	16	17
230.00～220.00	16	18	19
220.00～203.00	18	20	21

注　1. 桩号 0-034.000～0+017.000 为甲块区,桩号 0+017.000～0+070.000 为乙块区,桩号 0+070.000～0+132.000 为丙块区。

2. 齿槽混凝土后期冷却时,应按上表要求采用分区冷却。

坝体应保证连续通水,坝体混凝土与冷却水之间的温差不超过 20～25℃,控制坝体降温速度不大于 1℃/d。为掌握混凝土内部温度情况,在混凝土施工中埋设温度计等监测仪器,根据仪器监测温度情况以控制通水流量。

9 养护及保温

9.1 养护

9.1.1 洒水养护

洒水养护是指采用人工洒水、自流养护和机具喷洒等方式，湿润混凝土表面。

（1）人工洒水。人工洒水可适用于任何部位，有利于控制水流，可防止长流水对机电安装的影响。但由于施工供水系统的水压力有限和施工部位交通不便，人工洒水的劳动强度较大，洒水范围受到限制，一般难以保持混凝土表面始终湿润。

（2）自流养护。利用钻有小孔的钢管或 PVC 管进行自流养护，其方法是在直径 25mm 的钢管或 PVC 管上，按 150mm 的间距，钻一排直径 5mm 的小孔，悬挂在大型模板下口或固定在混凝土表面上。从小孔中流出的微量水流，在混凝土表面形成"水帘"。自流养护适用于混凝土立面和溢洪道、护坦以及闸室的底板。自流养护由于受水压力、混凝土表面平整度以及蒸发速度的影响，养护效果不稳定，必要时需辅以人工洒水养护。

（3）机具喷洒。机具喷洒是利用供水管道中的水压力推动固定在支架上的特殊喷头，在混凝土表面进行旋喷和摆喷。喷头可以自行加工，也可以利用农业灌溉中的机具。

9.1.2 覆盖养护

对于已浇筑到顶部的平面和长期停浇的部位，可采用覆盖养护。覆盖养护的材料，根据实际情况可选用水、覆盖粒状材料和覆盖片状材料。覆盖粒状材料和覆盖片状材料不仅可以用于混凝土养护，而且也有隔热保温和混凝土表面保护的功效。

（1）蓄水养护。蓄水养护方法简单方便、效果稳定，适用于短期不再上升和已浇筑到顶的部位。但蓄水养护要求混凝土收仓面基本水平，需要经常补充水量。

（2）覆盖粒状材料。粒状材料可用于顶平面的长期养护，可采用砂、砂土、砂砾料和土石混合料，厚度一般为 30～50cm。覆盖粒状材料，还可防止寒潮对混凝土表面的冲击以及外来物体撞击混凝土表面，适用于平面和坡度不大的斜面养护，但事后清渣工作量较大。

（3）覆盖片状材料。在以往的工程实践中，使用最广泛的片状养护材料是稻草帘。草帘成本较低，使用时用细铅丝连成一片，覆盖在混凝土表面，可用于平面、斜面和侧立面的覆盖养护，不定期有保温作用。但草帘易于腐烂，增加了清渣工作量和对混凝土表面的污染，近年来也采用聚乙烯高发泡材料代替草帘养护。

聚合物片材的种类从养护的功效区分，可分为闭孔和开孔结构材料。闭孔结构的材料为均厚的蜂窝壁，紧密相连没有空隙。因此，材料具有较好的保温隔湿的性能。开孔结构的材料，孔隙相连，吸水性强。根据两种材料的不同特性，闭孔材料在使用时，采用内内贴方式，混凝土浇筑前，贴压在模板内侧，拆模后片材留在混凝土表面和混凝土紧密相贴，可有效地防止混凝土水分蒸发；开孔结构材料在使用时，采用外挂的方式，混凝土浇筑完毕拆模后，挂贴在混凝土表面，用水淋湿，在混凝土表面营造一个湿润的小环境，及时补充混凝土表面水分。聚合物片材成本较高，主要用作混凝土保温，结合混凝土养护使用。

9.1.3 养护剂养护

9.1.3.1 养护剂机理

混凝土是水硬性材料，混凝土养护是保证混凝土施工质量的一道重要工序。在混凝土强度增长期，为避免表面蒸发和其他原因造成的水分损失，使混凝土充分实现水化作用，保证混凝土的强度、耐久性等技术指标。同时，为防止由于干燥而产生裂缝，必须对其进行养护。传统的混凝土养护方法有自然养护、常压蒸汽养护和高温高压养护等。一般情况下，通常使用流水、洒水或覆盖湿草包等自然养护法。

经研究，混凝土在硬化过程中，水泥完全水化需要的水量仅为水泥量的22％～27％，多余的水量是为了满足混凝土施工时的和易性要求，如三峡水利枢纽升船机使用的C30、C35混凝土用水量与水泥（含粉煤灰）用量之比（即水灰比）分别为0.41和0.37，这样至少有10％～19％的水量是为满足混凝土施工和易性的要求而设计的多余水量。因此，只要采取有效措施，保持住混凝土中未凝水分绝大部分不散失，混凝土凝固过程中所需水量就有保证。

混凝土养护剂是一种涂膜材料，喷洒在混凝土表面后固化，形成一层致密的薄膜，使混凝土表面与空气隔绝，能够大幅度减少水分从混凝土表面蒸发而损失，从而利用混凝土中自身的水分最大限度地完成水化作用，达到养护的目的。

9.1.3.2 养护剂种类

（1）成膜型。

1）水玻璃类。水玻璃（即硅酸纳）喷洒在混凝土表面，在其表面1～3mm范围与氢氧化钙作用生成氢氧化物和不溶性的硅酸钙。氢氧化物可活化砂子的表面膜，有利于混凝土表面强度的提高，而硅酸钙是不溶物，能封闭混凝土表面的各种孔隙，并形成一层坚实的薄膜，阻止混凝土中自由水过早过多蒸发，从而保证水泥充分水化，达到养护的目的。

2）乳液类。乳液类包括石蜡乳液、沥青乳液和高分子乳液，喷涂在混凝土表面，当水分蒸发或被混凝土吸收后，乳液颗粒聚拢形成不透明薄膜，阻止混凝土中水分蒸发而达到自养的目的。

3）溶剂类。如过氯乙烯的溶液，用水稀释、中和后，喷涂于混凝土表面，养护机理同乳液类。

4）复合类。复合类产品是由有机高分子材料与无机材料及表面活性剂、渗透剂等多种助剂配制而成，综合了上述2类、3类产品的优点，依靠双重作用机理起到养护效果。

（2）非成膜型。非成膜型是一类低表面张力的溶液，主要成分为多羟基脂肪烃衍生物，依靠渗透作用在混凝土表面达到养护效果。主要特点是与混凝土表面无化学作用，不影响混凝土后期装饰或防护处理。

9.1.3.3 养护剂的性能介绍

为尽快推广使用养护剂,通过市场初步调查,选择国内使用技术经济指标较好的两种养护剂(即 GC09 混凝土养护剂和 ZS－110A 混凝土养护剂)。

(1) GC09 混凝土养护剂。

1) 简介:GC09 混凝土养护剂是一种水溶性的高分子树脂材料,不使用溶剂,常温成膜,性能好。该养护剂是有机高分子成膜物质,配以其他有机助剂合成,将本剂涂于新成型混凝土表面,常温自干后即形成一层覆盖于混凝土表面的高分子化学膜层,从而阻止新成型混凝土中的自由水过早、过多蒸发,保证水泥充分水化,达到自养护的目的。

2) 使用方法:①该养护剂按 1∶7 比例用水稀释后使用,每公斤稀释液可喷涂或涂刷 $8\sim10m^2$;②使用时避免漏涂,待第一次养护液干燥后,再喷涂或涂刷 1 次,喷涂效果最佳,喷头距混凝土表面 30cm;③正确掌握喷涂时间,过早时影响成膜,混凝土表面泌水粉化;过晚时混凝土易出现裂缝;④该养护剂适用于 5℃以上的混凝土施工。

(2) ZS－110A 混凝土养护剂。

1) 简介:ZS－110A 混凝土养护剂是一种适应性非常广泛的液体成膜化合物。该养护剂是无毒、不燃、无异味的液体,便于施工。喷涂在新浇混凝土表面后形成一层密封薄膜,使其强度在良好的条件下增长。同时,避免混凝土表面过早干燥,减少混凝土收缩与龟裂。

2) 使用方法:①用简易喷浆泵(农用喷雾器或手压泵等)即可喷涂,喷 1~2 遍,至混凝土表面均匀为止;②喷涂时间:为了防止混凝土表面早期水分损失,应在新浇筑混凝土表面经抹面后,无自由水存留时,即喷涂;③该养护剂适用于 5℃以上的混凝土施工;④用量:每公斤养护剂可喷涂混凝土表面 $8\sim10m^2$。

9.1.3.4 混凝土养护剂试验

(1) 试验项目。试验项目包括室内试验和现场试验:①由试验室对喷涂的 GC09、ZS－110A 两种养护剂的混凝土试块和普通流水养护的混凝土试块进行抗压强度对比试验;②由监理工程师指定,在升船机下游引航道新浇靠船墩的仓位,各选 $10m^2$ 左右直立面部位,分别进行两种养护剂的现场试验,并进行回弹检测试验。

(2) 试验成果。①室内试验成果。按照《水泥混凝土养护剂》(JC 901—2002)的规范"混凝土抗压强度比试验方法"进行养护剂喷涂,并将混凝土试件放在 20℃±5℃,相对湿度 50%±10%条件下养护至规定龄期后进行抗压强度试验。未涂刷养护剂的试件,脱模后放在混凝土养护室内,在标准养护条件下养护至规定龄期后进行抗压强度试验。试验结果见表 9－1。②现场试验成果。在升船机下游引航道左侧靠船墩仓位,分别进行两种养护剂的现场涂刷试验。经观察,两种养护剂均在喷涂后约 3 个小时成膜。仅凭手感及肉眼观察,四周内均无脱落现象。试验室对这两个部位进行喷涂养护剂后的 7d、14d、21d、28d 回弹试验,试验结果显示,喷涂 ZS－110A 混凝土养护剂的部位,其抗压强度高于喷涂 GC09 混凝土养护剂的部位。

(3) 试验结论。通过室内试验和现场回弹试验结果比较,两种养护剂的 7d、28d 抗压强度比均满足《水泥混凝土养护剂》(JC 901—2002)的规范要求。

表9-1		喷涂养护剂混凝土和养护间混凝土抗压强度试验结果表			
养护剂名称	试验项目	抗压强度/MPa			
		7d	14d	21d	28d
GC09		26.4	33.6	35.6	38.3
ZS-110A		27.9	34.7	36.4	38.9
养护间标准养护		28.6	36.1	37.5	39.6
养护间标准养护抗压强度比/%	GC09	92	93	95	97
	ZS-110A	98	96	97	98

注 抗压强度比为喷涂养护剂试件与养护间标准养护试件同龄期的抗压强度比值。

9.2 保温

9.2.1 保温材料

9.2.1.1 聚乙烯卷材保温

聚乙烯是由乙烯进行加聚而成的高分子化合物，为白色蜡状半透明材料，柔而韧，稍能伸长，无毒，易燃，燃烧时熔融滴落，发出石蜡燃烧时的味道，传热系数低等特点，聚乙烯发泡体按期发泡倍率的不同，物理指标也有所不同。下面就45倍、30倍、20倍发泡制品一般性能，其测试数据见表9-2。

表9-2	不同发泡倍率聚乙烯发泡机体的物理性能表		
试 验 项 目	45 倍	30 倍	20 倍
表观密度/(g/cm³)	0.022	0.030	0.045
拉伸强度/kPa	157	215	257
伸长率/%	125	135	145
撕裂强度/(N/m)	800	1000	1200
压缩强度/(25%/kPa)	28	39	57
尺寸变化率(70%,-40℃)/%	3.2	2.8	2
热传导率/[W/(m·K)]	0.036	0.038	0.040
吸水率/(g/cm²)	0.004	0.004	0.004
压缩永久变形(25%)/%	7.0	3.0	2.0

9.2.1.2 聚苯板保温

（1）材料性能。聚苯板保温材料由黏结剂、聚苯板、防水涂料组成：①黏结剂：由矿物型胶凝材料、优化级配的骨料及特殊的添加剂组成。其拉伸黏结强度不小于0.10MPa，透水性（24h）不大于3.0mL；②聚苯板：采用模塑聚苯乙烯泡沫塑料制作的板材；③防水涂料：是一种双组分、丙烯酸类高聚物改性的水泥基防水材料，由无机（水泥基）材料和高分子材料复合而成。当两种组分按一定比例拌和后，形成一个坚固而有弹性的防水层。防水涂料可以提高聚苯板的机械强度和耐久性，其拉伸强度不小于0.12MPa。聚苯板保温板的主要理化性能见表9-3。

表9-3   聚苯板保温板的主要理化性能表

项目	表观密度 /(kg/m³)	尺寸变化率 /%	吸水率 /%	抗压强度 /MPa	导热系数 /[W/(m·K)]	水蒸气透湿系数 /[ng/(Pa·m·s)]
性能	>20	<5	≤4	≥0.10	0.034	≤4.5

（2）保温试验。在三峡水利枢纽三期工程下游纵向围堰右侧选取2个0.6m×2m区域对聚苯板和珍珠岩保温涂料进行保温材料效果对比测试。

1）测试方法。下游纵向围堰右侧选取2个0.6m×2m区域内凿槽各埋设2支电阻温度计，另外再埋设2支电阻温度计，测试现场气温和混凝土表面温度，混凝土表面温度计凿槽埋设于混凝土表面。同时，用酒精玻璃温度计测试环境气温与电阻温度计测量结果进行互校。仪器监测完成后，再进行保温材料施工。

保温材料及仪器埋设2d后，按1d进行3次（8：00，15：00，23：00）观测，连续测量1个月。

2）聚苯板等效放热系数 β 值的计算。计算式（9-1）：

$$\beta_{效}=k/[1/(0.05+\delta/\lambda)] \tag{9-1}$$

式中　k——修正值，根据保温的密封情况而定，当粘贴时为不透风，$k=1.20$（或更趋近于1）；

　　　λ——热导系数，W/(m·K)；

　　　δ——保温板厚度，cm。

聚苯板 β 值的计算：

聚苯板热导系数 $\lambda=0.034$W/(m·K)，板厚2.8cm。

$$\beta=1.20/(0.05+0.028/0.034)=1.37 \tag{9-2}$$

珍珠岩保温涂料 β 值的计算：

珍珠岩保温涂料热导系数 $\lambda=0.045$W/(m·K)，涂料厚度2.0cm。

$$\beta=1.20/(0.05+0.020/0.045)=2.43 \tag{9-3}$$

3）现场测试情况。观测按1d进行3次（时间为8：00，15：00，23：00）观测，连续测量20d。保温效果特征值统计见表9-4。

表9-4   保温效果特征值统计表

项目	聚苯板监测温度差	珍珠岩监测温度差	混凝土表面温度差	气温差
最大值	5.1	11.0	17.4	17.0
最小值	0.2	0.1	0.0	0.1
平均值	1.5	3.1	4.8	5.4

从表9-4中可以看出，聚苯板温度差测值最大为5.1℃，最小为0.2℃；珍珠岩温度差测值最大为11.0℃，最小为0.1℃，两种保温材料相比较，聚苯板的保温效果要明显优于珍珠岩保温涂料的保温效果。

9.2.1.3 聚氨酯保温

聚氨酯硬质泡沫由主料与辅助材料组合而成，包括发泡剂、催化剂、稳定剂、阻燃剂。聚氨酯硬质泡沫在没有加入发泡剂之前是一种强度极高的黏合剂；在加入发泡剂制成泡沫后，其黏结力仍然很强，仍能跟混凝土连为一体。由于水对聚醚型氨酯基本上没有溶解、腐蚀作用，水与泡沫不起反应，所以被水淹后不易脱落。聚氨酯保温材料的主要理化性能见表9-5。

表9-5　　　　　　　　　　聚氨酯保温材料的主要理化性能表

项目	密度/(kg/m³)		尺寸稳定性/%	吸水率/(g/m²)	抗压强度/MPa	导热系数/[W/(m·K)]	耐燃性（离火自熄时间）/s
	内部密度	表皮密度					
性能	29～60	35～50	<2.0	<150	>0.17	0.019±0.003	<3

保温材料和混凝土之间的黏结直接影响其保温性能。聚氨酯在没有加入发泡剂之前本身是一种强度极高的黏结剂，在加入发泡剂制成泡沫后，其黏结力仍然很强，仍能和混凝土连为一体，而且水对于聚氨酯基本没有溶解腐蚀作用。水与聚氨酯不发生反应，因而水淹后不脱落，可用于坝体水位变动区的保温保湿。混凝土表面喷涂的聚氨酯保温层清除非常困难，需用铁铲等利器连同混凝土表层一起清除，清除下来的聚氨酯保温层上还黏结有大约厚1mm的混凝土，说明聚氨酯已渗入混凝土中。

9.2.2　施工方法

9.2.2.1　聚乙烯卷材施工

一般用彩条布覆盖厚10mm聚乙烯卷材，其施工主要采用吊挂压实或粘贴的方法。

（1）吊挂。将聚乙烯卷材竖向（横向亦可，视各部位具体情况而定）展开，悬挂在永久暴露面上，每隔1.5～2.0m，采用1.5cm×3cm长木条固定，木条固定在外露的钢筋头上。若是用多卡模板施工无外露钢筋头，可在套筒孔内点焊一钢筋头或加木楔与长木条一起将保温被固定。也可用其他方法利用套筒固定，固定点按3m×3m布置，对周边尤其要做到密不透风，加密固定点或采取其他有效措施。

（2）粘贴。在工厂将聚乙烯保温被制成2m×10m（长×宽），其中顶部和底部0.5m范围内涂不干胶。利用模板平台，将专用胶涂刷在混凝土上，注意混凝土表面不得有流水或青苔等附着物，但可以是潮面。待胶不粘手时，将聚乙烯保温被压实，使之紧贴在混凝土面上。建议以10.0m×10.0m为一个单元，两侧涂20cm胶压实，采用密封条密封，保证其密闭，不受仓内流水影响。

聚乙烯卷材保温实例：

向家坝水电站泄洪坝段中孔、表孔等孔洞形成后，用厚2.0cm的聚乙烯卷材对中、表孔等孔口进行封堵保温，没有全断面成型的，不能通过封堵进出口进行保温的其侧面和过流面亦用厚3.0cm的聚苯板进行保温。各坝段的墩墙、牛腿等结构部位混凝土亦用3.0～4.0cm的聚苯板进行保温。

寒潮保温：当日平均气温在2～3d内连续下降超过6℃的，对28d龄期内的混凝土表面（非永久面），用厚 2.0cm 的聚乙烯卷材保温。

当气温降至 0℃ 以下时，龄期在 7d 以内的混凝土外露面用保温被覆盖。浇筑仓面应边浇筑边覆盖。新浇的仓位应推迟拆模时间，如必须拆模时，拆模后及时保温。

多卡模板支架下保温：由于多卡模板支架下压混凝土表面，影响保温被的覆盖。因此，在多卡模板下缘悬挂厚 2.0cm 的聚乙烯保温被，作临时保温用，保温被随模板一起提升，并临时固定在支架下支撑处，模板拆除后即刻使用聚苯乙烯泡沫板或聚乙烯卷材做永久保温。

9.2.2.2 聚苯板施工

聚苯板保温在混凝土达到养护时间后进行，气温变化频繁季节拆模后即刻保温。

（1）聚苯板施工程序。基面处理→配制专用黏结砂浆→聚苯板涂抹砂浆→粘贴聚苯板→刷表面防水剂。

（2）聚苯板施工方法。为方便检查混凝土外观施工质量，所有保温板采用外贴施工方法。先将保温板用黏结剂粘贴在混凝土面，然后在保温板上涂刷防水涂料。

保温板粘贴施工在模板上升后由人工完成，保温板粘贴作业按 4～5 人为 1 组，先将坝体贴保温板部位的灰浆铲除并用水清洗干净，经外观检查合格后即可粘贴聚苯乙烯板。高空作业使用软梯，软梯系在其上部已安装好的模板上，作业人员系双保险后顺软梯下至工作面，仓面上的其他工作人员预先在聚苯乙烯板上涂刷黏结剂，然后将聚苯乙烯板用绳索放下，软梯上的作业人员再将聚苯乙烯板粘贴到混凝土面上，最后用手拍打保温板，确保粘贴牢固。聚苯板粘贴由下至上错缝进行，缝距 1/2 板长。聚苯乙烯板在坝段之间分缝处粘贴时不跨缝，亦不再留缝处涂刷防水涂料。

（3）聚苯板的粘贴工艺。混凝土表面预处理：清除混凝土表面的浮灰、油垢及其他杂物。

采用标准的 10/12 带齿刮板，将干燥的聚苯板背面涂抹黏结剂。黏结剂按每袋（25kg）需用水 6L 配制。

将涂抹好的聚苯板平整、牢固贴在混凝土面上，板与板之间挤紧不留缝隙，碰头缝处不涂抹黏结剂。每贴完一块，及时清除挤出的黏结剂，板间不留间隙。若因聚苯板面不方正或裁切不直形成缝隙，用聚苯板条塞入并打磨平。

预先在聚苯板外表面涂刷一遍防水涂料，待防水涂料干后再进行聚苯板粘贴。粘贴完成后，在聚苯板表面采用抹、滚、刷的方法再均匀刷涂 1 道防水涂料，特别注意对接缝部位的封闭涂刷。防水涂料的粉料、液料按 6：4（重量比）比例混合配制。每道涂刷完成后应认真检查，防水涂层不得出现漏刷、裂纹、起皮、脱落等现象。24h 内不得有流水冲刷。

（4）维护和检查。每年入秋前要对永久保温层进行检查和维护，对脱落部位立即进行修补完善，以确保保温效果。

聚苯板保温实例：

在三峡水利枢纽三期工程某浇筑块上游面进行了厚 5cm 聚苯板保温效果测试，测试结果见图 9-1。

试验结果表明：气温在 14.0～35.0℃ 之间，温度变幅为 21.0℃，气温两个小时变化

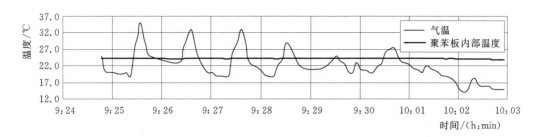

图 9-1　三峡水利枢纽三期工程某浇筑块上游面 5cm 聚苯板保温温度过程曲线图

最大为 6.8℃，聚苯板内部温度在 23.8～24.4℃之间，温度变幅为 0.6℃，连续两测点变化最大为 0.3℃，5cm 厚聚苯板内部基本上保持相对恒温、恒湿。

9.2.2.3　发泡聚氨酯施工

发泡聚氨酯保温材料施工工艺流程见图 9-2。

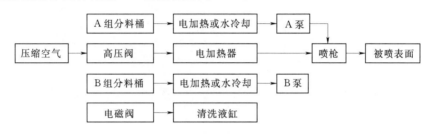

图 9-2　发泡聚氨酯保温材料施工工艺流程图

将 A 组、B 组分的料管，分别插到清洗好的喷枪 A 组、B 的两活塞接头上，风管插在风压接头上，先开风阀，调好雾化所需风压，便可启动设备。喷涂操作类似于一般喷漆操作，枪口与被喷物距离 300～500mm，一般以自上而下、左右移动为宜，移动速度必须均匀。喷涂结束后，应先停泵断料后停压压缩空气，料罐内物料不要排得太净，以免堵塞，尤其是黑料仍可回原桶回收再用。停车后拆下料管，将喷枪用风吹一次，用丙酮清洗两遍（清洗到料管内流出的液体澄清为止），再用磷苯二甲二丁酯封泵。

施工的控制：

（1）发白时间：指物料喷涂到被喷表面上，颜色变白的时间，一般控制在 3～7s（指第一层发白而言），若太快易堵枪，太慢容易发生流失或滴落现象。

（2）固化速度：通常用泡沫发起后表皮不粘手的时间表示。手工发泡控制在 12～20s，喷涂发泡时间控制在 10s 以内。

（3）雾化风压：根据配方的流量不同和物料黏度大小而变化，一般控制在 0.5～0.8MPa。

（4）复杂环境的施工，大流量喷涂不易喷平，采取 1kg/min 左右的流量，枪的移动速度约 0.5～0.8m/s，单层喷涂的泡沫厚度 15mm 左右。喷枪与实物间距为 400mm，喷涂最佳速度为 1～1.5kg/min。

（5）被喷涂表面温度应不低于 10℃，喷涂物表面温度低于 10℃时乳白时间较长，发泡后底层密度大，黏合不牢，泡沫容易从物体表面现象脱落，此时需增加催化剂用量，或者加热喷雾压缩空气，加热温度为 20～30℃。

聚氨酯保温实例：

新疆塔西河石门子水库大坝曾进行了聚氨酯保温试验，据测试资料，喷涂聚氨酯后坝面 20d 内，当气温在 −12～3.5℃ 之间，温度变幅为 15.5℃ 条件下，内部温度在 4.1～6.8℃ 之间，内部温度变幅为 2.7℃。

10 现场施工管理措施

10.1 管理机构和体系

10.1.1 混凝土温控管理机构

为了保障混凝土温控工作的全面展开，加强各项温控措施落实力度，根据工程特点，建立了温控管理体系和以单位负责人为组长的温控管理领导小组和以单位总工程师为组长的温控工作小组，温控领导小组全面负责整个施工过程的温控工作，温控工作小组负责混凝土温控工作，由专人负责温控的技术、检查和督促现场温控实施、落实情况，负责温控资料、报表的整编和总结。同时，设立了不同层次的温控执行小组，配备了相应的专职温控检查、执行人员。最后通过定期总结温控成果，定期召开参建各方的温控会议，根据会议要求，及时调整温控参数，完善温控工艺，保证混凝土施工质量。

10.1.2 混凝土温控管理体系

坚持"百年大计，质量第一""质量一票否决权""质量重奖重罚"的原则，严格按照ISO9001：2008质量保证体系组织施工，在混凝土施工期间，继续完善本身的质量体系，认真落实各项质量控制措施，通过贯彻、教育，不断增强职工的责任感、使命感，以确保质量体系持续有效地运行。

混凝土温控管理与实施是建立在以"施工保证"为框架的质量管理体系的基础上，针对温控监控标准严、施工技术创新多、具体实施难的特点，建立了混凝土温控防裂专门体系。即由项目法人、设计、监理、施工等单位共同组成温控工作领导小组，各单位分别成立专业温控工作小组。混凝土温控管理体系建立后，制定了工作实施细则和管理办法，明确了各专门体系的工作内容、职责范围、违规处罚标准等，体现了"各负其责，分段控制，节节把关，从严要求"的原则。温控专门管理体系的设立，为大坝温控技术难题的攻克、设计优化和各项温控标准的具体实施起到了决定性作用，实现从混凝土生产、运输、浇筑、养护、通水冷却到内部温度监测一条龙温控体系。

10.2 管理制度

温控既是一项复杂的技术工程，也是一项系统的管理工程。合理、有效的温控技术是混凝土防裂的关键，由于混凝土温控是一个系统的工程，牵涉各个部门，甚至是各个参建单位，如何将各个子系统通过某一项工作形成一个有机的整体，便形成了管理。因此，既需设计配合，也需业主协调。首先设计必须制定温控标准及措施要求，施工单位根据工程特点及设计制定的温控标准及要求，有针对性地制定详细温控措施，温控难度较大的部位应进行温控专项研究。与此同时，加强制度、措施的落实力度，保证混凝土防裂取得良好效果，主要制度如下。

10.2.1 混凝土温控预警制度

为保证工程按计划方案顺利实施，温控满足设计要求，确保工程混凝土质量，制定了4个预警制度和特殊条件的应急预案。

10.2.1.1 天气预警

天气预警主要包括3个方面：高温与气温骤降预警、降雨预警、雷电大风预警。管理部门每天从气象中心获得天气情况后通知施工现场，现场根据天气情况科学安排生产。高温预警督促加强浇筑温控；气温骤降预警督促加强保温工作；降雨天气预警便于合理安排开仓时机，并加强防雨措施；雷电大风预警则督促加强大型施工设备管理，从而确保设备完好率，保证施工顺利进行。

10.2.1.2 温控预警

主要包括混凝土来料温度回升过快预警，督促骨料预冷系统加强控制，确保骨料冷透；浇筑温度距设计允许值2～3℃预警，督促现场调节喷雾效果、加强保温被覆盖、启动喷雾、加强入仓强度、督促骨料预冷系统加强控制，确保骨料冷透等，且实行连续3h超温停仓制度（即在1h时间段内，每隔半小时连续测量混凝土浇筑温度，且混凝土浇筑温度都超标）；埋设测温管，甚至加密测温管，每天监测混凝土初期水化温升，当其上升过快或最高温度距设计允许值2～3℃时预警，采取加大通水流量、仓面流水养护等措施削峰。

10.2.1.3 层间间歇期预警

间歇期预警是按照同一时期各部位的间歇期要求，提前3～5d进行预警。低温季节大坝按相应的间歇时间预警。通过控制层间间歇期，可以合理调配资源，安排仓位上升顺序，做到坝体均衡连续上升，减少受气温骤降袭击的机会。

10.2.1.4 冷却水通水预警

制冷水进水温度较高或偏高时，混凝土项目部应及时向上一级管理部反映，由上一级管理部门通知制冷水厂加强检测，控制冷水厂出水温度；进水流量偏小、无水压或其他异常情况时，应及时向上级管理部门汇报，由上级管理部门组织相关部门进行联合检查，确保供水流量。

10.2.2 实行温控责任制

10.2.2.1 实行温控工作责任制

成立温控工作组，并按工作职责下设生产保障小组、混凝土浇筑小组、组织协调小组、通水冷却小组、保温小组等5个工作小组，负责现场的组织协调、材料供应、检查等工作，使各项工作责任到人，各负其责，确保温控工作有序开展。

10.2.2.2 建立明白牌制度

在每个仓位上放置一块明白牌，上面写明此仓收仓时间、保温被覆盖时间、通水时段及各时段的流量、通水责任人、保温养护责任人，管理人员每天安排人员检查通水、保温养护情况，督促温控工作的落实。

总之，混凝土温控是一项技术性强、涉及面广的综合工程，只有抓好各个环节的控制和管理，才能使整个坝体温度得到有效的控制，避免危害大坝安全的裂缝出现。

10.2.3 其他制度

为切实保障各项温控工作的顺利开展，成立了以单位负责人为组长的温控领导小组，全面负责整个施工过程的温控工作。该小组根据具体的工程特点，结合现场实际先后制定并颁发了《混凝土温控措施管理办法》和《混凝土温控措施实施奖惩细则》等管理制度，对温控措施管理工作程序、工作内容、温控措施的奖惩细则均做了明确的规定和要求，使温控管理制度化、程序化、量化，使之具有较强的可操作性。

10.3 管理措施

温控防裂工作是项复杂的系统工程，除了从配合比设计、拌和、浇筑、冷却通水、养护外露面保温几个环节做好工作外，合理安排仓位、科学配备资源、加快入仓速度及加强仓面保护等对混凝土温控也有重要的作用。

10.3.1 合理安排仓位

仓位安排的原则是薄层、短间歇、连续均匀上升，仓位安排的重点在施工分层和仓位安排。

10.3.1.1 施工分层及层间间歇

根据不同浇筑时段和部位，分层厚度一般为15～2.0m。在当年12月至次年2月，分层厚度一般为2.0m。其他时段，基础约束区为1.5m，脱离基础约束区的为2.0m。层间间歇时间6～9d，一般控制在15d以内。

在基础仓部位，陡坡填塘需要分层施工，分层厚度2m以内。在浇平基岩面后，要求间歇15d以上，并辅以初期冷却通水等措施将混凝土内部的温度降至基岩稳定温度后再上升浇筑。在基础仓施工过程中，遇到固结灌浆时，间歇时间比正常上升情况下稍长一些。

10.3.1.2 跳仓浇筑施工

安排仓位时，除了上、中、下坝块保持合理的正高差外，左右坝块间的高差控制也十分重要。一般要求各坝块均能合理地短间歇连续和均匀上升，并按跳仓浇筑的原则安排仓位。这样可以避免有的坝段出现长间歇时，影响相邻坝块的上升，甚至大面积压仓。一般情况下，各坝段之间应有4m左右的高差并交错分布，形成错落有致、井井有条的施工场面、各坝块均匀上升，良性循环。

10.3.1.3 高差控制

施工过程中，必须控制相邻坝块之间的高差问题，主要目的：一是为了防止纵缝键槽被挤压，影响灌浆质量；二是避免剪切变形对横缝内止水设备的不利影响；三是避免先浇块混凝土长期暴露，因气温骤降而引起表面裂缝等。各坝块间的正高差一般按6～8m控制，特殊情况亦不超过12m，一般不允许出现反高差。

10.3.2　科学配备资源

科学地配备设备和机具是加快混凝土浇筑速度，确保混凝土浇筑质量、控制混凝土浇筑温度的重要手段。三峡水利枢纽二期工程在仓内平仓、振捣、浇筑等多方面均采用了机械化作业，仓内均配备了专用的平仓设备和振捣设备，浇筑设备主要以塔带机浇筑为主，胎带机、门塔机浇筑为辅。平仓设备主要是平板履带式平仓机。振捣机按振捣棒数有 4 个振捣棒、5 个振捣棒和 8 个振捣棒三种。

一般情况下，塔带机浇筑仓位，配备 1 台 8 个振捣棒的振捣机和 6～8 个手持式振捣棒，特殊部位配 1 台平仓机；胎带机浇筑仓位配 1 台 5 个振捣棒的振捣机；门塔机仓位配 1 台 4 个振捣棒的振捣机，胎带机和门塔机仓位也需配 6～8 个手持式振捣棒。振捣机生产效率：8 个振捣棒的设计产量 $240m^3/h$，实际 $120m^3/h$ 左右；5 个振捣棒的设计产量 $180m^3/h$，实际 $80m^3/h$ 左右；4 个振捣棒的设计产量 $120m^3/h$，实际 $60m^3/h$ 左右。

除以上设备外，仓内还需配备足够的保温被、喷雾机（管），雨季施工时还要配足防雨布。保温被、雨布的数量以保证仓面 2/3 以上面积能及时覆盖为准。在喷雾设施方面，传统的办法是利用雾化罐将水、风混合雾化以后，用管线引到仓面两侧的喷雾管上，通过喷雾管形成一个气温相对较低的作业小环境。由国内研制的轻型高效仓面喷雾机，通过在三峡水利枢纽工程工地上试用，雾化效果比较理想，一个仓面配 2 台该喷雾机能满足施工要求。

10.3.3　加快入仓速度

入仓强度是保证混凝土入仓温度的最有效措施。在拌和楼的能力满足需求强度的前提下，应加强运输环节管理，提高入仓效率，提高入仓能力，及时进行振捣。根据浇筑部位面积的大小、初凝时间要求及浇筑温度要求确定入仓强度，再由入仓强度来确定资源设备的配置。

10.3.3.1　配备充足运输设备

增加运输能力能有效地保证混凝土仓面浇筑坯及时覆盖，防止仓面上混凝土的温度回升过快，确保浇筑温度符合设计要求，并使混凝土浇筑过程中不致出现初凝现象。增加运输能力，可以适当增加车辆的数量，以满足仓位要求，应避免因等候时间太长导致车内混凝土温度上升。

10.3.3.2　提高入仓设备的效率

在混凝土一条龙的生产过程中，要做好温控工作，除了加快运输速度外，加快入仓速度也是一个重要的环节。入仓速度的提高：一是配备足够的入仓手段；二是合理地布置和利用好入仓设备，充分发挥入仓设备的效率，目前工程建设中的入仓手段有电吊、门塔机、胎带机、塔带机、缆机及碾压混凝土浇筑时的汽车直接入仓等。选用何种手段，要根据浇筑部位的实际情况和具体要求来安排，有的仓位要求较高时，则采用多种手段联合施工。

10.3.3.3　缩短交接班时间

在资源数量一定的情况下，加强设备的调度管理，提高作业效率至关重要。在加强管理上：一是强调现场交接班制度，所有设备运行人员，必须在现场交接班，交接班时间不能超过 30min；二是饭时不停浇，吃饭必须分批次错开，仓内混凝土不能停料停浇，要保证浇筑的连续性；三是重点仓位必须采取重点保仓措施。

10.3.3.4 优化资源配置，缩短层间覆盖时间

开仓前根据仓面大小及设备入仓能力，在仓面设计中明确使用台阶法或平浇法，一般仓面面积大于 500m² 时采取台阶法，以确保层间覆盖时间。大坝大仓浇筑时，通常配置两台振动臂并辅以 3～4 个振动棒，以保证仓内振捣能力，当塔带机入仓时，在条件许可的情况下，尽可能采用专楼双下料口打料，以提高浇筑强度。

10.3.3.5 浇筑时段控制

夏季混凝土温控是施工的难点和重点，尤其是每年 7 月和 8 月的高温季节，对仓位安排提出了更高的要求。基本的原则是避开中午最热时段，在早晚或阴天施工。安排仓位时，随时了解和跟踪天气预报，掌握天气变化的趋势走向，一有阴天或低温时间，就抓住时机，抢浇快浇。平时避开 10：00 至 16：00 时段，在中班开仓，跨过零点班，早班10：00前争取收仓。与此相配套，必须在设备、人员等资源的各个环节认真组织，加快浇筑速度，以减少温度影响。

充分利用有利浇筑时段，抓住早、晚和夜间温度相对较低的时机，抢阴雨天时段浇筑，关键在于施工管理上的合理安排。在高温时段停止浇筑时，要集中力量检修各种设备，搞好备仓和各项浇筑准备，一旦进入有利的低温时段，即组织高度入仓和快速浇筑，使混凝土施工一气呵成，抢在下一高温时段到来之前收仓。

10.3.4 加强监测分析

施工期的温控监测主要包括拌和系统内的温控观测、入仓温度观测、浇筑温度观测、混凝土内部最高温度观测和一次、二次冷却通水期间的观测等。

10.3.4.1 温控数据的及时采集

拌和系统内的温度观测包括一次、二次风冷骨料的预冷效果观测和出机口温度控制。一次风冷观测通过测出风口的风温和直接砸开大骨料用点温计观测，二次风冷通过对拌和系统预冷仓内骨料直接使用点温计观测；出机口温度使用点温计或直接用水银计测温控制。

混凝土入仓温度和浇筑温度现场用水银计观测，在混凝土浇筑过程中，至少每 4h 测量一次混凝土的出机口温度、混凝土的浇筑温度、坝体冷却水的温度和气温，并做好记录。

混凝土浇筑温度的测量，每 100m² 仓面面积不少于 1 个测点，每一浇筑层不少于 3 个测点。测点均匀分布在浇筑层面上，测温点的深度 10cm。

在 4—10 月混凝土内部最高温度监测除通过对施工期埋设的监测仪器进行观测外，还需在浇筑过程中按监理人要求的仓位埋设测温管来监测，每个仓位选取 3 个点布置测温管，3 个点分别布置在仓面中心线中间，距上、下游各 3～6m 处，每根测温管内按上、中、下布置 3 支电阻式温度计，温度计间用隔温材料隔开，每年 11 月至次年的 3 月，按监理人的要求适当减少观测次数。

在 4—10 月浇筑的高标号混凝土内按监理人的要求布置测温管，在高标号区的中部布置一组测温管，1 组共 3 支温度计，在管内分布同上。

观测频次：仪器埋设后读取数据，7d内每天3次，直到最高温度出现或下一仓覆盖混凝土，若现场监理需要继续观测时，将钢管及电缆引至下一仓，7d后至1月内每天观测1次。

10.3.4.2 温控资料的分析与反馈

对于一次、二次冷却通水的监测，利用坝体内已经埋设的温度观测仪器，按照3天观测1次，与冷却通水的进、出水温的推算比较，确定内部温度的变化情况，适时结束通水，并将冷却通水的最终闷温结果与观测数据比较，确定闷温结果的可靠性；另外通过测缝计观测缝面张开度，亦可作为后期通水的效果分析依据。

每周提交一次温度测量报告，报送监理人，该报告内容包括（但不限于）：混凝土浇筑温度，混凝土内部温度，每条冷却水管的冷却水流量、流向、压力、入口温度和出口温度。当要测量最终的混凝土平均温度时，可以先停止一条冷却水管中的循环水流动96h，然后测量该水管中的水温即为要测量的混凝土的平均温度。

保温层温度观测：选择有代表性的部位进行保温层内、保温层外的温度观测和测点风速观测（部位、数量视实际情况由设计监理确定），同一部位测温点不少于2点，测温部位要少受外界干扰，保温层环境要稳定。观测频次每天1次，每个月各选2～3d每小时观测1次。进行保温层内外温度的比较，以了解保温效果。观测仪器应采用电子自动温度计。

温度量测过程中，发现超出温控标准的情况，要及时报告给监理人。

10.3.4.3 温控措施的不断改进

（1）温控技术措施改进。

1）配合比设计优化。在高标号混凝土施工中，采用优化减水剂掺量、提高粉煤灰用量、使用低热水泥和聚羧酸类高效减水剂等措施来降低混凝土水化热温升。

①高标号混凝土中优化减水剂掺量。

②采用低热水泥。

③采用高效减水剂。

2）出机口温度控制。主体建筑物基础约束区混凝土（除冬季12月至次年2月自然入仓外）出机口温度不超过7℃；脱离约束区混凝土（除11月至次年3月自然入仓外），以塔带机浇筑混凝土为例出机口温度控制为7～9℃。施工中采用了二次风冷骨料、加片冰及加冷水拌和混凝土的施工工艺，即在调节料仓内和拌和楼料仓分别对特大石、大石、中石、小石四级骨料进行一次风冷和二次风冷；特大石、大石、中石内部温度按照设计要求为−1～−1.5℃，实际达到−1.5～−3℃，小石表面温度不大于1.5℃；在二次风冷过程中，为确保大石骨料冷却温度，进行砸石检测，混凝土原材料中一般砂温不大于25℃；水泥进罐温度一般控制在60℃以内，进楼温度在40～45℃。根据二次风冷后骨料的温度和砂子含水率来确定拌和混凝土的片冰和冷水掺量，加冰量一般为30～60kg，片冰温度一般在−8～−9℃，冷水温度在0.5～−2℃。通过采取以上措施，混凝土出机口温度一般都低于设计要求温度，统计拌和楼混凝土出机口温度，合格率99.6%。

3）施工过程中的温度控制。施工过程中的温度控制具体与浇筑手段关系密切，为了防止混凝土在运输过程和浇筑过程中的温度回升，主要采取了遮阳、盖保温被（板）、喷雾等措施，确保浇筑温度达到设计要求。若采用供料线供料，则还需对供料线降温。

①由于供料线一般比较长，为减少预冷混凝土在运输过程中的热量倒灌，首先，采用了封闭上部皮带和对下部皮带背面冲水降温的措施，在供料线棚顶粘贴聚乙烯苯板保温，并在供料皮带上方两侧增设橡皮裙边以达到封闭上部皮带隔热保温目的；其次，在开仓前15min，用4℃冷水冲洗运输皮带，当皮带空转时在下部皮带反面冲水以降低皮带温度，并在供料过程中保持料流的连续不间断，上述措施使供料线上的混凝土温度回升降低了2℃。

②仓面降温。为加强喷雾效果，仓面每侧喷雾管一般分两段，雾化器装在管路中间，通过阀门控制只在浇筑仓面上方喷雾。每次开仓前先进行试喷，确定最佳风、水流量比例和压力，确保达到最佳喷雾效果。通过喷雾，使仓面小环境温度比气温低5～6℃。

③仓面保温。隔热被的选择应通过相应的试验确定。然后施工前的准备，先备足2/3～3/4仓面面积的保温被，浇筑坯层振捣完毕后立即覆盖保温被进行保温；浇筑时派专人跟随浇筑工盖、揭保温被，两块保温被之间搭接5～10cm，不得出现空隙。实践表明，对面积较大的无钢筋或少钢筋坝块，在实施大面积或全仓保温的情况下，无需启用仓面喷雾等其他措施，即可确保浇筑温度不超限温。

另外，若混凝土采用汽车运输、门机挂吊罐入仓时，采取以下措施：汽车在拌和楼等级料过程中，对汽车进行喷雾降温；在混凝土运输过程中，拉设遮阳棚，防止混凝土温度回升；混凝土及时进仓，减少混凝土周转次数等。

4）冷却通水。个性化冷却通水目前已得到了推广应用，即根据不同标号混凝土的温度变化规律控制冷却水管布间、排距、根据通水时进水温、出水温动态控制通水流量，提高通水质量和通水效率。

①冷却水管布置。仓面上一般按1.5m×2.0m或2.0m×1.5m布置冷却水管，高标号混凝土中冷却水管要加密到1.5m×1.0m或1.0m×1.5m，原则上使用ϕ25mm的黑铁管，若常态混凝土3m升层布置2层水管，第2层可用塑料管，冷却水管埋设完后画出布置图并对每组水管编号，注明每组水管冷却范围，为"个性化通水"提供依据。

②通水。冷却通水分为初期、中期、后期三期通水。初期通水主要是削减混凝土初期温度、降低大体积混凝土内部最高温度、使其控制在设计允许内，通过10d初期通水，混凝土温度一般降至24～28℃。中期通水则主要是为了减少高温季节浇筑的混凝土越冬期间混凝土内外温差，削减混凝土内部温度至20～22℃，使混凝土顺利过冬。后期通水则是对需进行接缝、接触灌浆的部位进行冷却，使混凝土温度达到灌浆温度（14～18℃）。

A. 初期通水。高标号混凝土在开仓时就开始通水冷却，其他混凝土在收仓后12h内开始初期通水。4—11月初期通水一般使用6～8℃制冷水；12月至次年3月江水水温在11～15℃时，可通河水进行初期冷却，对于高标号混凝土若采用加大流量至40L/min后仍有温度超标趋势，则改通6～8℃制冷水。

高温季节（6—9月），初期通水流量控制标准：高标号混凝土收仓后前4d通水流量35～40L/min，后6d通水流量20～25L/min；$R_{28}200～R_{90}200$的混凝土收仓后前4d通水流量25～30L/min，后6d通水流量18～20L/min；$R_{90}150$混凝土通水流量15～20L/min。

其他季节初期通水流量控制标准：$R_{28}250$以上的混凝土收仓后前4d通水流量25～

30L/min，后 6d 通水流量 18～20L/min；$R_{28}200$～$R_{90}200$ 的混凝土收仓后前 4d 通水流量 20～25L/min，后 6d 通水流量 15～20L/min；$R_{90}150$ 混凝土通水流量 15～20L/min。通水过程中，隔 1d 换 1 次进出水方向，通过控制进出水温差在 5℃ 以上，动态调节流量，如温差小于 5℃，则减小通水流量直至通水量控制标准的下限。

B. 中期通水。8 月底，闷温抽查典型坝段各调和范围内的坝体温度，结合坝体内仪埋温度、确定各水管通水顺序。首先 5—8 月浇筑的混凝土通水，其次 4 月、9 月浇筑的混凝土通水，11 月下旬所有中期通水部位的温度必须降到 20～22℃，确保混凝土顺利过冬。在初期制冷水量有富余的情况下，用富余冷水进行温度较高部位中期通水。若冷水量不足，则可利用江水对温度较高的部位进行初步冷却。用江水中期通水时，必须先检查冷却水管的出水温度，在出水温度高于进水温度 2℃ 以上时才可通水。待到 10 月下旬，拌和系统一次风冷停运，仅开启二次风冷生产混凝土时，利用一次风冷车间生产 8～10℃ 冷水供中期通水。通水过程中，根据坝体仪埋温度控制通水流量，确保混凝土降温速度不大于 1℃/d，流量一般控制在 15～20L/min，每隔 2d 变换一次通水方向，10℃ 冷水中期通水结束标准是出水温度低于 18℃。当坝体温度降至 20～22℃ 时进行全面闷温，闷温时间为 5d。

C. 后期通水。后期通水前对混凝土进行闷温，根据闷温温度确定是通江水还是通制冷水。当混凝土块体超过制冷水 15℃ 时，先用江水降温，待理出水温差达到 3℃ 以内时，改用制冷水冷却到灌浆温度。

5）保温与养护。

①保温。具体的保温措施视工程所在地的气候特点而定。若冬季最低气温低于 0℃，夏季最高气温超 36℃，每年有 8～10 次气温骤降现象。在这样的气候条件下，冬春秋三季必须加强混凝土保温。例如在三峡水利枢纽二期工程中，一般在冬季保温，主要采用不同厚度的高发泡聚乙烯塑料保温被。三峡水利枢纽三期工程中，对保温时段、时机及保温材料进行了试验、优化。

A. 保温材料。以三峡水利枢纽三期工程为例，三峡水利枢纽三期工程在临时保温上采用的高发泡聚乙烯塑料保温被，防渗层和长间歇面使用 3cm 厚保温被，其他部位临时保温采用厚 2cm 保温被。在上、下游永久外露面采用了粘贴聚苯乙烯板、外刷防水涂料的新工艺。进水孔周边由于体形不规则，保温被和苯板均很难贴紧混凝土面，采用了喷涂厚 2cm 聚氨酯硬质泡沫保温。另外，还用帆布将进水孔进出口封闭阻挡穿堂风。

B. 保温时段与时机。根据具体气候条件选择合适的保温时间。如三峡水利枢纽三期工程中，每年 9 月底开始全面保温，大坝上游面高程 98.00m 以下粘贴厚 5cm 聚苯乙烯板，高程 98.00m 以上粘贴厚 3cm 聚苯乙烯板跟进保温；大坝下游面粘贴厚 3cm 聚苯乙烯板跟进保温。低温季节贴苯板时间控制在收仓后 5d 内；纵横缝在拆模后立即保温；进水口混凝土聚氨酯喷涂时间控制在收仓后 5d 以内。在总结二期工程保温情况的基础上，上述保温部位永久外露面由原来的冬季保温，按照设计要求优化为施工期永久保温。

仓面保温：高标号混凝土冬季均从收仓后第 5d 开始保温；正常上升的内部混凝土正常气温下，仓面可不保温，若遇气温骤降或日平均气温不大于 5℃ 或日最低气温不大于 0℃，均从收仓后第 5d 开始保温。

C. 冬季保温效果检查。由参建各方单位组成的检查组对大坝三期上、下游面进行了保温效果及裂缝检查，共检查面积 $1200m^2$，聚苯乙烯板粘贴材料涂刷均匀，粘贴牢固，保温效果良好，其混凝土外观良好，未发现表面缺陷和裂缝。

②养护。夏季混凝土仓面收仓达到终凝后，对仓面采用喷头进行洒水养护，混凝土侧墙和过流面采用挂花管进行流水养护；冬季采用洒水养护，始终保持混凝土表面湿润。

6）其他温控措施。

①严格控制区层间歇期，严禁出现层间长间歇期。若为满足金属结构安装等施工要求，必须长时间间歇时，采用仓位最后一坯层浇筑纤维混凝土或铺设钢筋等措施。

②在大体积混凝土中埋设温度计加强温度监测，根据监测结果，及时调整冷却通水情况，确保大坝内部混凝土不超温。

（2）温控管理措施改进。

1）完善质量管理制度。为确保温控混凝土施工质量，补充制定了一系列温控管理规定如《工程创精品质量保证措施》《混凝土温控奖罚管理规定》《工程质量考核及奖励规定》《样板坝段规划和措施》《夏季温控混凝土施工实施细则》《混凝土温控防裂奖励办法》《混凝土温控防裂劳动竞赛活动规划》等温控管理文件，使温控混凝土施工不断规范化、程序化，确保温控混凝土施工质量。

2）制定了 4 个预警制度。

①天气预警。天气预警主要包括 3 个方面：高温与气温骤降预警、降雨预警、雷电大风预警。利用气象预报中心提供的气象信息，为科学地安排生产提供依据。高温预警则加强混凝土浇筑温度控制，气温骤降预警则加强保温被工作；降雨天气预警便于合理控制开仓，提前布置浇筑过程中遭遇雨天应对措施；雷电大风预警则加强设备管理，确保浇筑强度、质量及设备安全。

②混凝土温控预警。混凝土浇筑温度与设计允许值差 2～3℃ 时预警，加强现场保温被覆盖，启动喷雾，加快入仓强度，加强骨料预冷系统控制确保骨料冷透等。实行连续 3 点超温施工停仓制度（即在 1h 时间段以内，每隔半小时连续测量混凝土浇筑温度，且混凝土浇筑温度都超标）。埋设测温管，监测混凝土初期水化温升，当最高温度距设计允许值 2～3℃ 时预警，采取加大通水流量、仓面流水养护、优化配合比等措施。

③层间间歇期预警制度。低温季节约束区部位混凝土施工间歇期，大坝甲块按 10d 控制，乙、丙块按 10～14d 控制，非约束区部位混凝土施工间歇期，大坝甲块按 10～14d 控制，乙、丙块按 14～20d 控制，特殊情况下按照不大于 28d 控制（如浇筑盲区），间歇期超过 28d 的非约束区部位其上两层混凝土施工按照约束区部位温控要求控制。间歇期预警是按照不同时期各部位的间歇期要求，提前 3～5d 进行预警。通过控制层间间歇期，可以合理调配资源，使坝体整体均匀连续上升。适当的间歇期有利于浇筑块散热，可以减少混凝土受气温骤降袭击的机会，同时有利于控制相邻块高差。

④冷却通水预警措施。当制冷水进水温度较高（为 10～12℃）时，项目部应及时向上级主管部门反映，上级主管部门及时通知制冷水厂加强检测，控制冷水厂出水温度。当制冷水进水温度偏高（超过 12℃）时，项目部应及时向上级主管部门报告，上级主管部门通知制冷水厂采取措施降低制冷水温度。当通水单位发现进水流量偏小、无水压或其他

异常情况时，应及时向上级主管部门汇报，由上级主管部门组织各职能部门及制冷、送用水等各单位进行联合检查，确保供水流量。

3）成立温控工作组。温控工作组实行周例会制度和周联合检查制度，主要职责是督促温控技术要求的措施的落实，协调和解决混凝土温控施工中存在的问题，确保了温控工作各项制度的措施落到实处。

4）个性化冷却通水和保温责任制的落实。为确保高标号区域混凝土特殊部位的冷却通水质量、严格控制混凝土内部最高温升，实行冷却通水量化和规范管理，对特殊部位冷却通水实行"明白卡"制度；对仓位、通水管道编号、通水超止时间、流量、责任人等作出明确标识，具有可操作性的责任可追溯性，各单位根据承担的施工部位特点，成立专门的冷却通水组织机构，全权负责冷却通水工作的实施，做到任务明确，责任分明。

混凝土冬季保温责任制的落实。在冬季保温施工中，仓位实行责任牌标识制度，明确保温责任人。责任牌对仓位收仓时间、责任人等作出明确标识，责任人负责组织保温材料和资源，严格按照有关技术要求进行冬季保温；加大冬季保温工作的检查和督促力度，对保温不到位的责任单位和责任人进行严厉处罚。

11 拱坝混凝土温控及防裂

11.1 拱坝的温控特点

11.1.1 概述

拱坝是在平面上呈凸向上游的拱形挡水建筑物，借助拱的作用将水压力的全部或部分传给河谷两岸的基岩。与重力坝相比，在水压力作用下坝体的稳定不需要依靠本身的重量来维持，主要是利用拱端基岩的反作用来支撑。拱圈截面上主要承受轴向反力，可充分利用筑坝材料的强度。拱坝分为单曲拱坝和双曲拱坝，作用在拱坝上的荷载主要有：水压力（静水压力和动水压力）、温度荷载、自重、扬压力、泥沙压力、浪压力、冰压力和地震荷载（地震惯性力和地震动水压力）等。

温度荷载是拱坝设计中的主要荷载之一，在水压力和温度荷载共同引起的径向变位中，温度荷载约占据 $1/3 \sim 1/2$，对坝顶部分的影响更大。通常假定温度荷载由拱圈承担。产生温度荷载的主要两个原因是：① 混凝土施工过程中水化热的散发；② 外界气温的变化。

11.1.2 拱坝的温控特点

拱坝基础是建立在新鲜的基岩上，建基面要求与重力坝相同。因此，在基础温差、上下层温差、内外温差、混凝土内部最高温度以及表面保温方面有其共性，但是由于拱坝的结构特性，温控要求与重力坝相比更高，根据规范要求，各坝块应均匀上升，相邻坝块高差不超过 12m，相邻坝块浇筑时间间隔宜小于 30d。整个大坝最高和最低坝块高差控制在30m 以内。

由于拱坝是所有坝段整体受力的形式，横缝需要及时接缝灌浆形成受力拱圈。因此，对于高拱坝而言，坝段的悬臂有严格的要求，一般不超过 60m。比如锦屏大坝悬臂要求：孔口坝段允许最大悬臂高度为 45m，非孔口坝段允许最大悬臂高度为 60m。大岗山大坝相邻浇筑块高差不大于 12m，整个拱坝上升最高和最低坝段高差控制在 30m 以内。孔口坝段允许最大悬臂高度为 45m，非孔口坝段允许最大悬臂高度为 60m。

拱坝的温控特点主要体现在以下几个方面：① 浇筑温度回升率高；② 内部最高温度控制严格；③ 由于最大悬臂的要求和接缝灌浆的需要，大坝的后期冷却通水将不受季节的限制，需要全年均通水冷却，然后进行接缝灌浆。

11.1.2.1 拱坝混凝土浇筑温度特点

影响混凝土浇筑温度的因素包括出机口温度，外界的环境温度，运输和浇筑的时间以及运输和浇筑过程中采取的温控措施，相对于重力坝而言，拱坝的出机口温度控制、运输和浇筑过程的温度控制措施没有差别。但是，由于混凝土浇筑方法不同，会对浇筑过程中的热量倒灌有很大的影响。

一般而言，拱坝每个坝段沿水流方向不分仓（即不设纵缝），为单独一个浇筑仓，对于高拱坝来说，基础仓的面积大，沿水流方向长度也大，而约束区的区域为 $L/2$，也相应较大。拱坝要求混凝土以平层法施工，对于大的仓面，小时入仓强度要求高，覆盖一层混凝土的时间相对台阶法来说间隔时间要长，高温季节热量倒灌比较大，浇筑温控难度加大。

以小湾大坝 24 号坝段高程 968.50～970.00m 的仓位浇筑情况为例分析，仓面积为 1812.6m²，浇筑坯层厚 0.5m，每坯层方量为 906.3m³，平层法施工，两台缆机配 9m³ 吊罐入仓，强度按 180m³/h 计，覆盖一层需要 5h，外界气温按照 4 月的平均气温 20.7℃ 考虑，出机口温度为 7℃，根据有关公式计算，入仓温度为 8.7℃，在仓面不喷雾等其他措施的情况下，平铺法的浇筑温度为 16.1℃。

在相同的出机口和外界环境等情况下，若采取台阶法浇筑时，台阶宽度为 3.0mm，覆盖一层混凝土需要浇筑 6 个台阶，工程量为 225m³，1.25h 即可覆盖完成，浇筑温度为 10.5℃。

从理论计算分析上看，由于拱坝混凝土采取的平层法施工，其浇筑温度控制难度大，以小湾 4 月气温计算，浇筑温度相差 5.6℃，拱坝的浇筑过程中，采取仓面喷雾和仓面覆盖隔热被等措施尤为重要。

同样的道理，低温季节浇筑时，由于外界气温低，浇筑过程混凝土的热量损失中，平层法比台阶法大，浇筑温度会偏低。

11.1.2.2 拱坝混凝土内部最高温度控制特点

混凝土内部最高温度由允许基础温差、上下层温差和内外温差等条件确定，拱坝的允许基础温差见表 11-1，上下层温差为 15～20℃；内外温差应根据当地的气候条件，通过温度应力计算分析，提出各月坝体内外温差及相应部位的内部最高温度标准。

表 11-1 混凝土允许基础温差表 单位：℃

离基础面高度 \ 浇筑块长边	16m 以下	17～20m	21～30m	31～40m
0～0.2L	26～25.0	25～22	22～19	19～16
0.2L～0.4L	28～27	27～25	25～22	22～19

高温季节通过对出机口温度、运输和浇筑过程、浇筑后冷却通水降温的控制，使混凝土内部最高温度满足设计值，即满足各种温差的要求，最高温度的控制中，由于浇筑温度控制难度较大，对初期通水降温带来一定的压力。

拱坝在最高温度控制上，应特别注意内部温度的二次回升，即当初期通水结束后，大坝内部温度在残留的水化热作用下回升的幅度，在锦屏等水电站的初期施工中，初期通水结束后，仍出现较大的回升值，最高温度曲线成驼峰型，对大坝内部应力产生较大的影响。因此，初期通水结束后，应适当地进行中期通水。

低温季节浇筑时，由于浇筑温度的偏低和仓面顶部快速散热等因素的影响，大坝内部最高温度将呈现较小值，一般通过顶面散热可以降低混凝土内部温度峰值4~6℃，特别是大坝基础部位的混凝土，采用1.5m升层，通过表面散热对内部温度影响较大。因此，应该根据实际情况，在最高温度出现后，仓面实行保温，并且缩短初期冷却通水时间或者混凝土浇筑后不进行冷却通水。

11.1.2.3 冷却通水特点分析

拱坝冷却通水一般分为三期，即初期、中期和后期通水，初期通水为消减混凝土内部最高温度的峰值，使混凝土内部温度不超过设计值，中期通水主要为降低内外温差，使混凝土在经过冬季时，表面尽可能不出现裂缝，后期通水将坝体温度降至稳定温度，然后进行坝体接缝灌浆。

拱坝的三期通水各有特点，相比其他坝型，拱坝的管道布置相对集中，便于施工人员操作，也便于对通水水量、水温和制冷水回收的控制。

（1）初期通水。由于大坝所有坝段的高差控制有一定的要求，初期通水制冷水站和主供水管线的布置相对容易，目前大型的拱坝冷水站采用集装箱式，由生产厂家生产和安装，拱坝施工过程中，随着大坝高度的变化，冷水站的布置也跟随变动，尽可能靠近需要通水的部位，控制制冷水途中的回升值。供水主管线基本上都是布置在坝后的栈桥上，坝体内部的蛇形管口均是引至下游面，人员在栈桥上容易操作，初期通水降温要求做到平稳下降。

初期冷却进口水温与混凝土最高温度之差不超过20℃。初期通水的前10d通水流量按1.5m³/h左右控制，特别是最高温度出现之前，可以加大通水流量，但应满足混凝土的温降速率不大于1.0℃/d。最高温度出现后，可以适当减小通水流量，但应保持蛇形管内的水流为紊流状态，以便更好的带出热量，当混凝土内部温度降低到一定程度时，可以结束初期通水。其结束的标准在不同地区、不同季节会有所不同。高温季节通水时间较长，低温季节通水时间短，甚至根据实际情况不采取初期通水。初期通水结束后，残留的水化热仍然使混凝土内部温度上升，应确保上升的幅度不宜太大。

例如小湾水电站初期通水，冷却蛇形管进口水温前10d不超过10℃±1℃，初期冷却进口水温与混凝土最高温度之差不超过20℃。前10d通水流量按0.8~1.8m³/h左右控制，夏季按上限、冬季按下限控制。初期通水过程中，混凝土的最大降温速率每天不超过1.0℃。10d后通水流量采用0.5~1.2m³/h，混凝土最大降温速率每天不超过0.5℃。高温季节（5—10月）坝体混凝土初期冷却通水时间不低于25d，并连续进行，通水时通过调整通水流量来确保通水天数，其他月份通水天数按21d控制。通水结束时冷却层混凝土温度降至20℃±1℃范围内。

（2）中期通水。中期通水主要是进入冬季以前进行，对于温和地区，冬季也可以实行中期通水，将混凝土内部温度降低至一定的温度，不同地区，中期通水结束的要求不同，比如小湾大坝要求中期通水后坝体温度达到19℃，锦屏大坝为16~18℃。中期通水根据实际情况确定通水时间，可以连续通水也可以采用间断性通水，小湾水电站大坝采用间断性通水，冬季一般采取先通水3d后闷温7d通水模式，夏季一般采取先通水5d后闷温5d的通水模式，经2~3个循环后视闷温结果后再决定以后是否继续中冷和中冷的时间；锦屏大坝采用连续性通水。

（3）后期通水。由于大坝需要及时封拱，浇筑混凝土后 4~6 个月就必须封拱，大型拱坝后期通水为全年通水形式，为防止坝体后期冷却区域与非冷却区域温度相差过大，后期冷却通水分为冷却区和过渡区，根据灌浆的进度和混凝土的龄期，冷却区为 1~2 个灌区，过渡区为 1 个灌区，这样能比较经济的使用制冷水。

后期通水冷水站亦采用集装箱形式，根据冷却部位不同，集装箱分期布置不同的高程，为减少制冷水温度回升，尽可能将冷水站布置在大坝附近，大坝的左右两侧均须布置冷水站。冬季常温水满足冷却需要时，可以采用常温水冷却，或者先用常温水冷却，后采用冷水冷却。

后期通水冷却混凝土温度与通水温度之差不超过 21℃，且降温速度不超过 1℃/d，因而在通水前先通过闷温测混凝土内部温度，根据温度的高低来确定先通常温水还是直接通制冷水，原则上对于坝体温度较高的部位混凝土，先通江水降温，当混凝土内部温度大于常温水温度达 8~10℃时，既可先通江水 10~20d，然后改用制冷水冷却，将坝体内部温度降至灌浆允许的温度，通水过程中，每 24h 更换一次通水方向。

11.2　拱坝的温控措施

11.2.1　拱坝温控措施的一般规定

拱坝的温控措施与重力坝基本相同，措施的选用宜符合下列要求：

（1）采用合适的混凝土原材料，改进混凝土施工管理和施工工艺，改善混凝土性能，提高混凝土抗裂能力。

（2）合理安排混凝土施工程序，在有利的季节浇筑基础约束区的混凝土，并控制相邻块、相邻坝段高差。基础约束区混凝土应连续均匀上升，不得出现薄层、长间歇的情况。控制全年混凝土的浇筑量，高温季节利用夜间浇筑，严寒地区避免在冬季浇筑坝体混凝土。

（3）采用低发热量水泥、浇筑低流态混凝土、掺高效外加剂、加大骨料粒径、优选骨料级配、掺适宜的掺合料、控制浇筑层后和层间间歇期、通水冷却等减少混凝土水化热温升措施。夏季减少浇筑层厚，保证正常的间歇时间，并利用天然低温水养护。

（4）采用在骨料上洒水喷雾、骨料堆高、地垄取料、混凝土拌和加冰、冷水拌和、预冷骨料等措施，降低混凝土出机口温度，并对预冷混凝土进行隔热保护。严格控制混凝土运输时间和仓面浇筑坯覆盖前的暴露时间，减少混凝土运输和浇筑过程中的温度回升。

（5）坝体埋设冷却水管进行通水冷却，大坝冷却所需制冷水采用冷水站集中供应，冷水站为集装箱模块式结构，具有布置紧凑合理，占地面积小，安装、维修便利，操作方便的优点。冷水站布置在大坝下游边坡一侧，分台阶布置，随着大坝施工部位的上升，冷水站由低区向高区循环移动，并确保冷水站搬迁时不中断冷水的生产供应，冷水泵输送高度控制在 60m 范围内。制冷水采用内循环式供应和回收，坝体蛇形管口均布置在大坝下游坝面，大坝冷却通水的管理与重力坝基本相同。

（6）在气温骤降时，对龄期 2~3d 以上（基础约束区和特殊部位）或 3~4d 以上（普通部位）的新浇筑混凝土，必须进行表面保护。低温季节也根据当地气候条件对混凝土外露面进行保护，基础约束区、上游面、结构断面突变部位及孔洞周围等应重点保护。混凝土表面保护材料根据当地气候条件按有关规范规定选用。

11.2.2　小湾水电站大坝温度控制措施

11.2.2.1　配合比的优化

优化混凝土的配合比，在满足设计要求各项指标的前提下，选用优质高效外加剂，减少胶凝材料的用量，从而降低胶凝材料的水化热温升，并且加强施工管理，提高施工工艺，改善混凝土性能，提高混凝土抗裂能力。

11.2.2.2　原材料温控

拌和系统制冷采取了"冲洗脱水、两次风冷、严格保温、充分加冰"的原则，保证出机口温度，一次风冷后四种骨料温度均不大于 8℃；二次风冷后的骨料：特大石、大石 $-1\sim-5$℃，中石 $0\sim0.5$℃，小石 $1\sim1.5$℃，拌和制冷水温度不大于 7℃。

在预冷混凝土生产过程中，采取的主要控制措施有：①严格控制骨料仓料位不低于 1/3，确保冷风在骨料内保持循环；②按照温度监测仪，严格控制风冷进、回风温度；③定时冲霜；④保证风冷效果和冷却时间；⑤加强检测力度、次数；⑥保证设备的出力。

骨料的储量满足连续 3d 以上的生产量，并且保证砂子脱水充分，含水率不超过 6％。粗骨料在骨料罐内堆高一般为 8～9m，尽可能安排在夜间和低温时间送料和转料，粗骨料在筛分中冲洗干净，充分脱水，为加冰加冷水提供余地。

通过上述措施的实施，出机口温度可以控制在 7℃ 以内。

11.2.2.3　混凝土入仓温度控制措施

（1）在高温季节对拌和系统出机口检测频率进行加密检查，根据混凝土温度变化情况、入仓混凝土的坍落度损失、含气量损失、表面失水等情况，及时微调混凝土施工配合比。

（2）为降低混凝土在运输过程中的温度回升，施工中加强管理，加快混凝土的入仓速度，以减少运输过程中混凝土的温度回升。

（3）合理安排运输车辆数量，尽量避免混凝土运输过程中等车卸料现象，缩短运输时间并减少混凝土倒运次数。

（4）汽车搭设遮阳篷，混凝土运输时拉上遮阳篷，减少运输过程的温度回升。

11.2.2.4　混凝土浇筑温度控制措施

控制混凝土浇筑温度从降低混凝土出机口温度、减少运输途中及仓面的温度回升三方面考虑。为减少预冷混凝土入仓后的温度回升，高温季节浇筑混凝土时在仓面喷雾，以降低仓面环境气温。同时，在施工中加强管理，优选施工设备，采用机械化操作，严格控制混凝土运输时间和仓面浇筑坯覆盖前的暴露时间，加快混凝土入仓速度和覆盖速度，降低混凝土浇筑温度，从而最大限度降低坝体最高温度。具体措施如下：

（1）高温季节混凝土入仓后及时平仓，及时振捣，缩短混凝土坯间暴露时间。高温季节或高温时段仓面面积较大且采用平铺法浇筑时，采用多台缆机同时进料，加快入仓，尽量缩短混凝土坯间暴露时间，控制浇筑温度。

（2）当浇筑仓内气温高于 23℃ 时，采用喷雾机进行仓面喷雾。

1）喷雾机数量根据仓面面积大小进行配置，左右两侧均衡交错布置，最大限度保证喷雾覆盖范围。

2）使用钢管及散装钢模板，在多卡模板上工作平台上搭建喷雾机架设平台，平台必须确保牢固，架设时用铁丝将喷雾机进行绑扎固定。

3）将喷雾机喷筒水平角度调节至上仰15°，以提高喷射距离。喷雾机前的障碍物全部清除，避免雾滴被阻挡凝结，滴入仓内形成积水。

（3）喷雾时做到覆盖整个仓面，确保雾化效果，雾滴直径达到 $40\sim80\mu m$，喷雾时防止混凝土表面积水，确保喷雾后浇筑仓内气温较外界气温至少降低 $3\sim4℃$ 左右。

（4）卸入仓面的混凝土及时振捣，对接头及时采用保温被覆盖，避免阳光直射。

（5）当浇筑仓内气温高于23℃时，混凝土振捣密实后立即覆盖等效热交换系数 $\beta\leq10kJ/(m^2\cdot h\cdot ℃)$ 的保温卷材进行保温。

（6）保温被覆盖根据下料振捣情况及条带次序交替进行，保温被覆盖时做到排列整齐，搭接严密，不留死角，已覆盖的范围需下料时，依次揭开保温被，转到其他部位进行覆盖。

（7）为保证保温被覆盖面积比例，严格按条带法进行浇筑，及时提供可供覆盖的部位。合理控制缆机走位，严格按条带法要求按顺序依次下料。下料后平仓机及时进行平仓，做到"一罐一平"，推料方向为左右向，除条带开始起头的一罐外，严禁上下游方向推料。

11.2.2.5 浇筑温度控制实例

浇筑37坝段第11层（高程1143.50～1145.70m），2008年9月18日21：30开仓浇筑，使用2台缆机进料，于2008年9月19日14：55收仓，浇筑历时17.4h。

（1）资源准备。

1）喷雾机。①喷雾机按5台进行配置，左右两侧均衡交错布置，保证喷雾覆盖范围达到浇筑面积的85％以上；②使用钢管及散装钢模板，在多卡模板工作平台上搭建喷雾机架设平台，平台必须确保牢固，架设时用铁丝将喷雾机进行绑扎固定，开仓前经安全部门验收；③将喷雾机喷筒水平角度调节至上仰15°，以提高喷射距离。喷雾机前的障碍物必须全部清除，避免雾滴被阻挡凝结，滴入仓内形成积水；④加强喷雾机的日常检修保养，确保完好，磨损严重影响喷雾效果的喷嘴及时更换。开仓前必须提前将水、电接好进行试喷。

2）保温被。保温被使用有塑料套袋的聚乙烯材料，厚度2cm，保温被数量按不少于浇筑面积70％的比例进行配置。

3）平仓振捣设备。为保证平仓振捣速度，配置平仓机3台、振捣臂3台、$\phi130$ 振捣棒6个，$\phi100$ 振捣棒9个。

4）人员。仓面分为3个浇筑分区，浇筑作业人员共计43人，其中振捣人员18人，仓面总指挥1人，分区指挥3人，模板钢筋值班2人，排水人员6人，分散骨料人员6人、覆盖保温被人员6人、喷雾机运行1人。

（2）浇筑过程控制。

1）当气温超过23℃且日照强度大时，开启喷雾机并进行保温被覆盖。

2）喷雾机喷筒前 2～4m 处容易形成积水，原因是此范围的雾滴喷射距离短，未来得及散开就凝结滴落，可适当调高喷筒仰角并加强排水。

3）浇筑过程中安排专人值班，负责喷雾机的维护运行。

4）保温被覆盖根据下料振捣情况及条带次序交替进行，并优先覆盖喷雾盲区部位。保温被覆盖时排列整齐，搭接严密，不留死角。

5）已覆盖的范围需下料时，依次揭开保温被，转到其他部位进行覆盖。

6）为保证保温被覆盖面积比例达到 50％以上，必须按条带法进行浇筑，及时提供可供覆盖的部位。

7）合理控制缆机行走速度和方位，按条带法要求按顺序依次下料。下料后平仓机及时进行平仓，做到"一罐一平"，推料方向为左右向，除条带开始起头的一罐外，严禁上下游方向推料。振捣臂跟在平仓机后面，及时跟进振捣。

8）振捣臂及平仓机严格按照条带推进方向行走，优化行走路线，杜绝不必要的走车，严禁急速转弯、掉头，避免对已振捣完毕的混凝土面造成扰动破坏。

11.2.2.6 初期冷却通水

（1）冷却水管的布置。

1）冷却水管管材采用内径 28mm、外径 32mm 的 HDPE 塑料水管，其指标见表 11-2。

表 11-2   冷却 HDPE 塑料水管指标表

项　目		单　位	指　标
导热系数		kJ/(m·h·℃)	≥1.0
拉伸屈服应力		MPa	≥20
纵向尺寸收缩率		％	＜3
破坏内水静压力		MPa	≥2.0
液压试验	温度：20℃ 时间：1h 换向应力：11.8MPa	不破裂 不渗漏	
	温度：80℃ 时间：170h 换向应力：3.9MPa	不破裂 不渗漏	

2）冷却水管在埋设前，清理水管的内外壁。水管的接头采用膨胀式防水接头，循环冷却水管的单根长度不超过 300m，预埋冷却水管不能跨越横缝。

3）冷却水管垂直水流方向布置。水平间距 1.5m，垂直间距 1.5m，当浇筑层厚 3.0m 时，浇筑层中间铺设一层冷却水管，在浇筑混凝土之前进行通水试验，检查水管是否堵塞或漏水。细心保护水管，以防止在混凝土浇筑或混凝土浇筑后的其他工作中，使冷却水管移位或被破坏，伸出混凝土的管头加帽覆盖或用其他方法加以保护。

4）在混凝土浇筑过程中冷却水管通以不低于 0.18MPa 压力的循环水，看是否有水流渗出。用压力表及流量计同时指示混凝土浇筑期间的阻力情况，如果冷却水管在混凝土浇筑过程中破裂，随即停止通水，并挖出水管，割掉破裂的部分，连接完好的新管，再通水和浇筑该部位混凝土。

（2）初期冷却通水措施。初期通水冷却的目的是削减浇筑层混凝土初期水化热温升，控制混凝土温度不超过允许最高温度。同时，削减坝体混凝土内外温差，降低后期冷却开始时的混凝土温度，减小温度应力。

初期通水冷却，冷却蛇形管进口水温前 10d 不超过 10℃±1℃，进口水温与混凝土最高温度之差不超过 20℃，前 10d 通水流量按 0.8～1.8m³/h 左右控制，夏季按上限控制、冬季按下限控制，混凝土的最大降温速率每天不超过 1.0℃，10d 后通水流量采用 0.5～1.2m³/h，现场可根据测温情况调整，确保混凝土温度达到初冷结束温度要求，且混凝土最大降温速率每天不超过 0.5℃。

初期通水冷却水流方向每 24h 变换 1 次。对所有管路进行温度检测，进水口温度每 4h 测 1 次，使用红外线测温仪进行多次测量，取平均值作为测量结果。

（3）中期通水。中期冷却通水使用初期冷却管路进行通水冷却，并采取间歇通水的方式控制，中期通水蛇形管入口处水温为 10℃±1℃，通水流量 0.5～1.0m³/h。

中期通水开始前，对区域内所有施工用管路进行一次畅通性检查，如发现堵塞现象，立即疏通管路，确保管路均畅通，未处理好不得开始通水工作。制冷水由冷水机组统一供应，所有管路同时进水，供水参数严格按要求的温度、流量要求控制，水流方向每 24h 变换 1 次。通水开始后立即对所有管路进行温度检测，进口、回水温度每 4h 测 1 次，使用红外线测温仪进行多次测量，取平均值作为测量结果。

初期冷却闷温结束后，若闷温值大于 19℃，则立即进行中期通水，通水 3d 后再闷温 7d，然后再闷温观测，若闷温值仍大于 19℃ 则继续通水，如此循环下去直至将温度降至 18～20℃ 范围内，维持该温度直至后期冷却；若中期冷却通水前闷温值小于 19℃，则暂不进行中期通水，间歇 7d 后再继续闷温观察结果，保持 7d 1 个循环，若发现闷温温度超过 19℃ 则进行中期冷却、维持该温度直至后期冷却。

中期为间歇通水，根据现场实际经验冬季一般采取先通水 3d 后闷温 7d 通水模式，夏季一般采取先通水 5d 后闷温 5d 的通水模式，经 2～3 个循环后视闷温结果后再决定以后是否继续通水。

（4）后期通水。

1）设备布置。制冷设施采用集装箱式冷水站，为便于吊装、转运，均布置在缆机和塔机覆盖范围内，冷水机组制冷能力可根据大坝各不同时段通水需求量来定，原则上以满足大坝高峰冷却水需求量的要求。根据便利施工、节约耗能的原则，冷水设施在左岸大坝下游边坡马道上分台阶布置。冷水车间设计成移动站方案，为方便向大坝提供制冷水，总的原则：冷水站根据大坝浇筑高程布置在供水点最近的马道上；沿各梯级马道移动布置，然后随着大坝施工部位的上升，冷水站由低马道向高马道循环移动。

移动式冷水站根据大坝混凝土浇筑工艺和接缝灌浆工期计算出初、后期通冷却水规模为 850m³/h。因此，根据此通水规模调整移动式冷水站配置数量为 4 台，4 台冷水站的制冷水参数为：其中 1 号冷水机组（主机为螺杆式机组，制冷水量 170m³/h，出水 9℃，进回水温差 6℃）和 2 号、3 号冷水机组（主机为离心式机组，制冷水量 250m³/h，出水 5℃，进回水温差 8℃）及 4 号冷水机组（制冷水量 180m³/h，出水 5℃，进回水温差 8℃），总的制冷水量达到 900m³/h，可以满足至大坝浇筑期结束的初、后期冷却通水的需要。

设定冷水站的初、后期冷却水机组出水温度为8℃和5℃，根据大坝混凝土温控监测数据和大坝冷却效果参数，调整初、后期冷却水温度统一为7.0℃或者7.5℃，实际运行中根据温控效果和环境温度调整。同时，初、后期冷却水管道也统一布置。

2）后期冷却通水措施。

A. 后期通水冷却的目的是使坝体混凝土温度达到设计要求的封拱灌浆温度，分为3个区域，即拟灌区、盖重区、过渡区。

B. 通水前对每组蛇形管回路进行通水检查，了解其通畅情况，对不通畅的管路带压通水疏通，保证所有管路通畅后方可进行通水作业，然后对3个区域的冷却水管进行一次普遍的闷温检查，确定混凝土后期通水前的起始温度。

C. 同高程同拱圈所有坝段同期开始通水，其先后时间相差不超过1d，同区域内后期通水启动后3d内完成所有管圈的流量调整。

D. 后期通水冷却范围内混凝土最小龄期不得少于60d。过渡区温控指标在18～20℃范围且靠下限值。前10d进口水温控制在10℃，10d以后进口水温控制在9℃，盖重区、拟灌区的通水流量按0.8～1.2m³/h控制，过渡区流量为0.5～0.8m³/h，最大降温速率每天不超过0.5℃，否则要减少通水量，降低混凝土冷却速率。

E. 后期冷却通水时间，根据计算初步确定，并计算出进出水温跟坝体内部温度之间的关系，和参照埋设仪器的温度来确定结束通水时间，然后进行闷温，如果闷温的结果超过封拱的温度，则需要继续通水，按照高1℃通水3～4d计，再进行二次闷温。

F. 拟灌区温度满足设计要求后及时进行接缝灌浆。冷却结束60d，尚未进行接缝灌浆的灌区，需重新测量混凝土温度。拟灌区接缝灌浆完成后，控制其上部的盖重区和过渡区的温度回升，盖重区作为下一次拟灌区，接缝灌浆前混凝土温度与设计封拱温度相差不大于1℃，过渡区温度回升不大于1℃，否则采取通水措施将混凝土温度降到设计要求的封拱温度，最大降温速率每天小于0.5℃。

G. 每一批次后期通水结束后，通水区域的混凝土必须进行闷水测温，以了解后期通水效果。未能达到设计灌浆温度的灌区，继续通水直到达到设计要求为止。由于1118m以上拟灌区高度只有9m，过渡区下部3m已在上一批二冷时达到过渡区的温度，1118m以上过渡区下部3m采取间歇通水维持温度即可。为满足同批次同高程同时开始后期冷却的要求，岸坡坝段盖重区、过渡区的顶部高程与河床坝段一致。

H. 通水期间每隔24h进出水方向互换一次，并且每天对通水情况进行登记。内容有各进水干、支管流量、压力、进回水温度、通水时间等。当坝体达到封拱温度时，停止通水。通水过程中，加强对已埋仪器的观测，开始每天观测一次，接近或达到接缝灌浆温度期间，每天观测2次。通水开始15d后进行抽样闷温。闷温时间，铁管3d，塑料软管5d，测温时用高压风将管内积水缓缓吹出，接于小桶内，立刻用率定合格的电子温度计测若干值，取其平均值。与平均值相差2～3℃以上的为不合理数值，应去掉。后5d的通水流量及结束时间根据抽样闷温值确定。

11.2.2.7 混凝土表面保温

混凝土表面主要采用聚苯乙烯泡沫板，上游面和重要部位永久面泡沫板厚度5.0cm，下游面厚为 3.0cm，临时表面厚为 2.0cm 的聚乙烯卷材。

混凝土表面保温措施与本书相关章节相同。

11.2.3 锦屏一级水电站大坝混凝土温控措施

11.2.3.1 混凝土浇筑分层及层间间歇时间控制

在满足浇筑计划的同时，尽可能采用薄层、短间歇、均匀上升的浇筑方法。

浇筑层厚根据温控、浇筑、结构和立模等条件选定。大坝约束区浇筑层厚不大于 1.5m，自由区浇筑层厚不大于 3.0m；陡坡坝段约束区浇筑层厚均按 3.0m 控制；孔口约束区 3m 一层。

浇筑过程中，根据实际情况可采用 4.5m 的浇筑升层，控制混凝土层间间歇期，最小层间歇期 5d，最大层间歇不超过 14d。

表 11-3　　　　　　　　　　混凝土浇筑层厚及间歇时间表

部 位 及 季 节	最大浇筑层厚 /m	最小层间间歇时间 /d	最大层间间歇时间 /d
河床坝段约束区	1.5	5	14
陡坡坝段约束区	3.0	5	14
脱离约束区	3.0	5	14
特殊情况	4.5	5	14

11.2.3.2 混凝土出机口温度控制措施

（1）配合比的优化。优化混凝土的配合比，在满足设计要求各项指标的前提下，选用优质高效外加剂，减少胶凝材料的用量，从而降低胶凝材料的水化热温升，并且加强施工管理，提高施工工艺，改善混凝土性能，提高混凝土抗裂能力。

（2）原材料温控。通过对原材料的温度控制来达到降低出机口温度的目的，原材料主要通过下述方法控制：水泥进罐前温度不得超过 65℃，拌和楼上水泥和粉煤灰进入拌和机前的温度不得超过 55℃，否则延长水泥和粉煤灰停罐时间，骨料一次风冷的温度为 6.5℃，二次风冷中特大石、大石、中石 −1～6℃，小石 3～7℃，片冰 −8℃，制冷水 5～7℃。

骨料的储量满足连续 3d 以上的生产量，并且保证砂子脱水充分，含水率不超过 6％。粗骨料在骨料罐内堆高一般为 8～9m，尽可能安排在夜间和低温时间送料和转料，粗骨料在筛分中冲洗干净，充分脱水，为加冰和加冷水提供余地。

通过对原材料的温度控制，以及加冰和加制冷水来控制出机口温度，使出机口温度满足设计要求，大坝混凝土出机口温度经调整后按照 7℃的控制。

水垫塘混凝土出机口温度控制标准：11 月至次年 2 月为 12℃，3—10 月为 11℃。

11.2.3.3 混凝土运输及浇筑过程温控措施

为减少预冷混凝土温度回升，严格控制混凝土运输时间和仓面浇筑坯覆盖前的暴露时间，混凝土运输机具设置保温设施，并减少转运次数，使高温季节预冷混凝土自出机口至仓面浇筑坯被覆盖前的温度满足浇筑温度要求。

降低混凝土浇筑温度主要从两个方面进行考虑：第一，从降低混凝土机电温度；第二减少运输途中及仓面的温度回升，其重点是仓面浇筑过程中的温度回升。混凝土通过汽车运输混凝土，根据拌和楼和缆机的生产能力，以及仓面浇筑的情况，合理安排汽车数量，等待卸料车避免在阳光下暴晒；汽车运送混凝土多装快跑，运输车辆安装遮阳篷，运输途中拉上遮阳篷。拌和楼前安装喷雾装置，对回程空车喷雾降温。

（1）混凝土运输过程温度控制。为降低混凝土在运输过程中的温度回升，加快混凝土的入仓速度，以减少运输过程中的温度回升，高温季节主要采取以下措施：

1）拌和楼前进行喷雾降温。在拌和楼前 10～25m 长的道路两侧设喷雾装置，喷雾导管略高于车厢，以形成雾状环境，对回程车厢喷雾降温。喷雾管供水压力约 0.4～0.6MPa，供风压力 0.6～0.8MPa。

2）混凝土运输车运输线的温度回升控制。加强管理，强化调度，合理安排运输车辆数量，尽量避免混凝土运输过程中等车卸料现象，缩短运输时间并减少混凝土倒料次数。

高温季节，混凝土运输车辆及吊罐采用隔热措施。运混凝土的车顶部搭设活动遮阳篷，车厢两侧设保温层，以减少混凝土温度回升。必要时，混凝土运输车辆用水冲洗降温，严禁使用后箱排尾气的汽车运送混凝土；吊罐设置保温隔热层，以防在运输过程中受日光辐射和温度倒灌，减少温度回升，降低混凝土运输过程中的温度回升率。

（2）混凝土浇筑过程温度控制措施。降低混凝土浇筑温度主要从 3 个方面来控制：出机口温度、减少运输途中温度回升、减少仓面温度回升。为减少混凝土浇筑过程的温度回升，高温季节浇筑混凝土时在仓面喷雾，以降低仓面环境气温。同时，在施工中加强管理，优选施工设备，尽可能采用机械化操作，严格控制混凝土运输时间和仓面浇筑坯覆盖前的暴露时间，加快混凝土入仓速度和覆盖速度，降低混凝土浇筑温度，从而降低坝体最高温度。具体措施如下：

1）在高温季节混凝土入仓后及时平仓，及时振捣，缩短混凝土坯间暴露时间。

当高温季节或高温时段仓面面积较大时，可用 2～3 台缆机同时浇筑同一个仓；尽量缩短混凝土坯间暴露时间，并辅以仓面隔热设施，即在下料的间歇期，用厚 2.0cm 的聚乙烯卷材覆盖隔热，降低仓面内混凝土温度回升，控制浇筑温度。

2）合理安排开仓时间，高温季节浇筑时，将混凝土浇筑尽量安排在早晚和夜间施工。

3）仓面喷雾降温。高温季节浇筑混凝土时，外界气温较高，为防止混凝土初凝及热量倒灌，采用喷雾机喷雾降低仓面环境温度，喷雾时保证成雾状，避免形成水滴落在混凝土面上。喷雾机安放在周边模板或仓面固定支架上，架高 2～3m 并结合风向，使喷雾方向与风向一致。同时，根据仓面大小选择喷雾机数量，保证喷雾降温效果。喷雾机选择时，对其性能要求：雾滴直径达到 $30\sim50\mu m$，射程 30m 以上。

4）混凝土面覆盖隔热被：高温季节浇筑混凝土过程中，加强表面保湿隔热措施，混凝土浇筑过程中，随浇随覆盖保温被，即振捣完成后及时覆盖隔热保温被，根据计算，厚 5.0cm 的聚乙烯卷材即可满足设计要求的覆盖后等效放热系数 $\beta\leqslant10kJ/(m^2\cdot h\cdot ℃)$。混凝土收仓后至流水养护前，亦覆盖厚 5.0cm 聚乙烯卷材隔热，减少温度倒灌。通过上述措施可将浇筑温度控制在要求的范围内。

11.2.3.4 混凝土通水冷却措施

根据招标文件要求，对于大体积混凝土内有接缝灌浆、接触灌浆等部位均埋设塑料冷却水管，冷却水管管材一般采用内径 28mm、外径 32mm 的 HDPE 塑料水管，特殊部位采用 ϕ38 PEC 水管，冷却水管导热系数为 1.66kJ/（m² · h · ℃）。

（1）冷却水管布置。

1）仓内冷却水管布置。

A. 坝内埋设的蛇形水管一般按 1.5m（水管垂直间距）×1.0m（水管水平间距）和 1.5m（垂直间距）×1.5m（水平间距）布置（基础混凝土第一层也埋设冷却水管），当浇筑层厚 3.0m 时，陡坡坝段在 1.5m 的中间铺设一层水管，当浇筑层厚 4.5m 时，冷却水管加密布置，布置间距为 1.5m（水管垂直间距）×1.0m（水管水平间距）；对于牛腿和闸墩部位，由于该部位混凝土标号较高，冷却水管为间距为 1.0m（水管垂直间距）× 1.0m（水管水平间距）且采用 ϕ38 PEC 水管。水管埋设时距上游坝面 1.0m、距下游坝面 1.0~1.5m，水管距接缝面、坝内孔洞周边 0.8~1.0m。通水单根水管长度不大于 300m。

对于深度大于 2m 的置换混凝土，亦埋设冷却水管。坝内蛇形水管按接缝灌浆分区范围结合坝体通水计划就近引入下游坝面（或下游预留槽内）。水管做到排列有序，做好标记记录。并注意立管布置间距，确保立管布置不过于集中，以免混凝土局部超冷。按招标技术文件要求水管间距一般不小于 1m。管口朝下弯，管口长度不小于 15cm，并对管口妥善保护，防止堵塞。所有立管均引至下游坝面，且确保不过于集中，立管管间间距不小于 1.0m。

B. 为防冷却水管在浇筑过程中受冲击损坏，吊罐下料时控制下料高度，一般控制下料高度尽量小，并不直接冲击冷却水管，以免大骨料扎破水管。

C. 若蛇行管为铁管，在弯管与直管段接头处加焊直径 6mm 短钢筋与仓面固定，并采取有效措施防止冷却水管被钻孔打断。

D. 冷却水管在仓内拼装成蛇形管圈。用"U"形卡或铁丝铁钉将塑料管固定在混凝土仓面上，埋设的冷却水管不能堵塞，并清除表面的油渍等物。管道的连接确保接头连接牢固，不得漏水。对已安装好的冷却水管须进行通水检查，安装好的冷却水管覆盖一坯混凝土后即进行初期通水，如发现堵塞及漏水现象，立即处理。在混凝土浇筑过程中，注意避免水管受损或堵塞。

2）输水系统管路布置。

A. 一期和二期冷水水管布置。一期和二期共用供水管线，一期冷却水最大供水量为 156m³/h（其中水垫塘 30m³/h），6 台移动冷水站中，有 1 台移动冷水厂供应一期冷却水，冷水经水泵加压、由保温主钢管沿栈桥输送至坝体，然后从主管上接冷水立管，冷水立管沿间隔两条坝体分缝间隔布置。坝体冷却水管从冷水立管上接管进行坝体冷却，水经循环后，自流至循环立管，循环立水管和冷水立管并排架设，然后经循环主干管自流至冷水厂进行再冷却。

二期冷却水最大供水量达 1100m³/h。共设 4 台冷水站，每个移动冷水站冷水经离心泵加压，向大坝供水。

B. 中期冷水水管布置。在一期和二期通水之间，增加中期通水，中期通水由于跟一期、二期制冷水温度不同，需要单独布置一进一回的供水管线，外部设保温层，冷却水最大供水量达 200m³/h。

C. 冷却水管保温。制冷水供水管线采用聚氨酯泡沫塑料预制保温管，为确保保温效果，保温管的保温层厚度为 10cm，确保沿途水温回升控制在 1℃ 以内。

（2）初期通水冷却措施。大坝混凝土浇筑后随即进行初期通水，通水时间随季节不同而不同，初期通水后混凝土内部温度达到 22℃ 后停止通水。

按招标文件要求，高温季节对于采用预冷混凝土浇筑的坝体，其最高温度仍可能超过设计允许的最高温度时，须采取初期通水冷却削减混凝土最高温度峰值；对于基础约束区，高温季节采用预冷混凝土浇筑的坝体，其最高温度未超过设计允许最高温度者，也须进行初期通水，减少混凝土的内外温差。初期通水采用水温为 8℃ 的制冷水，通水时间视季节而定，待内部温度达到 21～23℃ 后停止通水，通水时采用阶段性通水方式，在最高温度出现前，通水流量为 2.0m³/h，最高温度出现后通水流量不小于 1.2～1.5m³/h，每 24h 进出水方向互换 1 次。

对于脱离约束区部位，抗冲磨等高标号，也采用初期通水的方式来降低坝体混凝土最高温度，低温季节采用常温水，通水时间为 15d 左右，水管通水流量不小于 20L/min。

由于锦屏地区昼夜温差较大，常温水温差也较大。因此，不采用常温水降温。

（3）中期冷却通水。在一期通水和二期通水之间，增加中期通水，中期通水采用 14～16℃ 的制冷水，冷却通水流量控制在 0.3～1.5m³/h 左右，中期通水主要为防止混凝土内部温度二次回升并将混凝土内部温度降低至 17～18℃，以减少内外温差。中期制冷水温度与混凝土温度之差控制在 14.0℃ 以内，日降温速率控制在 0.3℃/d，通水过程中，每 24h 进出水方向互换 1 次。

（4）二期通水冷却措施。需进行坝体接缝灌浆及岸坡接触灌浆部位，在灌浆前，必须进行二期通水冷却。根据坝体接缝灌浆进度和坝体温度计算确定各部位通水类别。

1）通水水温。按招标文件技术条款要求，二期通水冷却混凝土温度与通水温度之差不超过 21℃，且降温速度不超过 1℃/d，因而在通水前先通过闷温测混凝土内部温度，根据闷温的结果，初步计算出达到灌浆温度时的通水天数，二期通水采用 8℃ 的制冷水冷却，将坝体内部温度降至灌浆允许的温度。

2）通水时间。根据招标文件的要求，接缝灌浆满足度汛和蓄水的时间，按照节点工期和接缝灌浆的进度来确定冷却通水冷却时间。

二次通水冷却根据计算得出坝体内部温度与通水时间关系曲线，以此初步确定冷却通水时间，具体现场操作以闷温后坝体内部温度达到灌浆温度为准。

从计算结果来看，经过初期、中期通水后，坝体内部最高温度在 25℃ 以下，当通以 8℃ 的制冷水，通水流量 1.2m³/h 时，按照每天有效通水时间 20h 计，从初始温度 25℃ 降至 12℃ 需要 35d。其他的初始温度降低到灌浆温度所需要时间依此类推。

3）通水要求。

A. 通水流量及时间。采取有效管理和技术措施确保坝体连续通水，每月通水时间不少于 600h，坝体混凝土与冷却水之间的温差不超过 21℃，控制坝体降温速度不大于 1℃/

d。水管通水量通制冷水时流量为 1.2～1.5m³/h。

B．温度梯度控制。在施工过程中应按照分期冷却要求进行逐步冷却，同时进行温度梯度控制，使各区温度、降温幅度形成合适的梯度，以减小温度梯度应力，防止混凝土开裂，要求按自下而上顺序分为已灌区、灌浆区、同冷区、过渡区和盖重区等五区进行温度控制，通过各期冷却降温及控温时间协调，确保接缝灌浆时上部各灌区温度及温降幅度形成合适的梯度。二期通水过程中，混凝土温度梯度控制要求见图 11-1。

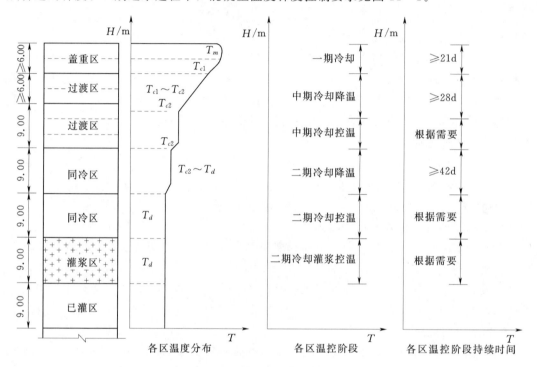

图 11-1　混凝土温度梯度控制要求示意图（单位：m）

T_d—二期通水的目标温度；T_{c2}—中期通水的目标温度；T_{c1}——期通水的目标温度

C．闷温观测。闷温和对埋设仪器的观测等措施检测，确保坝体通水冷却后的温度达到设计规定的坝体接缝灌浆温度。控制坝体实际接缝灌浆温度与设计接缝灌浆温度的差值：基础约束区：+0.5～0℃，基础约束区范围内二期冷却不允许超冷；自由区：+0.5～-2℃。

11.2.3.5　混凝土的表面保护

（1）材料选择。

①大坝上下游面以及闸墩侧墙、圆弧段等永久外露面采用 5cm 聚苯乙烯泡沫板进行保温；②仓面保温采用 5.0cm 聚苯乙烯泡沫板外包防水透湿聚氨酯涂覆织物制作；③横缝面采用 5cm 聚乙烯卷材保温；④低温季节施工时，对多卡大模板背面凹槽镶嵌苯板进行保温。

（2）聚苯板保温措施。聚苯板保温材料由黏结剂、聚苯板、防水涂料组成；聚乙烯卷材按部位的不同使用不同规格的材料。聚苯板使用于混凝土永久面，聚乙烯卷卷材使用于临时混凝土面，如仓面和横缝表面。

聚苯板保温在混凝土达到养护时间后进行，气温变化频繁季节拆模后即刻保温，或保温时间根据监理人的指示进行。

1）聚苯板施工程序：基面处理→配制专用黏结砂浆→聚苯板涂抹砂浆→粘贴聚苯板→刷表面防水剂。

2）聚苯板施工方法：为方便检查混凝土外观施工质量，所有保温板采用外贴施工方法。先将保温板上涂刷防水涂料，待防水涂料干后再进行粘贴。粘贴完成后，在聚苯乙烯泡沫塑料板表面采用抹、滚、刷的方法再均匀刷涂 1 道防水涂料，特别注意对接缝部位的封闭涂刷。每道涂刷完成后应认真检查，使防水涂层不出现漏刷、裂纹、起皮、脱落等现象，并确保 24h 内不得有流水冲刷。

保温板粘贴施工在模板上升后由人工完成，保温板粘贴作业按 4～5 人为 1 组，先将坝体贴保温板部位的灰浆铲除并用水清洗干净，经外观检查合格后即可粘贴聚苯乙烯板。高空作业使用软梯，软梯系在其上部已安装好的模板上，作业人员系双保险后顺软梯下至工作面，仓面上的其他工作人员预先在聚苯乙烯板上涂刷黏结剂，然后将聚苯乙烯板用绳索放下，软梯上的作业人员再将聚苯乙烯板粘贴到混凝土面上，最后用手拍打保温板，确保粘贴牢固。聚苯板粘贴由下至上错缝进行，缝距 1/2 板长。聚苯乙烯板在坝段之间分缝处粘贴时不跨缝，亦不再留缝处涂刷防水涂料。

3）聚苯板的粘贴工艺：混凝土表面预处理：清除混凝土表面的浮灰、油垢及其他杂物。

采用标准的 10/12 带齿刮板，将干燥的聚苯板背面涂抹黏结剂。黏结剂按每袋（25kg）需用水 6L 配制。

将涂抹好的聚苯板平整、牢固贴在混凝土面上，板与板之间挤紧不留缝隙，碰头缝处不涂抹黏结剂。每贴完一块，及时清除挤出的黏结剂，板间不留间隙。若因聚苯板面不方正或裁切不直形成缝隙，用聚苯板条塞入并打磨平。

预先在聚苯板外表面涂刷一遍防水涂料，待防水涂料干后再进行聚苯板粘贴。粘贴完成后，在聚苯板表面采用抹、滚、刷的方法再均匀刷涂 1 道防水涂料，特别注意对接缝部位的封闭涂刷。防水涂料的粉料、液料按 6：4（重量比）比例混合配制。每道涂刷完成后认真检查，防水涂层不得出现漏刷、裂纹、起皮、脱落等现象。24h 内不得有流水冲刷。

4）维护和检查：每年入秋前要对永久保温层进行检查和维护，对脱落部位立即进行修补完善，以确保保温效果。

（3）横缝面聚乙烯卷材保温措施。横缝面可分为两个区域。即：键槽模板下支架范围保温区域（A 区域）和下支架以下至相邻低坝段缝面保温区域（B 区域）。在模板提升后 24h 内采用 5cm 保温卷材进行包裹，并且要求采用"井"字形木条压紧、贴实，以免影响保温效果，横缝面要求保温至后浇块浇筑为止，备仓时可以将保温被揭开，但备仓完毕后浇筑前还应将保温被覆盖严实。

A 区域保温被挂设要求如下：

1）保温被要挂设在多卡模板面板下口与支腿支撑点之间的模板面板下口板肋上。

2）保温被垂直挂设，每块键槽模板上挂设的保温被要用铁丝连成整体。

3）模板安装好后将相邻模板上的保温被用铁丝连成整体。

4）保温被与支腿之间应设置压条，以使保温被贴紧混凝土面，严禁虚挂脱空。

5）保温被随模板一起提升。

B区域保温需在模板提升24h内采用5cm保温卷材进行包裹，并且采用"井"字形木条压紧、贴实，以免影响保温效果。

该区域要求保温至后浇块浇筑为止。备仓时可以将保温被揭开，但备仓完毕后浇筑前还应将保温被覆盖严实。另外，在横缝面的止水内需粘贴5cm的保温苯板，确保保温效果。在上下游面与横缝面转角部位，两侧保温苯板须将转角包裹严实，防止转角部位的裂缝。

（4）特殊部位保温。孔洞封堵：当深孔、表孔等孔洞形成后，用厚3.0cm的聚乙烯卷材对底孔、中孔、表孔等孔口进行封堵，以挡穿堂风对洞壁的影响。没有形成封闭孔洞的，不能通过封堵进出口进行保温的其侧面和过流面亦用厚5.0cm的聚苯板进行保温。

寒潮保温：当日平均气温在2～3d内连续下降超过6℃的，对28d龄期内的混凝土仓面（非永久面），用厚5.0cm的聚苯板保温。

当气温降至0℃以下时，龄期在7d以内的混凝土外露面用保温被覆盖。浇筑仓面应边浇筑边覆盖。新浇的仓位应推迟拆模时间，如必须拆模时，应在12h或24h内予以保温。

所有永久面保温时间从浇筑完后起，到交付运行时止，在此期间，每年10月开始对破损的保温被进行维修，以确保保温效果。

11.2.3.6 混凝土工程施工期温控措施的观测布置和方法

施工期的温控措施监测主要包括拌和系统内的温控观测、入仓温度观测、浇筑温度观测、混凝土内部最高温度观测和一次、二次冷却通水期间的观测等。

拌和系统内的温度观测包括一次、二次风冷骨料的预冷效果观测和出机口温度控制。一次风冷观测通过测出风口的风温和直接砸开大骨料用点温计观测，二次风冷通过对拌和系统预冷仓内骨料直接使用点温计观测；出机口温度使用点温计或直接用水银计测温控制。

混凝土入仓温度和浇筑温度现场用水银计观测，在混凝土浇筑过程中，至少每4h测量1次混凝土的出机口温度、混凝土的浇筑温度、坝体冷却水的温度和气温，并做好记录。

混凝土浇筑温度的测量，每100m²仓面面积不少于1个测点，每一浇筑层不少于3个测点。测点均匀分布在浇筑层面上，测温点的深度10cm。

在4—10月混凝土内部最高温度监测除通过对施工期埋设的监测仪器进行观测外，还需在浇筑过程中按监理人要求的仓位埋设测温管来监测，每个仓位选取3个点布置测温管，3个点分别布置在仓面中心线中间，距上、下游各3～6m处，每根测温管内按上、中、下布置3支电阻式温度计，温度计间用隔温材料隔开，每年11月至次年的3月，按监理人的要求适当减少观测次数。

在4—10月浇筑的高标号混凝土内按监理人的要求布置测温管，在高标号区的中部布置一组测温管，1 组共 3 支温度计，在管内分布同上。

观测频次：仪埋后读取数据，7d 内每天 3 次，直到最高温度出现或下一仓覆盖混凝土，若现场监理需要继续观测时，将钢管及电缆引至下一仓，7d 后至 1 月内每天观测 1 次。

对于一次、二次冷却通水期间的监测，利用坝体内已经埋设的温度观测仪器，按照 3d 观测 1 次，与冷却通水的进、出水温的推算比较，确定内部温度的变化情况，适时结束通水，并将冷却通水的最终闷温结果与观测数据比较，确定闷温结果的可靠性；另外通过测缝计观测缝面张开度，亦可作为后期通水的效果分析依据。

每周提交一次温度测量报告，报送监理工程师，该报告内容包括（但不限于）：混凝土浇筑温度，混凝土内部温度，每条冷却水管的冷却水流量、流向、压力、入口温度和出口温度。当要测量最终的混凝土平均温度时，可以先停止一条冷却水管中的循环水流动 96h，然后测量该水管中的水温即为要测量的混凝土的平均温度。

保温层温度观测：选择有代表性的部位进行保温层内、保温层外的温度观测和测点风速观测（部位、数量视实际情况由设计监理确定），同一部位测温点不少于 2 个点，测温部位要少受外界干扰，保温层环境要稳定。观测频次每天 1 次，每个月各选 2～3d 每小时观测 1 次。进行保温层内外温度的比较，以了解保温效果。观测仪器应采用电子自动类温度计。

温度量测过程中，发现超出温控标准的情况，要及时报告给监理工程师。

11.2.3.7 加强温控管理力度，确保措施实施效果

（1）建立健全质量管理体系。坚持"百年大计，质量第一""质量一票否决权""质量重奖重罚"的原则，严格按照 ISO9001：2008 质量保证体系组织施工，在混凝土施工期间，继续完善本身的质量体系，认真落实各项质量控制过程，通过贯彻、教育，不断增强职工的责任感、使命感，以确保质量体系持续有效地运行。

（2）高温季节混凝土施工质量控制。拌和系统按照混凝土的强度要求，确保骨料预冷所达到的温度，制冷系统保证风、制冷水和冰的数量和质量，严格控制出机口温度。

严格控制混凝土浇筑温度，尽量避开白天高温时段，多安排夜间低温时段浇筑。加大混凝土入仓强度，并采用铺设隔热被、喷雾等措施，防止仓面混凝土温度回升。

仓面配备适当人数，浇筑时采用边浇筑边覆盖的办法，当浇筑新混凝土时揭开隔热被，待振捣完后再盖上，直到收仓为止。

（3）低温季节混凝土施工质量控制。按要求做好防寒保温工作，在上下游面设永久性保温；对各孔洞进出口进行封堵，防止空气对流；对新浇混凝土及时铺设层面保温材料。

仓库里备足够的保温材料，以防寒潮或气温骤降时混凝土顶侧面的保温需要。

避免早龄期混凝土在低温时段拆模，否则拆模后立即进行保温。

（4）冷却通水。成立专门班子负责冷却通水的管理，通水资料实行日、周报制，以便及时发现问题、处理问题，确保初、中、后期通水冷却质量，每期通水在未达到设计要求的坝体温度之前，要保证不间断通水，一旦达到设计规定的坝体稳定温度，及时停止通水。

（5）成立温控领导小组，由项目部生产经理挂帅，不定期对温控措施的实施情况进行检查，奖优罚劣。

12 面板坝混凝土温控与防裂

12.1 面板坝的温控特点

12.1.1 面板堆石坝的结构形式

面板堆石坝由防渗混凝土面板和大坝土石方填筑料组成，其大坝断面结构形式从上游向下游分为上游压重区、砾石土铺盖区、石粉铺盖区、混凝土防渗面板、垫层区、过渡区、堆石区（河床覆盖层开挖利用料填筑区）及坝脚压重区。面板堆石坝的结构见图 12-1。

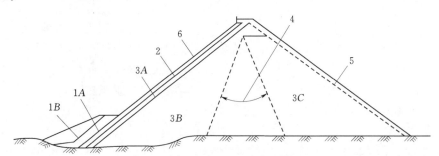

图 12-1 典型面板堆石坝结构图

1A—上游铺盖区；1B—压重区；2—垫层区；3A—过渡区；3B—主堆石区；3C—下游堆石区；
4—主堆石区和下游堆石区的可变界限；5—下游护坡；6—湿凝土面板

从图 12-1 中可以看出，面板堆石坝的混凝土部分主要为面板混凝土，一般情况下还有趾板混凝土，其他混凝土主要是小体积混凝土。其中趾板可以是建在基岩或者是建在砂砾石的建基面上，面板建在土石料基础上，底部与趾板衔接。

12.1.2 面板堆石坝的温控特点

从面板堆石坝的混凝土面板结构特点和《面板堆石坝设计规范》（DL/T 5016—1999）中的要求而言，可以知道面板堆石坝混凝土温控具备以下几个特点：

（1）面板为薄块结构。面板为薄块结构，其厚度计算式为：面板的顶部厚度宜取 0.30m，并向底部逐渐增加，在相应高度处的厚度可按式（12-1）确定：

$$t=0.30+(0.002\sim0.0035)H \tag{12-1}$$

式中 t——面板厚度，m；

H——计算断面至面板顶部的垂直距离，m。

中低坝可采用 0.3～0.4m 等厚面板。

根据计算式（12-1），对于高 200m 的面板堆石坝，基础板厚度有 1.0m，面板分块的宽度一般在 10m 左右。因此，面板为薄层结构，对抗裂的要求高。

（2）高温季节需要控制最高温度。堆石坝面板为薄层结构，内部温度散热快，多数大坝都是安排在低温季节浇筑，内部热量容易通过表面和底部散发出去，能够满足混凝土的温控指标要求，所以采用自然拌和浇筑。

但由于堆石坝面板为二级配混凝土，采用溜槽入仓浇筑，混凝土的胶泥材料含量较高，水化热温升大，在高温季节浇筑时，亦需要控制内部最高温度，避免内外温差造成面板裂缝。

混凝土的温度控制措施主要为控制出机口温度、浇筑温度，以及防止表面干裂。

（3）低温季节施工防止寒潮。由于面板堆石坝的防渗面板一般安排在低温季节浇筑，容易受寒潮冲击。因此，在浇筑过程中和浇筑后，应对新浇筑的混凝土进行保温。

12.2 面板坝的温控措施

面板堆石坝混凝土面板产生裂缝的主要原因有两种，一是由坝体不均匀性变形引起的结构性裂缝；二是由混凝土干缩或温度变化引起的非结构性裂缝，温控与防裂措施主要针对这两种裂缝原因制定。

12.2.1 面板建基面平顺，改善受力条件

提高堆石坝体的碾压质量，预留堆石坝的预沉降时间，垫层过渡层与相邻的主堆石区的填筑应按照平起填筑均衡上升的原则施工。当采用碾压砂浆或喷射混凝土作垫层料的固坡保护时，其 28d 抗压强度应控制在 5MPa 左右，以减少面板建基面的约束。

混凝土面板建基面应平整，不应存在过大起伏差、局部深坑或尖角，侧模应平直。

12.2.2 优化混凝土配合比，提高混凝土的抗裂能力

混凝土施工中采取有效措施优化混凝土配合比，保证混凝土所必需的极限拉伸值（或抗拉强度）、施工匀质性指标及强度保证率。在施工过程中强化施工管理，严格工艺，保证施工匀质性和强度保证率达到设计要求，改善混凝土抗裂性能，提高混凝土抗裂能力。采用高效复合型外加剂，增强混凝土的耐久性、抗渗性和抗裂性。采用聚丙烯晴纤维提高混凝土抗拉强度、极限拉升伸值。

12.2.3 选择合理的浇筑时间，控制混凝土浇筑温度

尽可能将面板安排在低温季节浇筑，如需要在高温季节浇筑，通过控制出机口温度和浇筑温度，拌和楼采用加冰和加冷水拌和混凝土，运输过程中减少混凝土的转运次数，浇筑过程中，高温时段溜槽处设置遮阳装置，以尽可能减少温度回升。

高温季节浇筑时，浇筑仓内加强振捣的力量，尽快将入仓的混凝土振捣密实，并对浇筑好的混凝土表面，采用喷雾湿润，减少混凝土表面的干裂。

12.2.4 控制混凝土浇筑的连续性、均匀性，防止浇筑中断和出现冷缝

在混凝土浇筑前，注意收集气象资料，防止浇筑过程中遇到降雨或其他影响正常浇筑

的气象出现，并确保拌和系统、运输工具的完好性，具备连续生产的条件，仓面的浇筑人员到位、设备齐全。

施工中一旦出现不可预测的事情必须中断施工，应及时将已经入仓的混凝土按照振捣密实，并按照施工缝面进行处理。

12.2.5　及时覆盖保温被，减少内外温差

低温季节浇筑时，对于已经终凝的混凝土表面，及时覆盖保温被，防止昼夜温差和寒潮冲击导致表面裂缝；当日平均温度低于−5℃，应暂停浇筑混凝土，或者搭设暖棚浇筑混凝土。

12.2.6　做好养护、保护，防止裂缝产生

面板混凝土出模后及时覆盖保温保湿，进行不间断的潮湿养护，防止暴晒、防大风、防寒潮袭击，防养护水冷击，采用洒水养护的方式，养护时间直到水库蓄水或者不少于90d。

高温季节浇筑的混凝土，在进入低温季节前，对混凝土表面进行覆盖保温，低温季节浇筑时，及时对表面进行保温，保温时间至蓄水为止。

13 工程实例

13.1　三峡水利枢纽工程三期厂房坝段工程

13.1.1　工程概况

13.1.1.1　工程简介

三峡水利枢纽工程由大坝、水电站厂房、通航建筑物和茅坪溪防护大坝等建筑物组成。大坝为混凝土重力坝，坝顶长度 2309.50m，坝顶高程 185.00m，最大坝高 181m。泄洪坝段居河床中部，两侧为厂房坝段和非溢流坝段。泄洪坝段设有 22 个表孔，23 个深孔和 22 个导流底孔（导流底孔在水库初期 156m 蓄水位运行时封堵完成）。泄洪坝段左侧的左导墙坝段和右侧的纵向围堰坝段各设 1 个泄洪排漂孔，右岸非溢流坝段设 1 个排漂孔。左岸厂房坝段设 2 个排沙孔，左岸非溢流坝段设 1 个排沙孔；右岸厂房坝段设 4 个排沙孔。

三期工程右岸大坝自左至右包括右岸排沙孔坝段（简称右厂排坝段）、右岸 15～20 号厂房坝段（简称右厂 15～20 号坝段）、右岸Ⅲ号安装场坝段（简称右安Ⅲ坝段）、右岸 21～26 号厂房坝段（简称右厂 21～26 号坝段）、右岸 1～7 号非溢流坝段（简称右非 1～7 号坝段），右岸大坝总长 665m，最低建基面高程 30.00m，最大坝高 155m，最大坝底宽度 118m。

三期工程右岸大坝为混凝土重力坝，坝顶高程 185.00m，坝顶实体宽度 16m，在坝前高程 171.30m 以上设有牛腿，作为坝顶门机轨道支撑基础，其余部位为铅直面，下游为斜坡面，右厂坝段坡比为 1：0.72，右非坝段坡比为 1：0.65，折坡点高程 162.78m，折坡处以圆弧连接，圆弧半径 12m，在坝后高程 150.28m 以上设有坝后公路桥墩支墩。

右厂坝段分为实体坝段和钢管坝段，实体坝段宽 13.3m，钢管坝段宽 25m，每个坝段设 2 条纵缝❶，其中右厂 15 号～右安Ⅲ坝段坝宽 38.3m，右厂 26 号坝段坝宽 49.4m❷，水电站引水压力管道布置在厂房坝段的钢管坝段，共布置 12 条，钢管直径 12.4m，由坝内埋管段、上弯段、斜直段、下弯段和下平段组成，在桩号 20＋035.00m 上游为坝内埋管段，下游为坝后背管，待金属结构安装完成后，需进行二期回填。进水口孔口尺寸 9.2m×13.2m，中心线高程 114.500m。

---

❶　右厂 24～26 号实体坝段还设有一条永久缝。

❷　右厂 26～2 号坝段坝宽 24.4m，在该坝段布置有 7 号排沙孔及大坝 7 号电梯井。

右厂排沙孔坝段轴线长16m，在高程75.00m处布置一个直径5m的排沙孔，其余为混凝土实体结构，上下游方向分为三块，第一条纵缝为20＋031.0，第二条纵缝为20＋075.0。

右厂26－2号坝段—右安Ⅲ坝段坝前布置有拦污栅，右厂26～24号坝段坝踵部位设有齿槽，上游面高程108.00m以下伸出17.5m支撑拦污栅；右厂23号～右安Ⅲ坝段在上游面高程98.00m以下伸出12.5m牛腿用以支承拦污栅墩。

右安Ⅲ坝段布置了两个排沙孔（5号、6号排沙孔），排沙孔底坎高程为75.00m，右厂26－2号坝段（7号排沙孔）排沙孔底坎高程90.00m，孔口尺寸均为5m×7.63m，每个排沙底孔后均接有1条直径5.0m的排沙底孔钢衬砌。

右非1～7号坝段单个坝段坝宽20m，在右非1号坝段布置有3号排漂孔，孔口尺寸7.0m×12.676m，该排漂孔为1孔两门结构，工作门为弧形闸门，弧门尺寸为7.0m×13.96m，弧面半径20m，事故检修闸门位于弧形工作门之前，排漂孔过流面为现浇混凝土结构。

各典型坝段剖面见图13－1，混凝土分区标号及指标见表13－1。

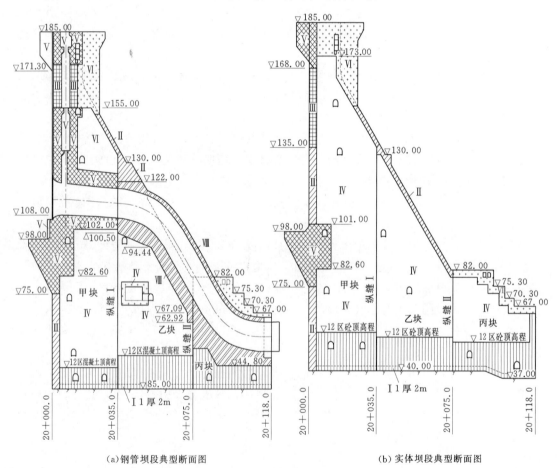

(a)钢管坝段典型断面图 　　　　　(b)实体坝段典型断面图

图13－1（一）　各典型坝段剖面图

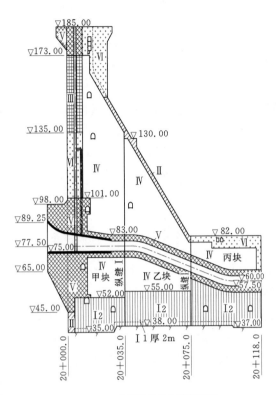

(c)右厂排坝段典型断面图

图 13-1（二） 各典型坝段剖面图

表 13-1 混凝土分区标号及指标表

编号	部位		图例	混凝土标号	龄期/d	抗冻	抗渗	抗侵蚀
I	基础底层混凝土（厚2m）			200	90	D150	S10	√
	基础混凝土			200	90	D150	S10	
II	外部混凝土	水上、水下		200	90	D250	S10	
III		水位变化区		250	90	D250	S10	
IV	坝内混凝土			150	90	D100	S10	
V	结构混凝土1			300	90	D250	S10	
VI	结构混凝土2			250	90	D250	S10	
VII	抗冲磨混凝土			400	28	D250	S10	√
VIII	压力管道外包混凝土			250	28	D250	S10	

注 √表示有抗侵蚀要求。

13.1.1.2 混凝土生产系统

右岸厂坝标段混凝土主要由右岸高程 150.00m 混凝土拌和系统供应，部分由高程 84.00m 混凝土生产系统供应。

右岸高程 150.00m 混凝土拌和系统布置于大坝右岸白岩尖下游上坝公路左侧高程 150.00m 和高程 182.00m 平台，距坝轴线 250m。承担三峡水利枢纽工程右岸大坝主体工程、三期碾压混凝土围堰提供混凝土，向高架门机及塔（顶）带机供料。

系统配置 2 座 4×4.5m³ 混凝土搅拌楼，1 号拌和楼为郑州水工厂制造，2 号拌和楼为意大利 CIFA 公司制造。1 号楼主要向 1B 标供应混凝土，2 号拌和楼主要向 1A 标供应混凝土。常态混凝土生产能力为 640m³/h，7℃预冷混凝土生产能力为 500m³/h。系统主要由搅拌楼、粗骨料受料坑、粗骨料储运系统、砂受料坑、砂储运系统、胶凝材料储运系统、骨料称量系统、粗骨料二次冲洗脱水筛分车间、粗骨料一次风冷调节料仓及车间、外加剂车间、制冷系统、空压站、给排水系统、污水处理系统、供配电、控制系统及其辅助设施等组成。

高程 150.00m 拌和系统于 2002 年 9 月 30 日常温混凝土投产，2002 年 10 月 31 日预冷混凝土投产。1 号拌和楼于 2006 年 1 月拆除，2 号楼于 2005 年 12 月底拆除。拌和系统拆除后，混凝土由高程 84.00m 拌和系统供应。

高程 84.00m 混凝土生产系统位于右岸坝轴线下游西陵大道与上坝公路夹角处，拌和楼地面高程 84.00m，距坝轴线约 1km。高程 84.00m 混凝土生产系统配置 2 座 4×3m³ 拌和楼。

各系统的配置及生产能力见表 13-2。

表 13-2　　　　　　　　　各系统的配置及生产能力表

名　称		高程 150.00m 系统	高程 84.00m 系统
拌和楼配置		2 座 4×4.5m³	2 座 4×3m³
生产能力 （7℃ 或 14℃）	常态混凝土	2×320m³/h	2×240m³/h
	低温混凝土	2×250m³/h	2×180m³/h

13.1.1.3 施工情况及完成的工程量

2005 年完成 118.8 万 m³，月平均强度 9.90 万 m³，月最高强度 12.5 万 m³；2006 年完成 19.8 万 m³，月平均强度 1.65 万 m³，月最高强度 5.2 万 m³。

2005 年 4—11 月共浇筑预冷混凝土 1129 仓，完成混凝土 78.2 万 m³。塔顶带机浇筑强度：单口供料一般为 65～80m³/h，双口供料一般为 80～120m³/h。2006 年 4—11 月共浇筑预冷混凝土 193 仓，完成混凝土 5.7 万 m³。

13.1.1.4 施工设备布置及混凝土运输

（1）三期厂房坝段布置的大型施工机械共有 16 台套，其中 TC2400 型塔带机及其供料线 2 台套、MD2200 型顶带机及其供料线 2 台套、MQ6000 型门机 1 台、MQ2000 型门机 2 台、SDTQ1800 门机 2 台、SDMQ1260 型门机 1 台、MQ900 型门机 1 台、MQ600 型门机 1 台、H3/36B 塔机 1 台、KROLL（K1800）塔机 1 台、CC200-24 胎带机 2 台。

混凝土施工以塔（顶）带机为主、胎带机、门机为辅的施工方案。

（2）初期制冷水厂设在坝前高程140.00m平台上，共有三台制冷机组，铭牌生产能力共150m³/h，实际供水能力100m³/h，供应冷水温度6～8℃。

13.1.1.5　混凝土温控特点

（1）厂房坝段最大年浇筑强度为278.3万m³。混凝土施工强度高、仓面面积大，大坝温控难度较大。

（2）混凝土采用花岗岩人工骨料，骨料表面粗糙，混凝土用水量高，造成水泥用量增多，温控难度大。

（3）三峡水利枢纽三期工程采用以塔带机为主其他手段为辅的混凝土浇筑施工方案，供料线较长，最长达1100m，气温对混凝土温度影响较大，混凝土温度回升大。

（4）大坝混凝土暴露面大，坝址气温骤降频繁，混凝土表面产生裂缝风险大。

（5）大坝墩墙混凝土标号高、级配小、胶凝材料用量大，混凝土内部水化热温升较高，温控难度大。

13.1.2　混凝土温控设计标准

（1）混凝土主要技术指标。右岸大坝工程混凝土设计标号及主要技术指标见表13－3。

表13－3　　　　　　　　右岸大坝工程混凝土设计标号及主要技术指标表

序号	混凝土标号	级配	抗冻	抗渗	限制最大水胶比	极限拉伸值/$\times 10^{-4}$		最大粉煤灰掺量/%	使用部位
						28d	90d		
1	$R_{90}200$	三	D_{150}	S_{10}	0.55	≥0.85	≥0.88	30	基岩2m范围内，要求抗侵蚀
2	$R_{90}200$	四	D_{150}	S_{10}	0.55	≥0.85	≥0.88	30～35	基础约束区及填塘混凝土，要求抗侵蚀
3	$R_{90}150$	四	D_{100}	S_8	0.60	≥0.70	≥0.75	40	内部
4	$R_{90}200$	三、四	D_{250}	S_{10}	0.50	≥0.85	≥0.88	25	上游面水上、水下外部，下游面高程82.00m以下外部
5	$R_{90}200$	三、四	D_{250}	S_{10}	0.50	≥0.80	≥0.85	25	下游面高程82.00m以上外部
6	$R_{90}250$	三、四	D_{250}	S_{10}	0.45	≥0.85	≥0.88	20	水位变化区外部、公路桥墩
7	$R_{28}250$	二	D_{250}	S_{10}	0.45	≥0.85		20	电梯井现浇混凝土、拦污栅墩
8	$R_{28}300$ $R_{90}300$	一、二、三	D_{250}	S_{10}	0.45	≥0.85		20	孔口周边、胸墙、牛腿等结构混凝土（二级、三级配），公路铺装层现浇混凝土（一级配）
9	$R_{28}400$ $R_{90}400$	二	D_{250}	S_{10}	0.38	≥0.90		10～15	排沙孔、排漂孔抗冲磨部位，要求抗冲磨
10	$R_{28}500$ （C50）	二	D_{250}		0.35				坝顶预应力预制门机梁
11	$R_{28}250$ $R_{28}300$	二、三	D_{250}	S_{10}	0.50				预制混凝土

序号	混凝土标号	级配	抗冻	抗渗	限制最大水胶比	极限拉伸值/×10⁻⁴ 28d	极限拉伸值/×10⁻⁴ 90d	最大粉煤灰掺量/%	使用部位
12	R₂₈250 R₂₈300 R₂₈350 R₂₈400	二	D₂₅₀	S₁₀	0.5 0.45 0.45 0.4	≥0.85 ≥0.85 ≥0.85 ≥0.90		20 20 20 10	二期混凝土
13	R₂₈250	二	D₂₅₀	S₁₀	0.5	≥0.85		20	压力钢管坝后背管段外包混凝土
14	CF50	二			0.4				门机轨道二期混凝土
15	CF40	一			0.4				坝顶路面铺装层及门槽轨道二期混凝土（钢纤维混凝土）

注 1. 大坝基础及内部混凝土廊道周边等布设钢筋部位采用三级配混凝土，并缝廊道周边布设钢筋部位采用二级配混凝土。

2. 建基面顺流向开挖高差大于 5m 时，采用填塘混凝土。

3. 表中序号 1 项、2 项、4 项、6 项中混凝土的极限拉伸值，要求相应级配及标号与之相适应。

（2）大坝混凝土设计允许最高温度设计见表 13-4，大坝混凝土浇筑温度设计标准见表 13-5。

表 13-4　　　　　**大坝混凝土设计允许最高温度统计表**　　　　单位：℃

部　位	区域	月　份 12月至次年2月	3、11	4、10	5、9	6—8
右厂排、右安Ⅲ坝段第一仓 右厂15～23号坝段第一仓、二仓	基础强约束区	24	27	31	32	32
	基础弱约束区	24	27	31	34	34
	脱离基础约束区	24	27	31	34	36～37
右厂排、右安Ⅲ坝段第二仓、三仓 右厂15～23号坝段第三仓	基础强约束区	24	27	31	31	31
	基础弱约束区	24	27	31	33	33
	脱离基础约束区	24	27	31	33	36～37

表 13-5　　　　　　**大坝混凝土浇筑温度设计标准**　　　　单位：℃

部　位	区　域	月　份 4—10	3、11	12月至次年2月
右厂排～右厂20坝段	基础约束区	14～16	12～14	自然入仓
	非基础约束区	11月至次年3月	4～10	
		自然入仓	16～18	
	抗冲耐磨混凝土	3～11	12月至次年2月	
		12～14	自然入仓	
	二期混凝土	11月至次年3月	4～10	
		自然入仓	16～18	

根据《关于三峡工程高标号部位混凝土温控补充技术要求》[长三峡局施4字（2005）第08号]的要求，为了便于现场控制，分季节控制混凝土最高温度标准。12月至次年2月25～27℃；3月、11月28～30℃；4月、10月32～34℃；5月、9月35～37℃；6—8月38～40℃。适用范围：大坝R_{90}250号及以上、厂房R_{28}250号及以上标号的混凝土。

13.1.3 主要温控措施

13.1.3.1 优化混凝土配合比

（1）大坝混凝土配合比设计要满足以下要求：①混凝土极限拉伸值温控：混凝土重力坝设计规范中规定基础允许温度是以28d龄期极限拉伸值小于$0.85×10^{-4}$为依据制定的，三峡水利枢纽工程大坝基础允许温差是以90d龄期极限拉伸值小于$0.85×10^{-4}$为条件，确定28d极限拉伸值小于$0.80×10^{-4}$；②混凝土用水量控制：用水量高则造成水泥用量增多，温控难度大，并影响混凝土性能。因此，必须采取措施降低混凝土用水量；③混凝土工作性能控制：为满足大坝工程高强度大仓面施工特点，要求混凝土具有良好的工作性，便于振捣密实；④混凝土温控：大体积混凝土温控极为重要，必须尽可能减少温升并提高混凝土本身的抗裂能力；⑤混凝土耐久性控制。

为解决上述问题，在三峡水利枢纽工程大坝混凝土配合比设计中，采取了如下技术措施：选用Ⅰ级粉煤灰，用以减水、提高工作性、节约水泥、降低温升、减少干缩、改善混凝土性能；选用具有微膨胀性质的中热525水泥，将MgO含量适当提高，利用其膨胀来补偿混凝土降温阶段体积收缩，以减少裂缝；选用减水率大于18%的超高效减水剂，这是降低人工骨料混凝土用水量的一个重要措施；掺用引气剂提高混凝土抗冻耐久性。同时，也能减水和改善混凝土工作性。

通过选用Ⅰ粉煤灰、优质高效减水剂和引气剂联掺技术，综合减水率高达30%以上，最大限度地降低了混凝土用水量，成功地解决了三峡水利枢纽工程人工骨料混凝土用水量高的难题，使四级配混凝土用水量由原来的111kg/m³降到85kg/m³，为配制高性能大坝混凝土奠定了基础。

2003年9月根据混凝土生产中抽检结果和室内优化试验成果对施工配合比进行了调整，减少砂率和用水量。随着混凝土浇筑高峰期的渐渐过去，为方便混凝土生产调配和施工管理，2005年12月采用三期工程统一的混凝土施工配合比。此后，为减少仓面浮浆，减轻泌水，以及满足施工工艺需要，对个别配合比进行了优化调整，陆续增加使用低热水泥、第三代减水剂来更好地满足以及提高混凝土质量、降低水化热温升、方便施工的要求。

右厂坝段施工使用配合比见本章附表1。

（2）低热水泥的应用。三峡水利枢纽工程大坝钢管坝段管槽外包混凝土以及厂房蜗壳二期混凝土需在高温季节浇筑R_{28}250泵送混凝土，若使用中热水泥和萘系减水剂，水泥用量达273kg/m³，混凝土最高温度将超过设计标准，为了降低水泥用量，减少水化热温升，使用了低热水泥和高效减水剂。

钢管坝段管槽低热混凝土主要采用泵送、门机或相互辅助浇筑方式，浇筑时段为2005年5—8月，共浇筑18个仓，共计1.9万m³混凝土。

附表 1

混凝土施工使用配合比表

统计时段/(年-月)	工程部位	混凝土设计指标	水胶比	粉煤灰掺量/%	级配	砂率/%	用水量/(kg/m³)	胶材用量/(kg/m³) 水泥	粉煤灰	总量	减水剂品种及掺量/%	引气剂品种及掺量/(1/万)	坍落(扩散)度/cm	含气量/%
2003-9—12	大体积内部混凝土	C90 15F100W8	0.55	40	二	36	119	130	87	217	JG3 或 ZB-1A0.6	DH9 0.50	5~7	
				40	三	32	96	105	70	175	JG3 或 ZB-1A0.6	DH9 0.50	3~5	
				40	四	28	86	94	63	157	JG3 或 ZB-1A0.6	DH9 0.50	3~5	
	基础混凝土、水土及水下外部混凝土	C90 20F150W10	0.50	35	二	35	121	157	85	242	JG3 或 ZB-1A0.6	DH9 0.50	5~7	
				35	三	31	98	127	69	196	JG3 或 ZB-1A0.6	DH9 0.50	3~5	
				35	四	27	88	114	62	176	JG3 或 ZB-1A0.6	DH9 0.50	3~5	
	水位变化区外部混凝土	C90 20F250W10	0.50	30	二	35	120	168	72	240	JG3 或 ZB-1A0.6	DH9 0.40	5~7	
				30	三	31	99	139	59	198	JG3 或 ZB-1A0.6	DH9 0.40	3~5	
				30	四	27	89	125	53	178	JG3 或 ZB-1A0.6	DH9 0.40	3~5	4.5~5.5
		C90 25F250W10	0.45	30	一	34	120	187	80	267	JG3 或 ZB-1A0.6	DH9 0.40	5~7	
				30	二	30	99	154	66	220	JG3 或 ZB-1A0.6	DH9 0.40	3~5	
				30	三	26	89	139	59	198	JG3 或 ZB-1A0.6	DH9 0.40	3~5	
	拦污栅墩、压力钢管外包混凝土孔口周边及牛腿等结构混凝土	C90 30F250W10	0.45	20	一	40	140	249	62	311	JG3 或 ZB-1A0.6	DH9 0.40	7~9	
				20	二	34	121	215	54	269	JG3 或 ZB-1A0.6	DH9 0.40	5~7	
				20	三	30	101	180	45	225	JG3 或 ZB-1A0.6	DH9 0.40	3~5	
				20	四	26	91	162	40	202	JG3 或 ZB-1A0.6	DH9 0.40	3~5	
	抗冲磨混凝土	C90 40F250W10	0.37	20	二	32	128	277	69	346	JG3 或 ZB-1A0.6	DH9 0.4	3~5	
2003-9—12	拦污栅墩、压力钢管外包混凝土、孔口周边、胸墙、牛腿等结构混凝土	C25F250W8~W10	0.45	20	二	34	121	215	54	269	JG3 或 ZB-1A0.6	DH9 0.40	5~7	
				20	三	30	102	182	45	227	JG3 或 ZB-1A0.6	DH9 0.40	3~5	
				20	四	26	91	162	40	202	JG3 或 ZB-1A0.6	DH9 0.40	3~5	
		C25F250 W10	0.50	0	二	36	125	250	0	250	JG3 或 ZB-1A0.6	DH9 0.40	5~7	4.5~5.5
				0	三	31	105	210	0	210	JG3 或 ZB-1A0.6	DH9 0.40	3~5	

统计时段/（年-月）	工程部位	混凝土设计指标	水胶比	粉煤灰掺量/%	级配	砂率/%	用水量/(kg/m³)	胶材用量/(kg/m³) 水泥	粉煤灰	总量	减水剂品种及掺量/%	引气剂品种及掺量/(1/万)	坍落(扩散)度/cm	含气量/%
2003-9—12	拦污栅墩、压力钢管外包混凝土、孔口周边、胸墙、牛腿等结构混凝土	C30F250 W10	0.40	20	二	33	121	242	61	303	JG3或ZB-1A0.6	DH9 0.40	5~7	
		C30F250 W10		20	三	29	102	204	51	255	JG3或ZB-1A0.6	DH9 0.40	3~5	4.5~5.5
		C30F250 W10	0.45	0	二	35	125	278	0	278	JG3或ZB-1A0.6	DH9 0.40	5~7	
		C30F250 W10		0	三	30	105	233	0	233	JG3或ZB-1A0.6	DH9 0.40	3~5	
	抗冲磨混凝土	C35F250 W10	0.35	20	二	33	121	277	69	346	JG3或ZB-1A0.6	DH9 0.40	3~5	
		C40F250 W10	0.32	20	二	32	126	315	79	394	JG3或ZB-1A0.6	DH9 0.40	3~5	
2003-12—2005-1	大体积内部混凝土	C₉₀15F100W8	0.55	40	二	36	117	128	85	213	JM-ⅡC或ZB-1A0.6	AIR202 4.0	5~7	
				40	三	31	94	103	68	171	JM-ⅡC或ZB-1A0.6	AIR202 3.0	3~5	4.5~5.5
			0.50	45	四	27	83	91	75	166	JM-ⅡC或ZB-1A0.6	AIR202 3.0	3~5	
2003-12—2005-1	基础混凝土水下外部混凝土	C₉₀20F150W10	0.50	35	二	35	118	153	83	236	JM-ⅡC或ZB-1A0.6	AIR202 4.0	5~7	
		C₉₀20F250W10		35	三	30	95	124	67	191	JM-ⅡC或ZB-1A0.6	AIR202 3.0	3~5	4.5~5.5
				35	四	27	87	113	61	174	JM-ⅡC或ZB-1A0.6	AIR202 3.0	3~5	
	水位变化区外部混凝土	C₉₀25F250W10	0.48	30	二	35	119	174	74	248	JM-ⅡC或ZB-1A0.6	AIR202 4.0	5~7	
				30	三	30	96	140	60	200	JM-ⅡC或ZB-1A0.6	AIR202 3.0	3~5	
				30	四	27	88	128	55	183	JM-ⅡC或ZB-1A0.6	AIR202 3.0	3~5	
2003-12—2005-1	拦污栅墩、压力钢管外包混凝土、孔口周边、牛腿等结构混凝土	C25F250W8	0.45	20	一	38	140	249	62	311	JM-ⅡC或ZB-1A0.6	AIR202 4.0	7~9	
		C25F250W10		20	二	33	121	215	54	269	JM-ⅡC或ZB-1A0.6	AIR202 4.0	5~7	
				20	三	28	98	174	34	208	JM-ⅡC或ZB-1A0.6	AIR202 3.0	3~5	
				20	四	25	88	156	39	195	JM-ⅡC或ZB-1A0.6	AIR202 3.0	3~5	
		C30F250W10	0.41	20	一	37	140	273	68	341	JM-ⅡC或ZB-1A0.6	AIR202 4.0	7~9	
				20	二	32	121	236	59	295	JM-ⅡC或ZB-1A0.6	AIR202 4.0	5~7	4.5~5.5
				20	三	27	98	191	48	239	JM-ⅡC或ZB-1A0.6	AIR202 3.0	3~5	

续表

统计时段/(年-月)	工程部位	混凝土设计指标	水胶比	粉煤灰掺量/%	级配	砂率/%	用水量/(kg/m³)	胶材用量/(kg/m³)			减水剂品种及掺量/%	引气剂品种及掺量/(1/万)	坍落(扩散)度/cm	含气量/%
								水泥	粉煤灰	总量				
2003-12—2005-1	蜗壳底部二期泵送混凝土	C25F250W10	0.43	20	一	44	155	288	72	360	JM-IIC或ZB-1A0.6	AIR202 4.0	16~20	3.5~4.5
				20	二	41	140	260	65	325	JM-IIC或ZB-1A0.6	AIR202 4.0	16~20	
	抗冲磨混凝土	C35F250W10 C_{90}40F250W10	0.37	20	一	37	141	305	76	381	JM-IIC或ZB-1A0.6	AIR202 4.0	7~9	4.5~5.5
				20	二	32	124	268	67	335	JM-IIC或ZB-1A0.6	AIR202 4.0	5~7	
				20	二	33	107	231	58	289	X404 0.6	AIR202 4.0	3~5	
				20	三	27	100	216	54	270	JM-IIC或ZB-1A0.6	AIR202 3.0	3~5	
				20	三	28	94	203	51	254	X404 0.6	AIR202 3.0	3~5	
		C40F250W10	0.33	20	一	36	145	352	88	440	JM-IIC或ZB-1A0.6	AIR202 4.0	7~9	
				20	二	31	129	313	78	391	JM-IIC或ZB-1A0.6	AIR202 4.0	5~7	
				20	二	32	107	259	65	324	JM-IIC或ZB-1A0.6	AIR202 4.0	3~5	
	富浆混凝土	C_{90}15F100W8	0.55	40	三	34	99	108	72	180	JM-IIC或ZB-1A0.6	AIR202 3.0	5~7	4.5~5.5
		C_{90}20F150/F250W10	0.50	35	三	33	100	130	70	200	JM-IIC或ZB-1A0.6	AIR202 3.0	5~7	
		C_{90}25F250W10	0.48	30	三	33	101	147	63	210	JM-IIC或ZB-1A0.6	AIR202 3.0	5~7	
		C_{90}30F250W10	0.45	20	三	31	103	183	46	229	JM-IIC或ZB-1A0.6	AIR202 3.0	5~7	
		C30F250W10	0.41	20	三	30	103	201	50	251	JM-IIC或ZB-1A0.6	AIR202 3.0	5~7	
	右厂排沙孔	C_{90}30F250W10	0.45	20	二	28	106	189	47	236	JM-IIC或ZB-1A0.6	AIR202 3.0	7~9	4.5~5.5
				20	二	33	127	226	56	282	JM-IIC或ZB-1A0.6	AIR202 3.0	7~9	
2005-1—12	拦污栅墩、压力钢管外包混凝土	C_{90}30F250W10	0.48	20	三	35	118	196	49	245	JM-IIC或ZB-1A0.7	AIR202 2.5	5~7	4.5~5.5
				20	四	30	95	158	40	198	JM-IIC或ZB-1A0.7	AIR202 2.5	3~5	
				20	四	27	87	145	36	181	JM-IIC或ZB-1A0.7	AIR202 2.5	3~5	

统计时段/(年-月)	工程部位	混凝土设计指标	水胶比	粉煤灰掺量/%	级配	砂率/%	用水量/(kg/m³)	胶材用量/(kg/m³)			减水剂品种及掺量/%	引气剂品种及掺量/(1/万)	坍落(扩散)度/cm	含气量/%
								水泥	粉煤灰	总量				
2005-1—12	拦污栅墩、压力钢管外包混凝土	C_{90}30F250W10（坍落度调整）	0.48	20	一	38	140	233	58	291	JM-ⅡC或ZB-1A0.7	AIR202 2.5	7~9	4.5~5.5
				20	二	35	121	202	50	252	JM-ⅡC或ZB-1A0.7	AIR202 2.5	7~9	
			0.43	20	三	30	98	163	41	204	JM-ⅡC或ZB-1A0.7	AIR202 2.5	5~7	
	搅拌车料	C25F250W10	0.45	20	二	44	147	273	68	341	JM-ⅡC或ZB-1A0.8	AIR202 1.0	16~18	4.5~
				20	二	33	130	231	58	289	JM-ⅡC或ZB-1A0.6	AIR202 2.0	10~12	3.5~
2005-5—12	钢管槽部位泵送混凝土	C25F250W10（低热42.5）	0.43	25	二	43	138	241	80	321	JM-PCA0.8	AIR202 0.5	16~20	3.5~4.5
			0.45	25	二	43	138	230	77	307	JM-PCA0.8	AIR202 0.5	16~20	
2005-5—12	搅拌车料	C25F250W10	0.45	20	一	33	130	231	58	289	JM-ⅡC0.6	AIR202 2.0	10~12	4.5~5.5
		C30F250W10	0.41	20	一	32	133	259	65	324	JM-ⅡC0.6	AIR202 2.0	10~12	
	塔吊机筒回填混凝土	C20F100W8	0.48	30	二	36	135	197	84	281	JM-ⅡC0.6	AIR202 3.0	10~12	
2005-6—12	管槽外包混凝土	C25F250W10（低热42.5）	0.45	20	三	28	95	169	42	211	JM-PCA0.8	AIR202 2.0	3~5	
2005-6—12	压力钢管拦污栅混凝土、门槽二期混凝土	C25F250W10	0.43	20	三	41	138	257	64	321	JM-Ⅱ0.8	AIR202 1.0	16~20	3.5~4.5
		C30F250W10	0.37	20	二	43	145	314	78	392	JM-Ⅱ0.8	AIR202 1.0	16~20	
		R_{28}400F250W10	0.32	20	二	42	143	358	89	447	JM-Ⅱ0.8	AIR202 1.0	16~20	
2005-6—12	管槽外包混凝土	R_{28}250F250、W10（低热42.5）	0.45	20	二	33	116	206	52	258	JM-PCA0.8	AIR202 3.0	5~7	4.5~5.5
				20	二	33	119	211	53	264	JM-PCA0.8	AIR202 3.0	7~9	
				20	一	33	123	218	55	273	JM-PCA0.8	AIR202 3.0	10~12	
				20	三	28	99	176	44	220	JM-PCA0.8	AIR202 3.0	7~9	
2005-8—12	高程82.00m以下外包混凝土	R_{90}250F250W10	0.46	20	二	43	138	225	75	300	JM-PCA0.8	AIR202 1.5	16~18	3.5~4.5
		R_{90}250F250W10（低热42.5）	0.46	25	三	40	130	212	71	283	JM-PCA0.8	AIR202 1.5	16~18	

统计时段/(年-月)	工程部位	混凝土设计指标	水胶比	粉煤灰掺量/%	级配	砂率/%	用水量/(kg/m³)	胶材用量/(kg/m³) 水泥	粉煤灰	总量	减水剂品种及掺量/%	引气剂品种及掺量/(1/万)	坍落(扩散)度/cm	含气量/%
2005-8—12	高程82.00m以下外包混凝土	R₉₀250F250W10(低热42.5)	0.48	25	三	30	92	144	48	192	JM-PCA 0.8	AIR202 2.5	5~7	4.5~5.5
			0.48		三	30	95	148	49	197	JM-PCA 0.8	AIR202 2.5	7~9	
			0.48		三	30	99	155	52	207	JM-IIC 0.6	AIR202 1.5	5~7	
			0.48		三	30	102	159	53	212	JM-IIC 0.6	AIR202 1.5	7~9	
		R₂₈250F250W10(低热42.5)	0.45		三	40	130	217	72	289	JM-PCA 0.8	AIR202 1.5	16~18	3.5~4.5
		R₉₀250F250W10(中热42.5)	0.48		三	30	95	158	40	198	JM-PCA 0.8	AIR202 2.5	7~9	4.5~5.5
			0.48		二	35	125	208	52	260	JM-PCA 0.8	AIR202 2.5	12~14	
			0.48		二	43	138	230	58	288	JM-PCA 0.8	AIR202 1.5	16~18	
			0.48		三	40	130	217	54	271	JM-IIC 0.6	AIR202 1.5	16~18	3.5~4.5
			0.48		三	30	102	170	43	213	JM-IIC 0.6	AIR202 1.5	7~9	
			0.48		二	35	130	217	54	271	JM-IIC 0.6	AIR202 1.5	12~14	
2005-8—12	钢管槽外包混凝土(高程82.00m以上)等部位	R₉₀250F250W10(中热42.5)	0.45	20	二	33	120	213	53	266	JM-PCA 0.8	AIR202 2.5	10~12	4.5~5.5
			0.45		二	33	125	222	56	278	JM-PCA 0.8	AIR202 2.5	14~16	
			0.45		三	28	98	174	44	218	JM-PCA 0.8	AIR202 2.5	10~12	
			0.45		三	28	105	187	47	234	JM-PCA 0.8	AIR202 2.5	14~16	
		R₂₈250F250W10(中热42.5)	0.45		三	40	130	231	58	289	JM-IIC 0.6	AIR202 1.5	16~18	3.5~4.5
			0.45		三	33	128	228	57	285	JM-IIC 0.6	AIR202 1.5	10~12	
			0.45		三	33	130	231	58	289	JM-IIC 0.6	AIR202 1.5	14~16	
			0.45		三	28	108	192	48	240	JM-IIC 0.6	AIR202 1.5	10~12	4.5~5.5
			0.45		三	28	114	203	51	254	JM-IIC 0.6	AIR202 1.5	14~16	

统计时段/(年-月)	工程部位	混凝土设计指标	水胶比	粉煤灰掺量/%	级配	砂率/%	用水量/(kg/m³)	胶材用量/(kg/m³) 水泥	粉煤灰	总量	减水剂品种及掺量/%	引气剂品种及掺量/(1/万)	坍落(扩散)度/cm	含气量/%
2005-10—12	聚丙烯纤维混凝土	$C_{90}15F100W8$	0.50	45	四	27	88	97	79	176	JM-IIC 0.6	AIR202 2.0	5~7	
		C25F250W10	0.45	20	三	33	128	228	57	285	JM-IIC 0.6	AIR202 2.0	7~9	4.0~6.0
		$C_{90}25F250W10$	0.48	30	三	33	106	155	66	221	JM-IIC 0.6	AIR202 2.0	7~9	
2005-10—12	拦污栅	$R_{28}250F250W10$	0.45	20	三	28	103	183	46	229	JM-IIC 0.6	AIR202 2.5	5~7	
2005-10—12	压力钢管外包混凝土(高程82.00m以上)、钢管槽底部混凝土等	$R_{28}300F250W10$	0.37	20	二	43	145	314	78	392	JM-PCA 0.8	AIR202 1.0	16~20	
		$R_{28}400F250W10$	0.32	20	二	42	143	358	89	447	JM-PCA 0.8	AIR202 1.0	16~20	3.5~4.5
2005-11—12		$R_{28}250F250W10$	0.45	20	二	43	138	245	61	306	JM-PCA 0.8	AIR202 0.7	16~20	
2005-11—12	外包混凝土钢槽	C25F250W10	0.45	20	三	33	130	231	58	289	JM-IIC 0.6	AIR202 1.5	10~12	
2005-12	聚丙烯纤维混凝土	$C_{90}15F100W8$	0.50	45	四	32	98	108	88	196	JM-IIC 0.6	AIR202 1.0	7~9	
		$C_{90}25F250W10$	0.48	30	四	30	100	146	62	208	JM-IIC 0.6	AIR202 1.0	7~9	4.0~6.0
		$C_{90}30F250W10$	0.48	20	三	32	108	180	45	225	JM-IIC 0.6	AIR202 1.0	7~9	

混凝土浇筑强度：$25.6 \sim 43.3 \text{m}^3/\text{h}$，平均 $34.9 \text{m}^3/\text{h}$；

混凝土浇筑温度：抽测 288 个点，平均超温率 1.4%；

混凝土内部最高温度：监测 9 个仓，均未超温。最高温度 30.2℃，平均 28.4℃，平均富裕度 10.9℃。低热水泥在管槽应用的温控特征值统计成果见表 13-6。

表 13-6   低热水泥在管槽应用的温控特征值统计成果表

月份	浇筑仓次/仓	浇筑方量/m³	浇筑强度/(m³/h)			浇筑温度		最高温度					备注
			最大	最小	平均	抽检/点	超温率/%	测温仓次	检测/组	平均最高温度/℃	允许最高温度/℃	平均富裕度/℃	符合率/%	
5	5	4401	44.3	25.6	35.5	54	0	2	2	29.4	37	7.6	100	
6	5	6367	41.6	32.4	36.6	94	1.1	2	2	30.2	40	9.8	100	混凝土标号 C25
7	5	5111	41.2	29.0	34.9	85	3.5	2	2	27.8	40	12.2	100	
8	3	3426	34.3	29.1	31.1	55	0	3	3	26.7	40	13.3	100	
合计	18	19305	44.3	25.6	34.9	288	1.4	9	9	28.4	37~40	10.9	100	

13.1.3.2　出机口温控

三峡水利枢纽工程温控严格，主体建筑物基础约束区混凝土除冬季 12 月至次年 2 月采用自然入仓外，其他季节出机口温度不超过 7℃；脱离约束区混凝土除 11 月至次年 3 月采用自然入仓，其他季节塔带机浇筑时出机口温度控制为 7~9℃。为控制出机口温度，采用了二次风冷骨料—加片冰—加冷水拌和混凝土的施工工艺，即在调节料仓内一次风冷特大石、大石、中石、小石四级骨料，拌和楼料仓二次风冷特大石、大石、中石、小石四级骨料。

13.1.3.3　浇筑温控

三期工程主要采用塔带机浇筑混凝土，塔带机浇筑混凝土过程中的温控主要是防止拌和料在运输过程和浇筑过程中的温度回升，采取了遮阳、盖保温被（板）、喷雾等措施，保证浇筑温度达到了设计要求。

13.1.3.3.1　合理安排施工程序和施工进度

（1）高温季节合理安排仓位浇筑，严格按照混凝土间歇期备仓浇筑，尽量在低温时段安排设备浇筑混凝土、高温时段设备打杂。

（2）做好仓面设计，进一步优化仓内资源配置，并保证设备完好率。严格按照设计及监理相关文件要求控制混凝土每坯层的覆盖时间，确保混凝土及时覆盖。

（3）为了加快施工进度，重点做好备仓、供料、浇筑、收仓、转仓等环节的衔接工作，减少手段停歇时间。

13.1.3.3.2　运输温控

（1）供料线降温。使用塔带机浇筑时，混凝土直接从拌和楼经供料线运输入仓。由于三期工程供料线最长达 1100m，为减少预冷混凝土在运输途中的热量倒灌，采取了如下措施：① 对塔带机沿线的保温是在供料线及塔带机布料皮带桁架上覆盖一层铝合金遮阳板，遮阳板与桁架宽度一致，主要是保护皮带上混凝土不受阳光直射和防雨之用，并在每节皮带的反面安装一个冲洗水龙头，对皮带表面进行冲洗和降温；② 提高供料线的运输速度，加大入仓强度，缩短运输时间，增加皮带上的铺料厚度，减少运输过程的温度回升；③ 开仓前，皮带上温度较高，空载运行用冷水冲洗一段时间，待皮带温度降下来后，再正式运输混凝土。上述措施使供料线上的混凝土温度回升降低了 2℃。

（2）采用汽车运输时，合理安排汽车数量，一般每车装载量不少于 4.5m³。运输车辆安装遮阳棚，运输往返途中拉上遮阳棚，拌和楼停车处采用喷雾降温。

高温季节浇筑时汽车运输混凝土浇筑的仓位要防止压料产生并控制门机打杂，防止汽车内的预冷混凝土超温形成废料，保证混凝土快速入仓。

13.1.3.3.3 仓面降温

沿仓面布设喷雾管降低仓面环境温度，采取下列措施：

（1）先浇块喷雾管布设应充分利用仓号周围的模板围图，后浇块采用在老混凝土面的拉条头或定位锥孔钉木塞挂设喷雾管，原则上喷雾管挂设高于仓面不小于 4m，以延长雾化水蒸发时间。

（2）喷雾设施一般应配 20m³/h 以上产量的空压机或两台 9m³/h 的空压机，以保证喷雾效果满足降低仓面环境温度要求。

（3）后浇块仓位应沿喷雾管下方布设拦截槽，收集滴、漏水，以便有效排出仓外。先浇块仓位的喷雾管可考虑布设在横缝两侧的模板外侧。

通过喷雾，仓面小环境温度比气温低 5～6℃。

13.1.3.3.4 仓面保温

浇筑坯层振捣完毕后立即覆盖保温被隔热、保温和防晒。三期工程开始时采用厚 3cm 聚乙烯泡沫为内胆、防雨布为外套的专用保温被，其尺寸一般为 1.5m×2.0m，根据仓内布料情况人工及时转移铺盖，使用效果较好。由于防雨布易损伤，聚乙烯泡沫下雨时吸水，重量增加较多，操作不便，于是将外套改为防水布，内胆改成了厚 1.2cm 的橡塑，操作更为方便，也增加了可重复利用次数。实践表明，对面积较大的无钢筋或少钢筋坝块，可在实施大面积或全仓隔热保温的情况下，无需启用仓面喷雾等其他措施，即可确保浇筑温度不超温。仓面保温要注意保温被接头的搭接良好，除下料、振捣部位外的其他范围均应覆盖良好，无遗漏部位，并重点做好混凝土接头的覆盖保温，该措施对夏季防雨也十分有利。

13.1.3.3.5 仓面覆盖

高温季节混凝土浇筑时，应加快入仓强度减少接头覆盖时间，每坯层覆盖时间应尽量控制在 4h 以内，原则上尽量采用平浇法浇筑，并配备满足覆盖混凝土接头浇筑强度的振捣设备和人员。对于钢管坝段甲块根据现场实际情况可采用宽台阶法浇筑，台阶宽度不小于 5m，台阶须清晰。为了确保钢管坝段甲块高标号混凝土及管槽钢管周边高流态混凝土浇筑温度满足设计要求，混凝土浇筑应尽量避开高温时段，充分利用 16：00 至次日 10：00 的低温时段浇筑。高温时段开仓前，应提前 1h 对老混凝土面进行流水降温，以改善第一层混凝土浇筑环境。

13.1.3.4 加强冷却通水

13.1.3.4.1 冷却水管布置

大坝基础约束区从 3 月开始采用黑铁管通水冷却，4—10 月所有浇筑的混凝土采用黑铁管通水冷却。实体坝段：冷却水管按 1.5m×2.0m 布置，甲块上游 4m（防渗层）高标号区间距加密到 1.0m。钢管坝段：甲块高程 108.00～125.50m（127.50m），老混凝土面布一层铁管，间距 1m；中间加铺一层塑料管，间距 1m。甲块高程 125.50m（127.50m）以上，2m 升层时老混凝土铺一层铁管，间距 1.5m，上游 13m 范围高标号区水管间距 1m；3m 升层时在仓位中间加铺一层塑料管，间距 1m。

13.1.3.4.2　初期通水冷却

初期通水冷却旨在削减早期混凝土最高温度峰值。11 月上、中旬前通制冷水，在江水温度低于 16℃ 之后通江水冷却：①混凝土开仓后立即进行初期冷却通水，通水时间为 15～20d，流量为 18～25L/min，降温速度控制小于 1℃/d。②低标号混凝土通制冷水流量 18～25L/min，降温速度均控制小于 1℃/d。每 1～2d 交换一次进、出水口方向。③由于高标号混凝土及高流态混凝土胶凝材料用量较多，产生的水化热较高。混凝土最高温度富裕度较小（仅 2～3℃），为确保混凝土内部温度得到有效控制，以上混凝土浇筑仓号开仓即通制冷水进行初期冷却通水。前 4d 通水流量为 30～35L/min，然后改用小流量 18～20L/min 通水至设计要求。④制冷水主供水管道沿程必须用 7cm 厚橡塑绝热材料保温。

13.1.3.4.3　中期通水冷却

（1）按照文件要求：每年 9 月初开始对当年 5—8 月浇筑的大体积混凝土块、10 月初开始对当年 4 月及 9 月浇筑的大体积混凝土块、11 月初开始对当年 10 月浇筑的大体积混凝土块进行中期通水冷却，削减混凝土内外温差。

（2）中期通水采用通江水进行，单根水管流量 20～25L/min，通水时间 1.5～2.5 个月，以混凝土块体温度达到 20～22℃ 为准。

（3）通水时每 1～2d 交换 1 次进、出水口方向。

13.1.3.4.4　后期通水冷却

后期通水采用 8～10℃ 的制冷水，通水流量不小于 18 L/min，江水温度低时也可以采用江水。原则上，坝体内部温度超过常温水达 5℃ 以上的，可以先通常温水降温到进出口水温持平。然后改用制冷水，将坝块降到接缝灌浆温度，冬季江水温度低于 10℃ 时直接用江水将坝块冷却到接缝灌浆温度。坝体保持连续通水，每月通水时间不少于 600h，坝体混凝土与冷却水管间的温差不得超过 20～25℃。水管的通水流量不小于 18L/min，通江水时应达到 20～25L/min。后期冷却的部位，除待灌的灌区范围进行通水外，相邻的上部灌区 6～9m 的压重混凝土亦同时冷却到接缝灌浆温度。对未结束中期通水的部位，如需进行接缝灌浆，可视情况直接用制冷水进入后期冷却。

通水前及通水过程中，加强对已埋仪器的观测，开始观测时，每 3d 观测 1 次，接近或达到接缝灌浆温度期间，每 3d 观测 2 次。通水过程中，每隔 30d 左右进行一次抽样闷温。闷温时间为 3～5d，测温时用高压风将管内积水缓缓吹出，接于小桶内，随即用温度计测若干值，并取其平均值作为闷温测值。

13.1.3.5　加强表面养护

（1）成立专门的养护小组，以自动旋喷洒水为主，人工洒水为辅的方式，定点、定人对仓面进行养护，使混凝土表面经常保持湿润状态。

（2）对于混凝土侧面及上下游永久面要求采取流水养护。流水养护的水管固定在多卡模板下部或墙面拉条头上，与主管用软管相连，以方便模板提升，水管上钻孔，水流喷射到混凝土侧面形成水帘养护。

（3）过流面养护尤为重要，过流面模板拆除后应立即流水养护，以防止由于早期失水过快产生干缩裂缝，养护期不少于28d。

（4）遇纵横缝面设有水平止水（浆）片时，由于止水（浆）片的屋檐作用，其下面的混凝土难以养护到，应在止水（浆）片下面增设花管流水养护，确保连续养护时间不少于28d。

13.1.3.6 做好冬季混凝土保温

为了大坝保温效果需要，经过对多种保温材料和保温施工工艺研究，经综合比较，聚苯板保温性能满足要求，在操作工艺、耐久性等方面明显优于珍珠岩发泡保温涂料和发泡聚氨酯材料，能够保证大坝整体保温质量。最后确定三期保温材料选用聚苯板。

保温板厚度：大坝上游高程98.00m以下及基础约束区范围永久外露面，外贴5.0cm的聚乙烯苯板，其余有条件的部位均外贴3.0cm的聚乙烯苯板；大坝下游永久外露面及需经历一个冬季的钢管槽侧墙等部位临时外露面，外贴3.0cm的聚乙烯苯板。进水口、排漂孔过流面等异型部位，其保温设施后期必须拆除，采用厚4.5cm的保温被保温；除此以外的其他外露面，全部采用2～3cm的聚乙烯泡沫卷材进行保温。聚乙烯苯板保温施工工艺要求均采用黏结剂＋聚苯板＋表面防水涂料的做法，在大坝上游面135m以下采用面粘方式，其余部位采用点粘方式。

保温时间：永久面保温从浇筑当年9月开始保温，直到交付运行，期间每年9月重新对永久保温破损部分重新恢复。

临时保温采用聚乙烯卷材保温被。低温季节混凝土立面一般拆模后及时跟进保温，混凝土浇筑层面则在浇筑后12h或冲毛之后保温；夏季对永久外露面根据施工情况灵活安排，临时外露面及浇筑层面5月和9月一般不保温，当天气预报短期有气温骤降时（如寒潮），提前1d对上游防渗层等重点部位采取临时保温措施。

13.1.3.7 混凝土温控预警措施

（1）夏季高温季节施工预警措施。

1）当气温小于28℃时，仓面采用保温被对仓面接头进行保温，拌和楼启动一次风冷或加冰确保混凝土出机口温度。

2）当气温28～35℃之间时，拌和楼一次、二次风冷和加冰全部启动，仓面保温被、喷雾设施必须到位。

3）当气温大于35℃时，拌和楼一次、二次风冷和加冰全部启动，供料线皮带洒水进行降温，严格控制开仓时间，10：00—17：00不开新仓，并采取双线供料，争取在白班10：00之前收仓，并加强浇筑仓内保温被、喷雾设施、振捣设备的资源配备，确保混凝土浇筑温度不超温。对于仓面面积大于500m² 的仓位采用台阶法浇筑。

4）高温季节仓内冷却水管全部采用铁管，开仓时即通制冷水进行初期冷却通水。

5）高温季节加强对混凝土表面的养护。对于混凝土仓面需采用旋转式喷头进行流水养护，上下游外露面、过流面和纵横缝采用挂管流水养护。

（2）混凝土浇筑仓位温控预警措施。

1）当混凝土入仓温度或浇筑温度较高（低于设计允许温度2℃）时，盯仓质检员应及时向项目部质安部长、值班调度人员报告，项目部应加强仓内保温、喷雾等措施。

2）当混凝土入仓温度或浇筑温度接近或达到温度允许值时，盯仓质检员应及时向项目部值班调度人员和值班领导报告，项目部应及时向指挥部指挥中心报告，拌和楼应采取措施延长骨料风冷时间，降低出机口温度，加强出机口温度检测频率，给运输皮带降温等综合措施控制入仓温度；项目部应加强仓内保温、喷雾控制仓内温度回升，或将平仓法改为台阶法等措施确保混凝土浇筑温度不超温。

3）当混凝土入仓温度、浇筑温度均超温时，盯仓质检员或值班调度人员必须及时向项目部经理报告，项目部应及时向指挥部指挥中心报告，采取相对的应急措施。

（3）夏季初期冷却通水预警措施。

1）当制冷水进水温度较高（为10～12℃）时，项目部及时向指挥中心反映，指挥中心通知制冷水厂加强检测，控制冷水厂出水温度。

2）当制冷水进水温度偏高（超过12℃）时，项目部及时向指挥中心报告，指挥中心通知制冷水厂采取措施降低制冷水温度。

3）当通水单位发现进水流量偏小、无水压或其他异常情况时，及时向指挥中心汇报，由相应的管理部室、供水单位、通水单位进行联合检查，确保供水流量。

（4）混凝土内部温度预警措施。

1）试验室按照有关要求对坝体内部温度进行监测，并及时整理出当天混凝土内部温度成果资料，根据坝体内部温升规律，对混凝土温度是否超温作出预测，在每天生产调度会上进行通报。

2）试验室每天提供混凝土内部温度检测日报，若混凝土温度值接近设计允许值时（4℃以内），及时通知通水单位加强初期通水、养护等措施降低混凝土内部温度。

13.1.3.8　重点部位的主要温控措施

（1）右岸坝顶工程温控措施。

1）坝顶最后两层混凝土（4～6m），初、中期通水采取连续完成，通水结束标准按18～20℃控制（较一般中期冷却标准少2℃）。

2）坝顶铺装层施工。根据坝顶建筑布置特点，将铺装层分缝分块尽量减小；施工时，重视掌握切缝时机，适时切缝；在冬季来临前完成铺装层混凝土浇筑，以对坝体混凝土加以保护。

3）为防止坝顶主体混凝土开裂，坝顶20cm薄层找平层混凝土应在冬季来临前浇完，但同时要求伸缩缝平直且宽度严格按要求设置，切缝应适时完成。

4）混凝土养护。坝顶风大，坝体混凝土养护采用花管喷水并辅以人工养护，夏季连续养护。铺装层和公路路面应采用麻布袋保湿养护。

（2）水电站进水口温控措施。右岸大坝布置12个电站进水口，孔口部位为高速水流区，浇筑C25混凝土。孔口段长25m与引水压力钢管衔接，顺流向依次由检修门槽、喇叭口段、工作门槽、渐变段、引水压力管道坝内埋管段等部分组成。进水口底板高程108.00m，孔顶高程120.80m，向下游倾斜度3.5°。

由于埋管段钢管安装，安装工作面混凝土长间歇一般为40～60d。浇筑到封顶仓后，由于钢筋和模板安装量较大，一方面侧墙会形成长间歇；另一方面，封顶仓厚度较薄，封顶后形成超静定结构，为防止出现过大的温度应力和长间歇，跟进保温工作难度较大。右岸过孔口施工恰逢 2004 年冬季至 2005 年春季，温控压力较大，主要温控措施如下：

1）进水口部位为高标号混凝土，为控制混凝土最高温度不超标，冷却水管间距按 1.0m×1.0m 间距布置，并采用"个性化通水"，根据混凝土内部温度测值数据，通水流量按 18～35L/min 控制。强化通水检查，初中期通水连续一次完成，将混凝土内部温度一次降至 22℃以下。

2）选择典型坝段，埋设仪埋温度计和测温管，掌握混凝土内部温度变化情况，指导温控工作。

3）进水口部位均采用挂花管流水养护，局部不到位的采用人工洒水养护。

4）保温：①过孔口施工过程中保温：底板采取先铺一层麻布袋保湿，其上铺 4cm 厚保温被压实保温；侧墙和上升仓面在收仓后 5d 采用厚 3cm 保温被跟进保温。②越冬保温：越冬前，将进水口（含水电站进水口、排沙孔、排漂孔）流道系统消缺验收后，现场喷 1.5～2cm 聚氨酯保温，并统一采用整体防雨帆布进行孔口封闭。

（3）背管混凝土温控措施。右岸大坝管槽混凝土，由建基面浇至高程 133.43～135.83m 并缝结束。背管混凝土外径 14.4m，内径 12.4m，混凝土壁厚 2m。主要浇筑手段为布置在坝后高程 120.00m 栈桥的 MQ2000 和高程 82.00m 栈桥上的 MQ6000、MQ1260 高架门（塔）机以及塔顶带机挂罐，同时辅以泵送。由于大坝一线浇筑设备紧张，且因高程 120.00 栈桥、高程 82.00m 栈桥空间干扰，管槽、背管混凝土浇筑强度一般较低。管槽混凝土为 $C_{90}25$，背管混凝土 C25 且多为二级配，水泥用量大，温控难度大。结合管槽、背管混凝土浇筑特点，采取了如下专项温控措施：

1）外包混凝土出机口温度均按 7℃控制。

2）高程 82.00m 以下背管混凝土采用低热 42.5 水泥，粉煤灰掺量控制不大于 25%，有效控制混凝土的最高温度并防止碳化。

3）高温时段，混凝土浇筑实施"双控"措施，入仓强度按不小于 25m³/h，坯层覆盖时间按不大于 4h 控制。高温季节大坝管槽 3m 升层坚持执行双入仓手段浇筑。

4）对冷却水管间距进行调整，冷却水管间距根据升层的不同按（1～1.5m）×1m 控制，采用"个性化通水"，前 4d 流量按 30～35L/min 控制（即最高温度出现后加通 1d），4d 后按 18～20L/min 控制。

5）选择典型坝段高、低标号区埋设测温管，根据测温资料指导初期通水及前期温控工作。

6）背管部位圆弧面非低温季节均采用挂花管养护。

7）入秋前，对管槽和背管混凝土进行中期冷却通水，削减混凝土内外温差。

8）管槽保温。低温季节，管槽底部采用 2cm 厚保温被沿台阶合体保温，保温被搭接长度不小于 10cm；管槽两侧跨越一个冬季（次年 3 月以后才浇筑封闭）的临时暴露壁面，点贴厚 3cm 苯板保温。

9）背管保温。高程 82.00m 以上背管外包混凝土等永久外露面，在低温季节采用厚 2cm 保温被方格木条压实合体保温，保温被搭接长度不小于 10cm。

13.1.3.9　3m层厚混凝土温控措施

（1）为确保大坝 2006 年 6 月挡水，右岸大坝部分坝段甲块及管槽采用了 3m 升层。其夏季专项温控措施如下：

1）机口温度统一按 7℃ 控制。

2）控制入仓强度，缩短坯层覆盖时间。塔（顶）带机入仓尽量采用双口供料，平均入仓强度控制在 80～120m³/h，坯覆盖时间控制不大于 4h。

3）避开午间高温时段浇筑。控制在当日 17：00 左右开仓，次日 11：00 左右收仓。开仓前采取仓面洒水和供料线送水等降温措施。

4）浇筑过程中，仓面及时覆盖保温被，必要时启动喷雾降温措施以降低环境温度。

5）加层加密布置冷却水管，适当加大初期通水流量：①防渗层和高标号混凝土区冷却水管水平间距 1.0m，低标号四级配混凝土区水平间距 1.5～2.0m，均布置两层，层间距 1.5m；②开浇即通制冷水，前 3～5d 采用大流量 25～30L/min 通水；③为减少同层不同标号区混凝土内部温度分布不均匀问题，采取了区别通水的措施：低标号按 7～10d 控制，高标号按 10～14d 控制。

6）仪埋跟踪监测。选取典型坝段仓号，在其高、低标号混凝土区各埋设一组测温管，进行温度监测。

（2）浇筑特征指标。截至 2005 年 11 月 10 日，右岸大坝甲块共浇筑 3m 升层 136 个仓，计 25.95 万 m³。其混凝土浇筑温控超温率控制在 0.3% 以下，浇筑强度及坯层覆盖时间得到有效控制，3m 升层混凝土浇筑主要成果统计见表 13-7。

表 13-7　　　　　右岸大坝甲块 3m 升层混凝土浇筑主要成果统计表

标段	月份	浇筑仓次/仓	浇筑方量/(万 m³)	浇筑强度/(m³/h)			坯层覆盖时间/(h/坯)			浇筑温度		最高温度		备注
				最大	最小	平均	最大	最小	平均	抽检/点	超温率/%	检测/组	符合率/%	
右非7～右安Ⅲ	1	2	0.36	96.7	88.7	92.7	2.8	2.7	2.8	—	—	—	—	仪埋
	2	5	0.87	94.0	78.7	86.3	3.2	2.6	2.9	—	—	2	100	
	3	5	0.86	98.0	69.5	86.5	3.5	2.5	2.9	—	—	—	—	
	4	5	0.86	118.6	74.6	88.6	3.3	2.1	2.9	43	0	1	100	
	5	4	0.68	87.9	71.0	81.0	3.3	2.8	3.0	42	0	2	100	
	6	7	1.38	81.9	57.4	71.6	5.8	2.9	4.0	97	1.03	4	100	
	7	9	1.95	104.8	62.3	80.9	5.4	3.2	3.9	122	0	2	100	测温管
	8	13	2.38	117.7	76.0	91.6	4.1	2.0	2.9	124	0	—	—	
	9	6	1.11	106.2	65.2	74.8	4.6	2.4	3.6	68	0	14	100	
	10	12	1.71	106.8	44.0	74.3	4.9	1.7	3.6	109	0	4	100	
	1—10	68	12.15	118.6	44.0	82.8	5.8	1.7	3.2	605	0.17	29	100	
	6—9	35	6.82	117.7	57.4	82.0	5.8	2.0	3.3	411	0.24	20	100	

标段	月份	浇筑仓次/仓	浇筑方量/(万 m³)	浇筑强度/(m³/h)			坯层覆盖时间/(h/坯)			浇筑温度		最高温度		备注
				最大	最小	平均	最大	最小	平均	抽检/点	超温率/%	检测/组	符合率/%	
右厂排～20号	6	6	1.43	142.5	75.4	105.0	4.0	2.5	3.1	83	0.00	5	100	测温管
	7	15	3.43	133.0	82.9	104.5	3.7	2.5	3.1	206	0.49	13	100	
	8	19	4.35	182.0	73.4	114.6	4.5	1.7	2.9	205	0.49	19	100	
	9	17	3.10	115.7	60.5	91.9	3.9	2.2	3.0	171	0.00	13	100	
	10	11	1.49	90.7	53.4	73.3	3.6	1.7	2.8	103	0.00	8	100	
	1—10	68	13.81	182.0	53.4	99.7	4.5	1.7	3.0	768	0.26	58	100	
	6—9	57	12.31	182.0	60.5	104.0	4.5	1.7	3.0	665	0.30	50	100	
1—10月		136	25.95	182.0	44.0	91.3	5.8	1.7	3.1	1373	0.22	87	100	
6—9月		92	19.13	182.0	57.4	95.7	5.8	1.7	3.2	1076	0.28	70	100	

注 1. 坯层覆盖时间偏长原因。拌和楼或塔带机等设备故障，暂时中断浇筑引起；

2. 浇筑温度超温原因。7—8月天气持续高温、水泥入罐温度较高、供料线较长等原因导致入仓混凝土来料温度偏高，个别点浇筑温度超标。

高温季节（6—9月）共浇筑 92 个仓，计 19.13 万 m³。平均浇筑强度 95.7m³/h，平均坯层覆盖时间 3.2h。浇筑强度与坯层覆盖时间均得到有效控制。其中：

右非 7 号～右安Ⅲ坝段：浇筑强度范围 57.4～117.7m³/h，平均 82.0m³/h；坯层覆盖时间 2.0～5.8h/坯，平均 3.6h/坯。

右厂排坝段～20 号坝段：浇筑强度范围 182.0～60.5m³/h，平均 104.0m³/h；坯层覆盖时间 1.7～4.5h/坯，平均 3.0h/坯。

（3）最高温度监测。2005 年 6—9 月，共监测 60 个仓次，埋设 66 组测温管，均未超温。右岸大坝甲块 3m 升层仓号测温管监测最高温度成果统计见表 13-8，各标号混凝土最高温度监测情况为：

$C_{90}15$ 混凝土，最高温度 30.2℃，平均最高温度 26.8℃，平均富裕度 9.6℃；

表 13-8　　　右岸大坝甲块 3m 升层仓号测温管监测最高温度成果统计表

标段	月份	混凝土强度等级	测温仓次	测温管/组	最高温度/℃	平均最高温度/℃	允许最高温度/℃	平均富裕度/℃	仓次分析			测点分析		
									符合/仓	符合率/%	超温/仓	符合/组	符合率/%	超温/组
右非 7～右安Ⅲ	6	$C_{90}15$	1	1	25.7	25.7	36	10.3	1	100	0	1	100	0
		$C_{90}30$	2	3	37.7	34.0	40	6.0	2	100	0	3	100	0
	7	$C_{90}30$	2	2	36.8	36.7	40	3.3	2	100	0	2	100	0
	8	$C_{90}15$	6	8	25.4	23.8	37	13.2	6	100	0	8	100	0
		$C_{90}25$	2	3	30.2	28.2	40	11.8	2	100	0	3	100	0
		$C_{90}30$	3	3	34.5	33.1	40	6.9	3	100	0	3	100	0

标段	月份	混凝土强度等级	测温仓次	测温管/组	最高温度/℃	平均最高温度/℃	允许最高温度/℃	平均富裕度/℃	仓次分析 符合/仓	符合率/%	超温/仓	测点分析 符合/组	符合率/%	超温/组
右厂排~20号	6	$C_{90}15$	2	2	28.5	27.0	36	9.0	2	100	0	2	100	0
		$C_{90}30$	5	5	32.3	29.8	40	10.2	5	100	0	5	100	0
	7	$C_{90}15$	4	4	28.7	27.3	36	8.7	4	100	0	4	100	0
		$C_{90}30$	7	7	34.7	33.5	40	6.5	7	100	0	7	100	0
	8	$C_{90}15$	10	12	30.2	28.3	36	7.7	10	100	0	12	100	0
		$C_{90}30$	11	11	35.0	32.8	40	7.2	11	100	0	11	100	0
	9	$C_{90}15$	2	2	26.5	25.8	34	8.2	2	100	0	2	100	0
		$C_{90}30$	3	3	31.6	30.9	37	6.1	3	100	0	3	100	0
	6—9月	$C_{90}15$	25	29	30.2	26.6	34~37	9.6	25	100	0	29	100	0
		$C_{90}25$	2	3	30.2	28.2	40	11.8	2	100	0	3	100	0
		$C_{90}30$	33	34	37.7	32.7	37~40	7.0	33	100	0	34	100	0

$C_{90}25$ 混凝土，最高温度 30.2℃，平均最高温度 28.2℃，平均富裕度 11.8℃；

$C_{90}30$ 混凝土，最高温度 37.7℃，平均最高温度 32.7℃，平均富裕度 7.0℃。

13.1.4 温控实施效果

13.1.4.1 测温管检测成果

（1）在右厂排~20坝段共在 351 个仓位共埋设了 359 支测温管，对混凝土温度进行补充观测。共有 5 个仓次 5 支测温管超温，测点合格率 98.5%。观测最高温度见表 13-9。

表 13-9　　　　　大坝测温管观测最高温度汇总表

阶段验收名称	统计时段/年	混凝土强度等级	测温仓次	测温管/组	最高温度/℃	平均最高温度/℃	允许最高温度/℃	平均富裕度/℃	仓次分析 符合/仓	符合率/%	超温/仓	测点分析 符合/组	符合率/%	超温/组	备注
160m以下	2003	$C_{90}20$	60	60	32.6	28.9	24~36	2.8	58	96.6	2	58	96.6	2	
	2004	$C_{90}15$	66	66	33	27.9	24~36	3.8	66	100	0	66	100	0	
		$C_{90}30$	36	36	35.8	30.2	27~40	2.7	33	91.7	3	33	91.7	3	
	2005	$C_{90}15$	26	26	30.6	24.2	24~36	8.5	26	100	0	26	100	0	
		$C_{90}20$	10	10	31.4	29.9	24~36	4.7	10	100	0	10	100	0	
		$C_{90}25$	48	49	31.9	27.8	27~40	6.8	48	100	0	49	100	0	
		$C_{28}25$	19	25	37	29.6	27~40	6	19	100	0	25	100	0	
		$C_{90}30$	61	62	35	28.6	27~40	6.5	61	100	0	62	100	0	
	小计	$C_{90}15$	92	92	33	26	24~36	6.2	92	100	0	92	100	0	
		$C_{90}20$	70	70	32.6	29.3	24~36	3.8	68	97.1	2	68	97.1	2	
		$C_{90}25$	48	49	31.9	27.8	27~40	6.8	48	100	0	49	100	0	
		$C_{28}25$	19	25	37	29.6	27~40	6	19	100	0	25	100	0	
		$C_{90}30$	97	98	35.8	29.4	27~40	4.6	94	96.9	3	95	96.9	3	

阶段验收名称	统计时段/年	混凝土强度等级	测温仓次	测温管/组	最高温度/℃	平均最高温度/℃	允许最高温度/℃	平均富裕度/℃	仓次分析 符合仓	符合率/%	超温仓	测点分析 符合组	符合率/%	超温组	备注
160m以上	2006	$C_{90}25$	7	7	25.6	23.6	27～40	3.4	7	100	0	7	100	0	
		$C_{90}30$	18	18	29.1	25.5	27～40	3.4	18	100	0	18	100	0	
	小计	$C_{90}25$	7	7	25.6	23.6	27～40	3.4	7	100	0	7	100	0	
		$C_{90}30$	18	18	29.1	25.5	27～40	3.4	18	100	0	18	100	0	
合计		$C_{90}15$	92	92	33	26	24～36	6.2	92	100	0	92	100	0	
		$C_{90}20$	70	70	32.6	29.3	24～36	3.8	68	97.1	2	68	97.1	2	
		$C_{90}25$	55	56	31.9	27.3	27～40	5.1	55	100	0	56	100	0	
		$C_{28}25$	19	25	37	29.6	27～40	6	19	100	0	25	100	0	
		$C_{90}30$	115	116	35.8	28.8	27～40	4	112	97.4	3	113	97.4	3	

（2）右非 7 号～右安Ⅲ坝段高程 160.00～185.00m 测温管检测成果见表 13-10。

表 13-10　　　　　测温管检测最高温度汇总表

部位	混凝土强度等级	测温仓次	测温管/组	最高温度/℃	平均最高温度/℃	允许最高温度/℃	仓次分析 符合仓	符合率/%	超温仓	测点分析 符合组	符合率/%	超温组	备注
右非	$C_{90}25$	3	3	33.2	32.4	31～40	3	100	0	3	100	0	
	$C_{90}30$	4	4	32.2	31.4	34～37	4	100	0	4	100	0	
右厂	$C_{90}15$	7	7	31.4	30.1	30～36	7	100	0	7	100	0	
	$C_{90}25$	6	6	29.3	28.6	30～34	6	100	0	6	100	0	
	$C_{90}30$	6	6	29.4	28.5	27～30	6	100	0	6	100	0	

13.1.4.2　仪埋检测成果

（1）在右厂排～20 坝段共埋设了 120 个仓次 287 支测温计，监测混凝土温度变化情况。共有 18 个仓次 26 支测温计超温，测点合格率 90.8%，主要集中在 2003 年基础约束区混凝土，其中超温大于 2℃有 4 个仓次（2 个仓位为高流态 C30 混凝土）。具体检测情况见表 13-11。

表 13-11　　　　　施工仪埋检测最高温度汇总表

阶段验收名称	统计时段/年	混凝土强度等级	仪埋仓次	仪埋/支	最高温度/℃	平均最高温度/℃	允许最高温度/℃	平均富裕度/℃	仓次分析 符合仓	符合率/%	超温仓	测点分析 符合组	符合率/%	超温组	备注
160m以下	2003	$C_{90}20$	32	107	35.6	27.6	24～36	2.4	20	62.5	12	89	96.3	18	
	2004	$C_{90}15$	24	43	32.7	25.1	24～36	6.7	24	100	0	43	100	0	
		$C_{90}20$	13	24	31.7	26.8	24～36	3.3	12	92.3	1	23	95.8	1	
		$C_{90}30$	26	62	37.4	29.3	27～40	3.5	24	92.3	2	60	96.8	2	

阶段验收名称	统计时段/年	混凝土强度等级	仪埋仓次	仪埋/支	最高温度/℃	平均最高温度/℃	允许最高温度/℃	平均富裕度/℃	仓次分析			测点分析			备注
									符合/仓	符合率/%	超温/仓	符合/组	符合率/%	超温/组	
160m以下	2005	C90 15	11	20	31.1	24.9	24~36	7.4	11	100.0	0	20	100.0	0	
		C90 25	2	3	32.5	30	27~40	10.1	2	100.0	0	3	100.0	0	
		C90 30	10	24	40.8	31.5	27~40	3	7	70.0	3	19	79.2	5	
	小计	C90 15	35	63	32.7	25	24~36	7	35	100	0	63	100	0	
		C90 20	45	131	35.6	27.2	24~36	2.8	32	71.1	13	112	85.5	19	
		C90 25	2	3	32.5	30	27~40	10.1	2	100	0	3	100	0	
		C90 30	36	86	40.8	30.4	27~40	3.3	31	86.1	5	79	91.9	7	
160m以上	2006	C90 30	2	4	25.8	22.8	27~40	7.7	2	100	0	4	100	0	
	小计	C90 30	2	4	25.8	22.8	27~40	7.7	2	100	0	4	100	0	
合计		C90 15	35	63	32.7	25	24~36	7	35	100	0	63	100	0	
		C90 20	45	131	35.6	27.2	24~36	2.8	32	71.1	13	112	85.5	19	
		C90 25	2	3	32.5	30	27~40	10.1	2	100	0	3	100	0	
		C90 30	38	90	40.8	30.1	27~40	5.5	33	86.8	5	83	92.2	7	

（2）右非 7 号～右安Ⅲ坝段高程 160.00～185.00m 仪埋检测情况见表 13-12。

表 13-12　　　　　　　　　　施工仪埋检测最高温度汇总表

部位	混凝土强度等级	测温仓次	仪埋测点	最高温度/℃	平均最高温度/℃	允许最高温度/℃	仓次分析			测点分析			备注
							符合/仓	符合率/%	超温/仓	符合/点	符合率/%	超温/点	
右非	C90 20	1	3	28.8	28.3	31	1	100	0	1	100	0	
	C90 25	1	3	30.1	28.1	34	1	100	0	1	100	0	
右厂	C90 20	—	—	—	—	—	—	—	—	—	—	—	
	C90 25	—	—	—	—	—	—	—	—	—	—	—	

13.1.4.3　坝内混凝土温度监测

右厂 15 号、18 号、24 号坝段混凝土温度的中长期仪埋监测，显示混凝土温度变化主要有三个阶段，一是混凝土初期水化热阶段；二是中期通水阶段；三是后期通水阶段。中期通水后（10 月、11 月）温度变化在 20～22℃，后期通水温度控制在 14℃左右，灌浆结束后混凝土温度略有回升，其中距外界近的部位，受气候条件影响回升幅度较大，如 15-1 甲高程 102.50m 和 18-1 甲高程 127.50m 距水电站进水口较近，温度回升幅度较大。坝内混凝土温度监测成果见表 13-13。表下为对应的曲线图。

13.1.4.4　典型温度变化过程线图

（1）典型部位混凝土温度过程线。典型部位混凝土温度过程见图 13-2～图 13-6。

（2）典型混凝土温度过程线。高标号混凝土，典型部位混凝土温度过程见图 13-7。

表 13 - 13 坝内混凝土温度监测成果

| 设计编号 | 埋设位置 | x 坐标 | y 坐标 | 高程/m | 最高温度 | | 设计允许最高温度/℃ |
					时间/(年-月-日 h：min)	温度/℃	
T17YCF15S	右厂 15 - 1 甲	20+018.00	49+292.00	89.50	2004 - 9 - 9 21：00	28.7	35～37
T18YCF15S	右厂 15 - 1 甲	20+017.50	49+426.05	102.50	2004 - 11 - 22 8：30	27.8	28～30
T55YCF15S	右厂 15 - 2 甲	20+018.00	49+311.15	89.00	2004 - 8 - 10 21：30	32.4	38～40
T04YCF18S	右厂 18 - 1 甲	20+017.50	49+406.90	89.50	2004 - 10 - 12 21：30	26.1	32～34
T06YCF18S	右厂 18 - 1 甲	20+021.50	49+406.90	127.50	2005 - 8 - 25 15：30	30.4	38～40
T16YCF18S	右厂 18 - 2 甲	20+017.50	49+426.05	77.50	2004 - 9 - 20 8：30	28.8	35～37
T22YCF15S	右厂 15 - 1 乙	20+047.00	49+292.00	65.50	2004 - 9 - 20 8：30	29.9	34
T28YCF15S	右厂 15 - 1 乙	20+063.00	49+292.00	65.50	2004 - 9 - 30 8：30	30.6	34
T64YCF15S	右厂 15 - 2 乙	20+047.00	49+311.15	77.50	2004 - 8 - 30 8：30	29.7	37
T10YCF18S	右厂 18 - 1 乙	20+055.00	49+406.90	65.50	2004 - 9 - 30 8：30	30.8	34
T25YCF18S	右厂 18 - 2 乙	20+055.00	49+426.05	77.50	2004 - 8 - 2 21：30	31.7	37

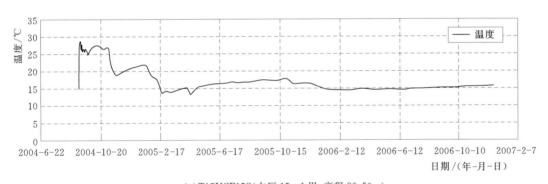

(a)T17YCF15S(右厂 15 - 1 甲,高程 89.50m)

(b)T18YCF15S(右厂 15 - 1 甲,高程 102.50m)

图 13 - 2（一） 典型坝内混凝土温度过程曲线图

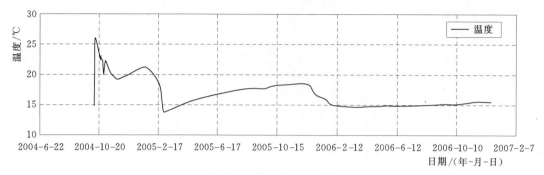

(c)T04YCF18S(右厂 18 - 1 甲,高程 89.50m)

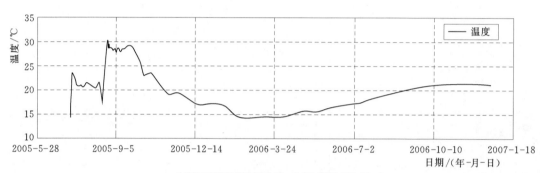

(d)T06YCF18S(右厂 18 - 1 甲,高程 127.50m)

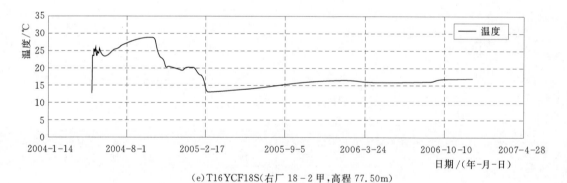

(e)T16YCF18S(右厂 18 - 2 甲,高程 77.50m)

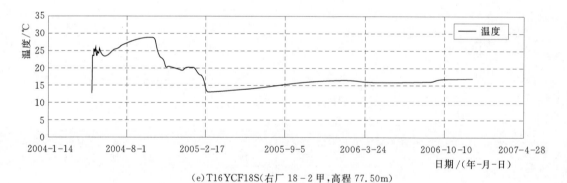

(f)T22YCF15S(右厂 15 - 1 乙,高程 65.50m)

图 13 - 2 （二） 典型坝内混凝土温度过程曲线图

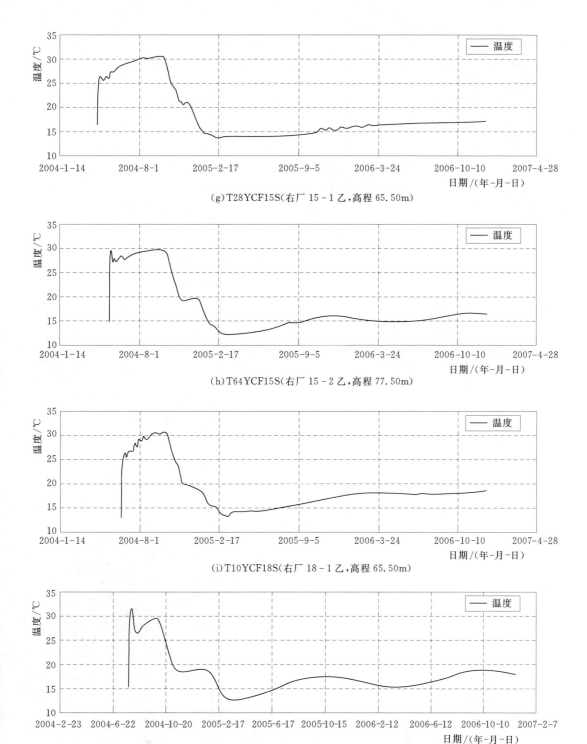

（g）T28YCF15S（右厂 15-1 乙，高程 65.50m）

（h）T64YCF15S（右厂 15-2 乙，高程 77.50m）

（i）T10YCF18S（右厂 18-1 乙，高程 65.50m）

（j）T25YCF18S（右厂 18-2 乙，高程 77.50m）

图 13-2（三）　典型坝内混凝土温度过程曲线图

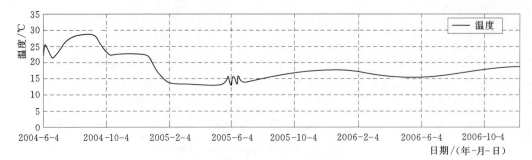

(k)T03CF24S(右厂 24-1 甲,高程 101.00m)

图 13-2（四） 典型坝内混凝土温度过程曲线图

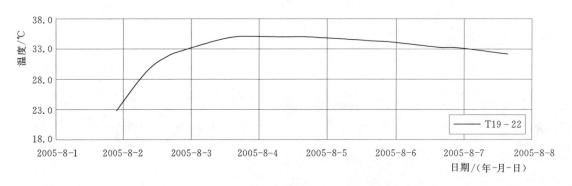

图 13-3 典型部位混凝土温度过程曲线图

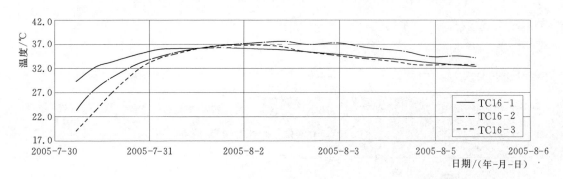

图 13-4 大坝甲块 3m 升层部位温度曲线图

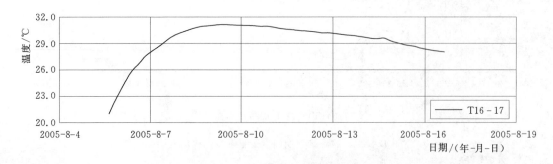

图 13-5 管槽部位温度曲线图

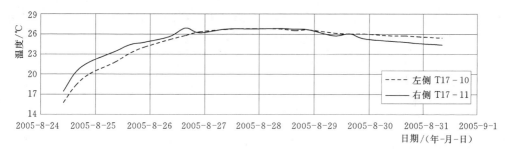

图 13-6　管槽部位温度曲线图

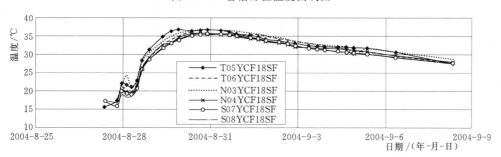

图 13-7　右厂 18-1 甲混凝土温度过程曲线图

低标号混凝土，典型部位混凝土温度过程见图 13-8。

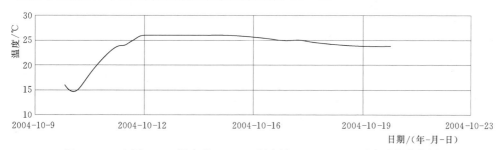

图 13-8　右厂 18-1 甲高程 89.50m 温度计 T04YCF18S 温度过程曲线图

右岸大坝管槽低热水泥混凝土泵送（C25F250W10）。典型部位混凝土温度过程见图 13-9。

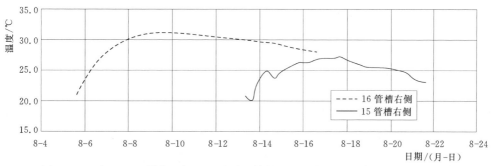

图 13-9　右厂 15（低热）与 16（中热）管槽对比组右侧测温管温度过程曲线图

13.1.4.5　温控效果评价

（1）由于完善了温控措施制度，强化了温控管理，配备了制冷容量充足、功能完善的制冷系统，特别是实行天气骤降、混凝土温控制度、混凝土间歇期三个预警制度，混凝土出机温度总合格率达到 95％以上，尤其是 7℃的出机温度的超温率从 2003—2006 年逐年下降，高温时段合格率达到 99.14％，确保了混凝土温控的顺利实施，满足了设计要求。

（2）共测混凝土浇筑温度 10584 次，其中要求浇筑温度 14℃、16℃、18℃和 20℃的检测次数分别为 1070 次、2047 次、4392 次和 3075 次，其超温率分别为 6.4％、0.7％、0.6％和 0.3％，平均为 1.13％。

（3）初、中期通水冷却措施得当，通水及时，有效地控制了混凝土的最高温度和内外温差，满足了设计要求。从检测的混凝土最高温度成果可以看出，测温管共检测混凝土351 个仓次，超温仓次只有 5 个，合格率达到 98.6％；埋设测温仪 287 组，观测最高温度合格率为 90.9％。开工初期少数仓位由于供料线设备故障、季节转换等原因，使最高温度的超温率偏高。

（4）根据不同部位采用不同标准的表面保护措施，取得了较为显著的效果。对典型坝段进行了表面保护层检查，共拆除聚苯乙烯板检查面积共 1142.296m²，约占总面积的3.5％。检查结果为：聚苯乙烯板粘贴材料涂刷均匀，粘贴牢固，其混凝土外观好，未发现表面缺陷和裂缝。

13.2　三峡水利枢纽三期厂房工程

13.2.1　工程概况

13.2.1.1　工程简介

三峡水利枢纽水电站厂房为坝后式厂房。由上游副厂房、主厂房、下游副厂房及尾水渠等建筑物组成。分别在左岸水电站厂房安装 14 台、右岸水电站厂房安装 12 台单机容量700MW 的水轮发电机组，500kV 开关站设置在厂坝之间的上游副厂房内。

三期工程右岸水电站厂房，包括右岸水电站的主厂房、上游副厂房及厂坝平台、下游副厂房及尾水平台、尾水渠及厂前区。右岸厂房 12 台机组段长 463.7m，3 个安装场长111.1m，全厂总长 574.8m。上游副厂房宽 16.7m，厂坝平台宽 14.9m，尾水平台宽 19.5m，尾水平台下部为下游副厂房。主厂房内安装有 12 台水轮发电机组及大、小桥式起重机各 2台，尾水平台上设有 2 台门式起重机，上游副厂房内设有桥式起重机 2 台。主变压器设在上游副厂房内。安Ⅱ、安Ⅲ段水下部位设有排沙孔，安Ⅱ段水下部位还设有排漂孔。

右岸水电站厂房包括 4 号排沙孔段、右岸水电站厂房 15～26 号机组段主厂房及副厂房、安Ⅰ、安Ⅱ、安Ⅲ、尾水渠、厂前区工程等组成。位于厂房坝段下游、泄洪坝段右侧，属坝后式厂房。右岸厂房与大坝分缝桩号为 20＋118.0m，从左至右依次为 4 号排沙孔段、右厂 15～20 号机组段、安Ⅲ、右厂 21～26 号机组段、安Ⅱ、安Ⅰ。发电机组为立轴混流式，单机容量为 700MW，单台机组宽度均为 38.30m（15 号机为 42.4m）。主厂房建基面高程 22.20m，上游墙体顶面高程 114.62m，下游墙体顶面高程 116.00m。4 号排沙孔段宽 16m，设一直径为 5m 的排沙孔。在安Ⅱ段布置有 3 号排漂孔和 7 号、8 号排沙孔，在安Ⅲ段布置有 5 号、6 号排沙孔，安Ⅰ段长 29.00m，安Ⅱ段长 44.80m，安Ⅲ段长38.30m。4 号排沙孔段至安Ⅰ段总长为 591.8m。

典型机组剖面见图 13-10。

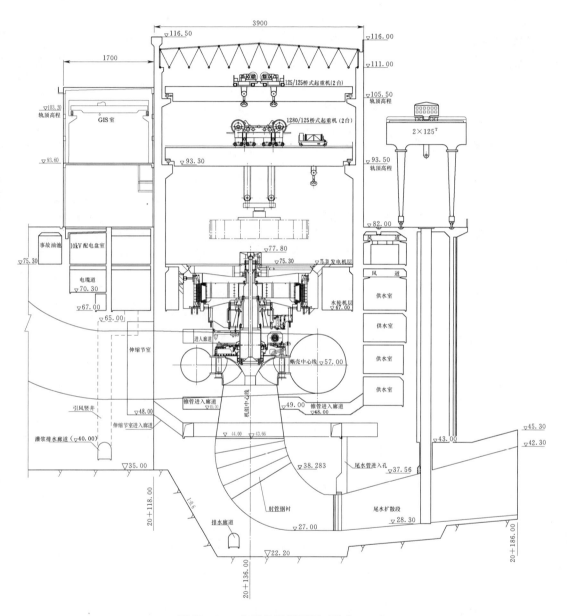

图 13-10　典型机组剖面图（单位：cm）

13.2.1.2 混凝土生产系统

三期厂房工程混凝土由高程 150.00m 和 84.00m 两座混凝土生产系统供应，先期主要由高程 150.00m 生产系统供料。2006 年 1 月 20 日高程 150.00m 生产系统停产后，由高程 84.00m 混凝土生产系统供料。高程 150.00m 混凝土生产系统位于三峡水利枢纽工程大坝右岸下游高程 150.00m 平台，系统安装有两座拌和楼，其中 1 号楼为一座 $4 \times 4.5m^3$ 郑州楼，2 号楼为一座 $4 \times 4.5m^3$ 意大利 CIFA 楼。高程 150.00m 拌和楼可生产常态混凝土和温控混凝土，设计生产能力：常态混凝土为 $640m^3/h$，温控混凝土为 $500m^3/h$。高程 150.00m 混凝土生产系统主要性能指标见表 13-14。

表 13-14　　　　　　　高程 150.00m 混凝土生产系统主要性能指标表

序号	项　目		单　位	指　标	备　注
1	拌和楼生产能力	常规	m^3/h	640	2 座 4×4.5
		温控		500	
2	粗骨料仓活容积		m^3	17000	$D16 \times 15 \times 8$
3	细骨料仓活容积		m^3	8500	$D16 \times 15 \times 4$
4	骨料调节冷却仓容量		m^3	240×8	
5	冲洗脱水筛分生产能力		t/h	700×2	
6	风		m^3/min	360	$40 \times 8 + 20 \times 2$
7	水		万 m^3/d	2.89	
8	电		kW	21000	
9	制冷量		kcal/h	2200×10^4	
10	胶凝材料仓容量	水泥	t	1500×7	$D10 \times 25 \times 7$
		粉煤灰	t	800×3	$D10 \times 25 \times 3$

13.2.1.3 施工情况及完成的工程量

2005 年完成 29.3 万 m^3，月平均强度 3.96 万 m^3，月最高强度 5.20 万 m^3；

2006 年完成 24.8 万 m^3，月平均强度 2.07 万 m^3，月最高强度 3.10 万 m^3。

13.2.1.4 施工设备布置

（1）三期厂房布置的大型施工机械共有 14 台套，其中 MQ6000 门机 1 台、MQ2000 型门机 2 台、SDTQ1800 门机 2 台，SDMQ1260 型门机 1 台、MQ900 型门机 1 台、MQ600 型门机 1 台、布料机 1 台、CC200-24 胎带机 2 台、HBT60 泵车 3 台。

混凝土施工以门塔机为主、胎带机、布料机、泵车为辅的施工方案。

（2）初期制冷水厂布置在坝前高程 140.00m 平台上。初期制冷水厂设计最大生产能力为 $150m^3/h$，供应冷水温度为 6~8℃。混凝土初期制冷水厂的主要技术指标见表 13-15。

表 13-15　　　　　　　混凝土初期制冷水厂的主要技术指标表

序号	项　目	单　位	技术指标	备　注
1	冷水产量	m^3/h	150	
2	制冷能力	kW	945×3	7℃/32℃

序号	项　目	单　位	技术指标	备　注
3	冷却水最大循环量	m³/h	1000	
4	最大耗水量	m³/h	150	
5	电机总功率	kW	1033	
6	占地面积	m²	610	

13.2.1.5　混凝土温控特点

（1）水电站厂房混凝土标号高，特别是肘管、蜗壳底部主要采用泵送混凝土入仓，胶凝材料用量大，混凝土内部水化热温升较高，温控难度大。

（2）混凝土采用花岗岩人工骨料，骨料表面粗糙，混凝土用水量高，造成水泥用量增多，温控难度大。

（3）水电站厂房采用门塔机为主的混凝土浇筑施工方案，由汽车运输，混凝土在运输过程中温度回升大。

（4）水电站厂房结构复杂，特别是墩墙部位混凝土受外界气温影响大，温控难度大。

13.2.2　混凝土温控设计标准

13.2.2.1　混凝土主要技术指标

右岸水电站厂房混凝土设计标号及主要技术指标见表 13 - 16。

表 13 - 16　　　　右岸水电站厂房混凝土设计标号及主要技术指标表

序号	混凝土标号	级配	抗冻	抗渗	抗冲磨	限制最大水胶比	极限拉伸值 /×10⁻⁴ 28d	极限拉伸值 /×10⁻⁴ 90d	最大粉煤灰掺量/%	使用部位
1	$R_{28}250$	三、四	D_{250}	S_{10}		0.55			20	尾水渠护底护坡、厂坝平台、厂前区护坡
2	$R_{28}250$	二、三	D_{250}	S_8		0.55		≥0.85	20	水下内部大体积混凝土、二期混凝土
3	$R_{28}250$	二、三	D_{250}	S_{10}		0.45		≥0.85	20	水下或水位变化区混凝土、门槽二期混凝土
4	$R_{28}250$	二	D_{250}	S_8		0.50		≥0.85	20	水上结构混凝土
5	$R_{28}300$	二、三	D_{250}	S_{10}		0.40		≥0.85	20	尾水管出口护底、结构混凝土
6	$R_{28}350$	二	D_{250}	S_{10}		0.50				预制混凝土
7	$R_{28}350$	二	D_{250}	S_{10}	√	0.40			15	尾水管抗冲磨混凝土
8	$R_{28}400$	二	D_{250}	S_{10}	√	0.35			10～15	排沙孔出口抗冲磨混凝土
9	$R_{28}250$	一、二	D_{250}	S_8		0.50		≥0.85	20	蜗壳底部二期泵送混凝土
10	$R_{28}400$	一	D_{250}		√	0.40				桥机轨道二期混凝土（钢纤维混凝土）

注　√表示有抗冲磨要求。

13. 2. 2. 2 设计允许最高温度

根据施工详图坝体分缝分块和招标文件混凝土温度控制设计标准,三期厂混凝土设计允许最高温度见表 13-17。

表 13-17 水电站厂房设计允许最高温度表 单位:℃

部 位		12月至次年2月	3月、11月	4月、10月	5月、9月	6~8月
机组第Ⅰ仓、Ⅱ仓	基础强约束区	24~25	29	32	32	32
	基础弱约束区	24~26	29	32	34	34
	脱离基础约束区	24~26	29	32	34	36~38
机组第Ⅲ仓	基础强约束区	24~25	28	28	28	28
	基础弱约束区	24~26	29	30	30	30
	脱离基础约束区	24~26	29	32	34	37~39
机组第Ⅳ仓	基础强约束区	24~26	29	30	31	31
	基础弱约束区	24~26	29	32	34	34
	脱离基础约束区	24~26	29	32	35	37~39
安Ⅰ、安Ⅲ	基础强约束区	26	29	32	34	34
	基础弱约束区	26	29	32	35	36
	脱离基础约束区	26	29	32	35	37~39
安Ⅱ	基础强约束区	26	28	28	28	28
	基础弱约束区	26	29	30	30	30
	脱离基础约束区	26	29	32	34	36~38
尾水渠护坦		27	31	34	37	40

注 1. 基础强约束区为建基面 $(0\sim0.2)L$,基础弱约束区为 $(0.2\sim0.4)L$,其中 L 为浇筑块长边尺寸。
  2. 重要部位采用下限值。

13. 2. 2. 3 分缝分块

采用错缝为主结合直缝分块。单机沿坝轴线方向长 38.3m 分成两块,分缝间距 18.5 ~19.8m,错缝搭接;厂房顺流向长 68m,分成四块,长度分别为 19.6m、18.44m、18.31m 及 11.65m,其中Ⅰ块、Ⅱ块、Ⅲ块以及Ⅲ块、Ⅳ块底板之间的竖向施工缝为错缝搭接,Ⅲ块、Ⅳ块底板以上为直缝。

安Ⅲ沿坝轴线最大长度为 38.3m,分成两块,两块宽度分别为 21.2m 及 17.1m,采用错缝搭接;顺流向最大长度为 59.5m,分成三块,三块长度分别为 18.0m、19.0m 及 22.5m,采用错缝搭接。

安Ⅱ沿坝轴线最大长度为 38.3m,分成两块,两块宽度分别为 22.3m 及 16m,采用错缝搭接;顺流向最大长度为 59.5m,分成三块,三块长度分别为 18.0m、19.0m 及 22.5m,采用错缝搭接。

安Ⅰ沿坝轴线最大长度为 29m,分成宽为 14.5m 两块,采用错缝搭接;顺流向最大长度为 39m,分成两块,两块长度分别为 19.0m 及 20m,采用错缝搭接。

13. 2. 2. 4 上、下层温差控制

当下层混凝土龄期超过 28d 成为老混凝土时,其上层混凝土应控制上、下层温差,对

连续上升坝体且高度大于 $0.5L$（浇筑块长边尺寸）时，允许老混凝土面上下各 $L/4$ 范围内上层最高平均温度与新混凝土开始浇筑下层实际平均温度之差为 $17℃$；浇筑块侧面长期暴露时，或上层混凝土高度小于 $0.5L$ 或非连续上升时应加严上下层温差控制。

13.2.2.5　并缝混凝土的温控要求

并缝混凝土除满足设计允许最高温度要求外，并缝时下部混凝土原则上应冷却至坝体稳定温度，上部混凝土应安排在低温季节（11 月至次年 3 月）浇筑，并满足设计提出的有关技术要求。

13.2.2.6　封闭块混凝土的温控要求

厂房部位的封闭块宜安排在低温季节（11 月至次年 3 月）回填，层厚 2m，浇筑前应将老混凝土打毛，冲洗干净，封闭块钢筋要求遵照设计图纸进行，待封闭块两侧混凝土在 1 个月龄期以上并冷至设计要求的封闭温度后回填混凝土。在采取埋设冷却水管通制冷水降低封闭块两侧部位混凝土温度至 20℃ 左右、采用预冷混凝土浇筑封闭块回填混凝土及表面流水养护等措施并得到监理工程师批准后，封闭块回填时间可放宽至 9 月至次年 5 月。

13.2.3　主要温控措施

13.2.3.1　优化混凝土配合比

混凝土在 2005 年 12 月前，主要由高程 150.00m 系统供料，高程 150.00m 系统 2006 年 1 月拆除，其后使用高程 84.00m 拌和系统合格的混凝土。通过试验在混凝土中掺加高效减水剂，改善混凝土和易性，采用合理的混凝土级配，尽可能采用三级配混凝土，减小混凝土水化热温升。混凝土施工配合比见表 13 - 18。

13.2.3.2　浇筑温控

（1）混凝土运输温控：采用汽车运输时，合理安排混凝土运输能力，运输车辆数目与仓面浇筑能力相协调，确保满足入仓强度。一般每车运输混凝土不少于 $4.5m^3$，确保满足入仓强度。为减少预冷混凝土温度的回升，对运输车辆采取安装遮阳棚，运输途中拉上遮阳棚等控制措施，减少转运次数等降温措施。

（2）根据设计要求，高温季节或较高温季节浇筑混凝土时，采用预冷混凝土浇筑。主体建筑物基础约束区三级配混凝土除 12 月至次年 2 月采用自然入仓外，其他季节采用门塔机浇筑时，混凝土浇筑温度不超过 $12\sim14℃$（相应出机口温度为 $7℃$），脱离基础约束区三级配混凝土 11 月至次年 3 月自然入仓，其他季节混凝土浇筑温度不超过 $16\sim18℃$。对二级、三级配混凝土浇筑温度相应加严 $0.5\sim1℃$。

（3）夏季混凝土施工中，避开高温时段开仓浇筑，尽量安排在夜间浇筑。为减少仓面温度回升，增加仓面资源配置，广泛使用 $\phi100$、$\phi80$、$\phi50$ 三种型号振捣器配合使用进行混凝土振捣，在保证振捣质量的前提下，尽快覆盖仓内接头，加快混凝土入仓速度，严格控制下层混凝土到上层覆盖新混凝土的间隔时间在 1h 以内。

（4）高温时段浇筑混凝土，仓面配备喷雾管，用水雾降低仓面气温，根据浇筑仓面积大小配备 2 套喷雾管，当气温大于 28℃ 时开始喷雾，使水雾笼罩整个仓面，以降低仓面气温，减少混凝土温度回升。仓面采用全仓面覆盖隔热被形式，浇筑混凝土时采用边浇筑边覆盖的办法，当浇筑新混凝土时揭开隔热被，待振捣完后再覆盖，直到收仓为止，隔热被之间搭接宽度不少于 10cm，减少新浇筑的混凝土温度回升。

表 13-18

混凝土施工配合比表

统计时段/(年-月)	工程部位	混凝土设计指标	拌和系统	水胶比	粉煤灰掺量/%	级配	砂率/%	用水量/(kg/m³)	胶材用量/(kg/m³)			减水剂品种及掺量/%	引气剂品种及掺量/(1/万)	坍落(扩散)度/cm	含气量/%
									水泥	粉煤灰	总量				
2003-9-12	厂房结构混凝土	C90 30F250, W10	高程150.00m	0.45	20	一	40	140	249	62	311	JG3或ZB-1A0.6	DH9 0.40	7~9	4.5~5.5
					20	二	34	121	215	54	269	JG3或ZB-1A0.6	DH9 0.40	5~7	
					20	三	30	101	180	45	225	JG3或ZB-1A0.6	DH9 0.40	3~5	
					20	四	26	91	162	40	202	JG3或ZB-1A0.6	DH9 0.40	3~5	
	抗冲磨混凝土	C90 40F250, W10		0.37	20	二	32	128	277	69	346	JG3或ZB-1A0.6	DH9 0.4	3~5	
	厂房混凝土结构混凝土	C25F250, W8~W10		0.45	20	二	34	121	215	54	269	JG3或ZB-1A0.6	DH9 0.40	5~7	
					20	三	30	102	182	45	227	JG3或ZB-1A0.6	DH9 0.40	3~5	
					20	四	26	91	162	40	202	JG3或ZB-1A0.6	DH9 0.40	3~5	
		C25F250, W10		0.50	0	二	36	125	250	0	250	JG3或ZB-1A0.6	DH9 0.40	5~7	
					0	三	31	105	210	0	210	JG3或ZB-1A0.6	DH9 0.40	3~5	
		C30F250, W10		0.40	20	二	33	121	242	61	303	JG3或ZB-1A0.6	DH9 0.40	5~7	
					20	三	29	102	204	51	255	JG3或ZB-1A0.6	DH9 0.40	3~5	
		C30F250, W10		0.45	0	二	35	125	278	0	278	JG3或ZB-1A0.6	DH9 0.40	5~7	
					0	三	30	105	233	0	233	JG3或ZB-1A0.6	DH9 0.40	3~5	
	抗冲磨混凝土	C35F250, W10		0.35	20	三	33	121	277	69	346	JG3或ZB-1A0.6	DH9 0.40	3~5	
		C40F250, W10		0.32	20	二	32	126	315	79	394	JG3或ZB-1A0.6	DH9 0.40	3~5	
2003-12—2005-1	厂房混凝土结构混凝土	C25F250, W8		0.45	20	一	38	140	249	62	311	JM-IIC或ZB-1A0.6	AIR202 4.0	7~9	
		C25F250, W10			20	二	33	121	215	54	269	JM-IIC或ZB-1A0.6	AIR202 4.0	5~7	
					20	三	28	98	174	34	208	JM-IIC或ZB-1A0.6	AIR202 3.0	3~5	
					20	四	25	88	156	39	195	JM-IIC或ZB-1A0.6	AIR202 3.0	3~5	
		C30F250, W10		0.41	20	一	37	140	273	68	341	JM-IIC或ZB-1A0.6	AIR202 4.0	7~9	
					20	二	32	121	236	59	295	JM-IIC或ZB-1A0.6	AIR202 4.0	5~7	
					20	三	27	98	191	48	239	JM-IIC或ZB-1A0.6	AIR202 3.0	3~5	

续表

统计时段/(年-月)	工程部位	混凝土设计指标	拌和系统	水胶比	粉煤灰掺量/%	级配	砂率/%	用水量/(kg/m³)	胶材用量/(kg/m³)			减水剂品种及掺量/%	引气剂品种及掺量/(1/万)	坍落(扩散)度/cm	含气量/%
									水泥	粉煤灰	总量				
2003-12—2005-1	抗冲磨混凝土	C35F250, W10	高程150.00m	0.37	20	一	37	141	305	76	381	JM-IIC或ZB-1A0.6	AIR202 4.0	7~9	4.5~5.5
		C40F250, W10			20	二	32	124	268	67	335	JM-IIC或ZB-1A0.6	AIR202 4.0	5~7	
				0.33	20	二	33	107	231	58	289	X404 0.6	AIR202 4.0	3~5	
					20	三	27	100	216	54	270	JM-IIC或ZB-1A0.6	AIR202 3.0	3~5	
					20	三	28	94	203	51	254	X404 0.6	AIR202 4.0	3~5	
	右厂排沙孔	C30F250, W10		0.45	20	一	36	145	352	88	440	JM-IIC或ZB-1A0.6	AIR202 4.0	7~9	
					20	二	31	129	313	78	391	JM-IIC或ZB-1A0.6	AIR202 4.0	5~7	
				0.45	20	三	32	107	259	65	324	X404 0.6	AIR202 4.0	3~5	
2005-1	厂房混凝土	C30F250, W10		0.48	20	二	28	106	189	47	236	JM-IIC或ZB-1A0.6	AIR202 3.0	7~9	4.5~5.5
					20	二	33	127	226	56	282	JM-IIC或ZB-1A0.6	AIR202 3.0	7~9	
					20	二	35	118	196	49	245	JM-IIC或ZB-1A0.7	AIR202 2.5	5~7	
					20	三	30	95	158	40	198	JM-IIC或ZB-1A0.7	AIR202 2.5	3~5	
					20	四	27	87	145	36	181	JM-IIC或ZB-1A0.7	AIR202 2.5	3~5	
		C30F250, W10（坍落度调整）		0.43	20	一	38	140	233	58	291	JM-IIC或ZB-1A0.7	AIR202 2.5	7~9	
					20	二	35	121	202	50	252	JM-IIC或ZB-1A0.7	AIR202 2.5	7~9	
					20	三	30	98	163	41	204	JM-IIC或ZB-1A0.8	AIR202 2.5	5~7	
2005-6	厂房蜗壳二期混凝土	C25F250, W10（低热42.5）		0.45	20	一	44	147	273	68	341	JM-PCA 0.8	AIR202 1.0	16~18	3.5~4.5
					20	二	33	116	206	52	258	JM-PCA 0.8	AIR202 3.0	5~7	4.5~5.5
					20	三	33	119	211	53	264	JM-PCA 0.8	AIR202 3.0	7~9	
					20	二	33	123	218	55	273	JM-PCA 0.8	AIR202 3.0	10~12	
					20	三	28	99	176	44	220	JM-PCA 0.8	AIR202 3.0	7~9	

（5）加密布置冷却水管，高温季节一般按照 1.5m 间距布置，高标号区域高温季节按 1m 布置。

13.2.3.3 通水冷却

（1）冷却水管布置。布置要求应严格按照布置图或设计要求进行；对于每一浇筑层，第一层必须采用黑铁管，其余各层可采用塑料管；蜗壳二期混凝土及其他需要进行初期冷却的部位埋设冷却水管，冷却水管采用 $\phi25mm$ 黑铁管或塑料管材，蛇形管一般按 1.5m（浇筑层厚）×2.0m（水管间距）或 2.0m（浇筑层厚）×1.5m（水管间距）布置，单根管长不超过 250m；高标号区域高温季节按照 1m 布置，3m 升层时老混凝土面布一层铁管间距 1m，仓位中间加铺一层塑料管间距 1m。蛇形管引入有制冷水管设置的廊道内，管口排列有序，做好管口标识。仓内立管布置尽量均匀分散，以免混凝土局部超冷，引入廊道的水管间距一般不大于 1m。距廊道底板 50~100cm，管口朝下弯曲，并对管口妥善保护，防止堵塞，所有立管均引至模板附近。

管路安装准备：铁管埋设前应将管路表面的锈皮、油渍等清除干净，并检查管路有无堵塞现象，如有堵塞，立即处理；铁管管路宜预先加工成弯管段和直管段两部分，弯管应采用机械加工，弯管和直管在仓内拼接成蛇形；塑料冷却水管应满足设计强度，有破损的区段应予以割除。

管路连接：管路接头必须牢固，不得漏水、漏气，且不得过缝；黑铁冷却水管可采用丝扣、套筒、焊接等方法连接，塑料冷却水管采用皮套管或专用套接头连接。塑料管采用套接头时接头必须涂封口胶。两根水管应同轴线焊接，接头处不能有明显转折；一组冷却水管的接头焊接完后，应把焊渣清除干净并通水进行检查，对漏水点、渗水点进行补焊，直到无漏水点、渗水点为止；黑铁管焊接时焊缝要饱满，接头不能有砂眼、漏焊和假焊现象，且接头处可加焊两根 $\phi6$ 短钢筋，以防下料、振捣时撞击脱落。

管路安装：水平布置的管道宜采用插筋桩和细铁丝固定到水平施工缝上，也可采用 Ω 形铁箍进行固定；黑铁管固定点间距 2~3m，塑料管固定点间距 1.0~1.5m，在每个弯头部位固定点应适当加密；冷却水管进出口布置不得过分集中，以免引起混凝土局部超冷；仓面向上引的管口应排列整齐，做好戴帽保护，并明确标识；仓内冷却水管引入廊道、坝外或竖井中后应做好管口保护，防止堵塞，并做到：排列整齐、做好标识和编号、管道间距一般不小于 1m、距廊道底板 50~100cm、管口外露长度不小于 15cm。

管路检查维护：在混凝土浇筑前和浇筑过程中应对已安装好的管道各进行一次通水检查，通水压力 0.1~0.2MPa，如发现堵塞及漏水现象，应立即处理，直至合格；每仓的管道施工完后，要对仓内管道的实际位置、间排距、高程、进出口等做详细的记录（包括垂直上引的管头），并绘图予以说明；在混凝土浇筑过程中，应有专人维护，以免管路变形或堵塞。

（2）初期通水冷却。初期通水控制混凝土内部水化热温升，一般在收仓后 12h 立即开始初期通水，4—11 月由于江水温度较高（>15℃），初期通水采用水温为 6~8℃ 的制冷水，12 月至次年 3 月水温 11~15℃，可通河水进行初期冷却。通水时间为 10~15d，水管通水流量不小于 18L/min，确保混凝土降温速度不大于 1℃/d，流量一般控制在 18~22L/min，每隔 2d 变换一次通水方向。肘管和蜗壳二期混凝土采用加大流量至 25~50L/min，蜗壳二期混凝土收仓后头 4d 通水流量 25~40L/min，后 6d 通水流量 18~20L/min，通水过程中，隔1d换1次进出水方向，控制进出水温差在5℃以上，动态调节流量，如温差小于5℃，则减小通水流量直至通水量控制标准的下限。

（3）中期通水冷却。中期通水以降低混凝土内外温差。9月初开始对当年5—8月浇筑的大体积混凝土块体、10月初开始对当年4月和9月浇筑的大体积混凝土块体、11月初开始对当年10月浇筑的大体积混凝土块体进行中期通水冷却。通水过程中，根据坝体仪埋温度控制通水流量，确保混凝土降温速度不大于1℃/d，流量一般控制在15～20L/min，每隔2d变换一次通水方向，当混凝土温度降至20～22℃时进行全面闷温，闷温时间为5～7d，闷温温度不大于22℃。

（4）后期通水冷却。后期通水是根据接缝灌浆的计划来规划的，一般在9月底开始通水，并且根据高程和灌区的温度要求确定停止通水时间，后期通水要求混凝土内部温度按高程的不同为14～18℃，以坝体达到灌浆温度为准，允许温差+1℃，−2℃，对于填塘及陡坡部位混凝土，在混凝土浇筑后1～2d进行冷却通水，通水时间以混凝土块体达到或接近基岩温度（18～20℃）为准。

13.2.3.4 加强表面养护及保温

（1）混凝土养护。混凝土浇筑收仓12～18h进行养护，对于仓面面积较大的仓位，在高温季节浇筑时，已先收仓的部分及时洒水养护，洒水采用连蓬头或雾化水对空中喷洒；高流速区及垂直混凝土面的养护，采用花管进行流水养护，水平施工缝面采用旋转喷水进行养护，养护时间不少于28d（开始对混凝土表面养护，高温和较高温季节表面进行流水养护，低温季节表面洒水养护，以保温被掀开混凝土表面保持湿润为标准。永久面用花管洒水养护，养护时间为混凝土的龄期或上一仓混凝土覆盖）。

（2）冬季保温。材料选择的原则：首先是保温效果满足设计要求，耐久性好；其次是操作简单牢靠；第三是要满足环保和外表要求。根据这些原则，采用聚乙烯保温卷材，其规格厚度为2.0cm、3.0cm，按部位的不同使用不同规格的材料。

A. 永久面保温：永久保温面用厚2.0cm的聚乙烯卷材保温。利用侧面立模钢筋或定位锥孔、节安螺帽孔来固定保温被，定位锥和节安螺帽孔内塞紧木塞，保温被覆盖后压盖木条，再用钉子固定。固定木条间距1.5～2.0m，永久保温工作在10月上旬开始。为克服聚乙烯塑料保温被在立面上固定难、易透风、耐久性差等问题，有效防止裂缝产生，在4号排沙孔永久外露面采用了粘贴聚苯乙烯板、外刷防水涂料的新工艺。

B. 孔洞封堵：9月底用厚2cm的聚乙烯卷材对尾水管及排沙孔等孔口进行封堵。没有形成封闭孔洞的，不能通过封堵进出口进行保温的其侧面和过流面用厚2.0cm的聚乙烯卷材进行保温。其中尾水管过流面底板采用厚3.0cm的聚乙烯卷材保温。各机组段的墩墙、牛腿等结构部位混凝土用厚2.0cm的聚乙烯卷材进行保温。

C. 寒潮保温：当日平均气温在2～3d内连续下降超过6℃的，对28d龄期内的混凝土表面（非永久面），用厚2cm的聚乙烯卷材保温。

D. 混凝土浇筑保温：当气温降至0℃以下时，龄期在7d以内的混凝土外露面用2cm保温被覆盖。浇筑仓面应边浇筑边覆盖，新浇的仓位应推迟拆模时间，如必须拆模时，应在8h内予以保温。

E. 多卡模板支架下保温：由于多卡模板支架下压混凝土表面，影响保温被的覆盖。

因此，在多卡模板下缘悬挂保温被，作临时保温用，保温被随模板一起提升，并临时固定在支架下支撑处。

所有永久面保温时间从浇筑当年的 9 月起，到一个保温期止。在此期间，每年 9 月开始对破损的保温被进行维修，以确保保温的效果。

13.2.3.5 特殊部位混凝土温控措施

（1）厂房大二期坑肘管混凝土。混凝土分层分块：混凝土共分为八层浇筑。第一层（高程 25.50～27.30m）混凝土 741m³；第二层（高程 27.30～28.80m）混凝土 213m³；第三层（高程 28.80～30.80m）混凝土 275m³；第四层（高程 30.80～32.80m）混凝土 284m³；第五层（高程 32.80～34.80m）混凝土 284m³；第六层右块（高程 34.80～37.20m）混凝土 512m³，第六层左块（高程 34.80～37.20m）混凝土 536m³；第七层右块（高程 37.20～39.60m）混凝土 582m³，第七层左块（高程 37.20～39.60m）混凝土 601m³；第八层右块（高程 39.60～42.00m）混凝土 617m³，第八层左块（高程 39.60～42.00m）混凝土 610m³。单台机组混凝土回填方量 5759m³。

混凝土施工：混凝土标号为 $R_{28}250D250S10$，高程 25.50～27.30m 层混凝土为肘管底部混凝土，施工场地狭窄，钢筋密集，金结埋件较多，施工极为困难。该部位混凝土采取平铺法浇筑，坯层厚度 40cm。最后两个坯层因无法进人振捣而采取自密实混凝土，自密实混凝土扩散度为 55～65cm，其余各坯层均采用常态泵送二级配混凝土，混凝土坍落度 16～18cm。高程 27.30m 以上采用常态混凝土，钢筋密集部位采用二级配，其他部位采用三级配，坍落度 7～9cm。

混凝土温控措施：大二期坑混凝土回填质量要求高，温度控制严格。为满足设计要求，使混凝土内部最高温度不超过设计允许的最高温度，并控制相应温差及混凝土温度应力，防止裂缝产生。采取的主要温控措施有：

1）优化混凝土施工配合比，通过试验在混凝土中掺加高效减水剂，改善混凝土和易性，采用合理的混凝土级配，尽可能采用三级配混凝土，减小混凝土水化热温升。

2）高温季节浇筑混凝土时采用出机口温度为 7℃的预冷混凝土，仓内配置 2～3 台喷雾风机，配置一定数量的保温被，及时覆盖，以防温度倒灌。混凝土尽可能安排在早、晚、夜间或阴天浇筑。

3）混凝土浇筑层间埋设 1″的黑铁管冷却水管，水平间距 1.5m，高程 32.80m 以上各层混凝土埋设两层冷却水管，通 10～12℃的制冷水，通水流量 18～25L/min，初期通水时间 15d。第一层混凝土冷却水管在肘管支墩安装完后及肘管安装前进行安装，预先排放在纵向钢筋的下面。高程 27.30m 以上肘管两侧冷却水管在肘管安装前一次全部安装到位，且固定在相应高程的一期插筋上。高程 25.50～32.80m 各层的冷却水管从钢肘管与下游老混凝土衔接段引出，进出口各埋设一个 15cm×15cm×10cm（长×宽×深）的木盒。高程 32.80m 以上冷却水管出口从高程 42.00m 引出。

4）采用合理的分层浇筑层高及层间浇筑间歇，层间间歇为 5～7d，混凝土表面及时流水养护。

（2）主厂房大二期坑宽槽回填混凝土。大二期坑混凝土回填至高程 42.00m 后，设计在桩号 20+154.00～20+152.80 之间留出 1.2m 宽（单号机组高程 49.00m 以上部位宽 2.4m）、

38.3m 长、不小于 8.0m 深的宽槽。宽槽底部高程 42.00m，顶部高程为 50.00m/50.92m。

宽槽回填时要求两侧母体混凝土冷却至 16℃，宽槽下部高程 38.00～42.00m 范围Ⅱ区、Ⅲ区混凝土及高程 42.00～50.00m 范围Ⅰ区范围混凝土均需冷却至 18℃，以避免局部温差过大。同时，要求宽槽混凝土回填尽量控制在 12 月至次年 3 月低温季节，最晚在 2005 年 4 月底前完成并满足两侧母体混凝土龄期 2～3 个月的要求。

根据宽槽的施工特点，采取了下列温控措施：

1）加快了锥管层混凝土的施工进度，以尽快形成宽槽，为宽槽在低温季节完成混凝土的回填提供有力的保证。

2）制定了宽槽周围混凝土冷却的专项措施，并加强宽槽两侧母体混凝土的冷却通水效果检查，根据检查结果及时调整冷却通水情况，保证了宽槽混凝土回填时，母体混凝土内部温度满足设计要求。

3）回填施工分层：原设计要求按三层至八层分层进行回填，在实际施工中按高程 42.00～44.00～48.00～50.00m（高程 50.92m）分三层施工。每层混凝土量分别为 90m³、190m³、101m³（单号机为 166 m³），混凝土总量为 381m³、446m³。

4）混凝土标号与级配：宽槽混凝土标号为 $R_{28}250D250S10$。根据设计要求，该部位应尽量采用三级配浇筑，但由于宽槽部位钢筋密集，部位狭窄，下料高度大，采用三级配平仓振捣难度大、容易架空、骨料易分离，实际施工中先期浇的 22 号机组第一层采用坍落度为 16～18cm 的二级配混凝土，后续机组根据实际情况把坍落度优化为 14～16cm 及 12～14cm。高程 47.00m 以上部位空间相对开阔。因此，该部位除局部使用二期配混凝土外大部分使用三级配混凝土。

5）冷却通水：宽槽内每个浇筑层均埋设一根冷却水管，水管竖直间距 1.2m。冷却水管采用 PVC 管，冷却水管进出口引至高程 44.00m 廊道排水沟底板或向上引出宽槽顶面。宽槽混凝土覆盖后开始通制冷水，通水水温 8～10℃，通水流量不低于 18L/min，通水时间 10d 左右。

（3）厂房蜗壳混凝土。三峡水利枢纽工程右厂 15～18 号机 4 台机组钢蜗壳均为东方电机厂制造，右厂 19～22 号机 4 台机组为 ALSTOM 机组，右厂 23～26 号机 4 台机组为哈尔滨机组（HEC），其中 17 号、18 号、25 号、26 号机钢蜗壳采用外围敷设软垫层后埋入二期混凝土方案（简称垫层方案）；其他 7 台机组为钢蜗壳充水保压后浇筑二期混凝土方案（简称保压方案），保压方案时蜗壳保压闷头采用在主厂房设置三期坑方式；15 号机为直埋式。本节主要叙述 15 号机组蜗壳充水保压后浇筑二期混凝土方式。

保温保压设备布置。保温保压主要设备包括蜗壳保压闷头、蜗壳保压水箱以及蜗壳充水设备。蜗壳充水设备主要包括加压泵、加热锅炉、相应的阀门和管道。蜗壳保温保压施工设备的布置如下：

1）外循环系统布置。在 15 号机上游高程 67.00m 平台上布置两台型号为 WDR1.0－0.7/95/70－12 的承压式电热锅炉（每台锅炉的加热功率为 1000kW）、3 台管道泵（每台泵的流量为：200m³/h；扬程为：20～30m）、1 台加压泵（1MPa）和相应的阀门、管路、控制柜及缓压水箱、压力检测表、水温传感器接口等，并通过外循环管路与蜗壳闷头连接。

2）内循环管路布置。在蜗壳内部沿中心轴线外侧 400mm，高程 55.70m（蜗壳浇混凝土期为秋冬季节，高程低即利于施工，亦利于热水循环），环向敷设一条直径 325mm 的管道，管道在蜗壳尾部的一端用钢板封堵；另一端通过闷头与进水管相连。为保证热水循环顺畅，在管道上钻直径 8mm 的通孔（沿流向每个孔之间的间距 600mm，沿管道圆周均布 12 个孔）。

3）膨胀恒压系统的布置。膨胀恒压系统布置在高程 120.00m 栈桥以上右厂排坝段墩墙上。

4）蜗壳内水温监测仪器的布置。在每台机组蜗壳设 4 个监测断面，监测断面分别选在蜗壳进口直管段、20+136.00 蜗壳左右两侧、机组中心线－Y 向。在每个端面离蜗壳 50cm 平均布置 5 个温度计，共 20 支温度计。测点位置误差控制在±20mm 以内。温度计固定牢固，且与支撑结构之间采取隔热措施。各测点仪器电缆沿蜗壳底部集中引至蜗壳闷头处，经特制密封接头处引出，接入集线箱。蜗壳内电缆及接头要求耐水压不小于 0.8MPa，温度计选择美国基康 4700 型号仪器，要求耐水压不小于 0.8MPa。

5）在蜗壳闷头处设一个压力测点，安装压力传感器或压力表，作为蜗壳内水压力测量仪器。

6）向保温保压设备供电的变压器有两台，分别布置在 16 号机上游高程 67.00m 平台和安Ⅳ上游高程 82.00m 平台。

蜗壳充水和加压。

1）蜗壳充水和加压应具备的条件：蜗壳联合验收合格；闷头和密封环安装验收合格；蜗壳盘型阀和蜗壳取水管等已封堵；蜗壳进人门已封堵；蜗壳测压管已验收合格；蜗壳底部鞍形混凝土支墩浇筑达到 28d 龄期。外循环系统压力试验合格，锅炉及水泵、加压泵和电控装置调试合格。系统所有压力表、压力信号计、温度表、温度信号计等检查并统一校准和率定合格。温度监测装置检查安装调试验收合格。

2）蜗壳充水。蜗壳 DN150 供水管与布置在主厂房上游高程 67.00m 通道上的施工用 DN150 供水管相接，向蜗壳内充水。打开闷头上的排气阀（DN80），打开主供水管阀门，通过回水管直接进入蜗壳，直至排气阀出水，且水中不含气体为止。在充水过程中及时检查蜗壳、闷头、座环密封和蜗壳进人门的密封性能。如不合格，将蜗壳内积水排尽后重新处理，直至合格。

3）蜗壳加压。蜗壳充满水且经密封检查合格后，启动加压泵开始对蜗壳进行加压。蜗壳的加压程序分三级加压至最终压力：水泵加压至 0.3MPa（在高程 57.00m 处测量的压力值），保持 30min；加压至 0.5MPa，保持 30min；再加压至最终保压压力 0.7MPa。

蜗壳保温保压运行。

1）蜗壳保压。以高位膨胀恒压系统作为蜗壳保温保压运行期间保证蜗壳内水压力的主方案，加压泵作为备用。当蜗壳内水压力降低时，由于高位膨胀恒压系统与蜗壳通过管道直接连接，可自动对蜗壳补水保压。同时，当蜗壳内水受热体积膨胀而造成蜗壳内水压力上升时，可通过膨胀恒压系统上的溢流管对蜗壳泄压。加压泵仅作为应急措施，压力测量以高程 57.00m 处的压力为控制标准，压力值误差控制在±1.00m 水头范围内。

2）蜗壳保温。按照设计文件要求，在保证蜗壳内的压力为 0.7MPa 情况下，蜗壳内水温要在 16～22℃之间。给蜗壳充水以及保压浇筑混凝土时，蜗壳内断面平均水温应控制在 20℃±2℃。

16 号机保温保压蜗壳二期混凝土的浇筑时段 2006 年 10 中旬至 2007 年 2 月中旬，根据三峡水利枢纽工程大坝水库水位，多年的平均水温可知，16 号机蜗壳充水期间不需要加温。蜗壳内水需要加温的时间，根据蜗壳内温度监测点平均值决定，当蜗壳内的各测点平均值低于 16℃时开始加温。

根据左厂运行资料，当锅炉出水温度为 21℃时，蜗壳内各断面平均水温大约为 17～18℃（以一个断面 5 个测点的平均值为控制标准，各断面平均温度的差值不应超过 1℃），达到这一温度时加温阶段结束，保温阶段开始。借鉴左厂经验，16 号机加温保温运行采取了以下措施：

加温运行：锅炉试运行完成后，将控制屏的手动控制方式切换为自动控制方式。蜗壳内各测温点平均值升至 20℃±2℃时，锅炉停止加温，进入保温阶段（根据左厂的经验为 21℃），同时并定期记录锅炉出水温度。

保温运行：保温阶段开始，这时应注意观察锅炉出水温度是否稳定。根据锅炉厂家提供的资料，此时锅炉的自控装置能够保证锅炉的出水温度在 21℃±0.5℃区间内自动增、减负荷运行。

保温运行期间，当加热负荷只需一台锅炉时，两台锅炉和管道泵定期轮换开、停运行，使各台设备的使用时间相同，提高平均使用寿命。停止运行的锅炉和管道泵进行维护保养，以备能随时投入使用。

3）蜗壳排水卸压及保温保压施工设备拆除。①卸压条件：蜗壳二期混凝土浇筑完毕 7d 后，且确保所有的灌浆完毕就可以卸压放水；②卸压步骤：停泵，关闭高位恒压系统与蜗壳之间的阀门，打开蜗壳闷头上的排气阀，等排气阀不出水后，打开闷头底部的总排水管阀门，将蜗壳内水通过高程 44.00m 廊道铺设的 DN200 管道自流至锥管进人门处，沿尾水肘管排安Ⅲ永久积水泵站。

4）混凝土分层分块。设计图纸中高程 66.97m 以下蜗壳外围二期混凝土分 6 层浇筑，每层分四块浇筑，采用错缝搭接。为加快施工进度，综合考虑混凝土温控、浇筑密实性和钢筋网对骨料的筛分作用以及现场可操作性，18～16 号机施工分层调整为五层方案施工，具体分层为高程 49.50～54.00～57.50～61.25～64.50～66.97m（高程 67.90m）。

5）温控措施：①设计允许最高温度。混凝土设计允许最高温度见表 13-19。保压浇筑混凝土时，如不采取调整保压水头等相关措施时，应采取措施控制蜗壳内每个测量断面，测点的平均温度在 16～22℃范围内。②仓面温控。根据浇筑时段不同，采取相应措施，确保形成较为稳定的仓面小气候。在高温季节（5—9 月），尽量选择气温较低的时段开浇，并在仓面上布置喷雾机，降低仓面温度，保持仓面湿度，对混凝土浇筑接头及时覆盖保温被，混凝土浇筑完后及时采用洒水或流水养护。低温季节在混凝土外露面覆盖厚 3cm 保温被保温。③初期通水冷却。为了降低混凝土早期最高温度，在 4—10 月浇筑的混凝土在每仓施工缝面和浇筑层中间各布置一层冷却水管，水管间距 1.5m。第一层采用黑铁管，第二层采用塑料冷却水管，冷却水管上引至高程 67.00m 层面。混凝土浇筑完成后 12h 开始通水，5—9 月通 8～10℃制冷水，4 月、10 月通河水，通水时间为 10d，并不超过层间间歇时间，蜗壳二期混凝土采用加大流量至 25～50L/min，蜗壳二期混凝土收仓后头 4d 通水流量 25～40L/min，后 6d 通水流量 18～20L/min，通水过程中，隔 1d 换 1 次进出水方向，控制进出水温差在 5℃ 以上，动态调节流量，如温差小于 5℃，则减小通水流量直至通水量控制标准的下限。黑铁管在加工厂预先制作成弯管段和直管段两部分，在仓号内拼装成蛇形管圈。管路连接采用焊接，混凝土浇筑前对安装好的冷却水管进行通水检查，通水压力 0.3～0.4MPa，确保连接可靠，不堵塞不漏水。④采用预冷混凝土。12 月至次年 2 月浇筑混凝土可自然入仓，在 3—11 月采用预冷混凝土，控制混凝土浇筑温度不高于 12～14℃。⑤控制混凝土级配。为避免混凝土内部早期温升过高，尽量多浇筑三级配混凝土，少使用胶凝材料多的泵送高流态一级、二级配混凝土。

表 13-19 混凝土设计允许最高温度

月份		12月至次年2月	3、11	4、10	5、9	6—8
设计允许最高温度/℃	R$_{28}$250 号	25～27	28～30	32～34	35～36	38

13.2.4 温控实施效果

13.2.4.1 混凝土出机口温度检测

（1）右岸水电站厂房 4 号排沙孔～18 号机。混凝土生产出机口温度每小时检测 1 次，高程 150.00m 拌和系统 1 号楼生产的按不同标准控制的混凝土共检测 588 次，总合格率达到 96.3% 以上。自然温度入仓的混凝土检测 357 次，平均温度 12.8℃。不大于 7℃ 温度入仓的混凝土检测 204 次，平均温度 6.6℃。不大于 14℃ 温度入仓的混凝土检测 29 次，平均温度 10.5℃。混凝土生产出机口温度汇总统计见表 13-20，混凝土生产出机口温度检测结果统计见表 13-21。

表 13-20 混凝土生产出机口温度汇总统计表

拌和系统	统计时段 /(年-月-日)	标准 /℃	测次	最大值 /℃	最小值 /℃	平均值 /℃	合格率 /%	备注
高程 84.00m	2003-9-27—12-31	≤7	120	15.5	4.0	6.4	87.5	
		小计	120					
	2004-5-2—12-11	≤7	245	25.0	4.0	6.8	82.0	
		≤10	41	21.0	4.0	8.5	97.6	
		≤14	104	18.0	7.0	11.5	95.2	
		小计	390					
	2005-4-24—11-5	≤7	148	21.0	4.0	7.2	75.0	
		≤10	75	12.0	6.5	9.4	86.7	
		≤14	140	16.0	6.0	12.1	89.9	
		小计	363					
	2006-3-9—10-25	≤7	209	13.0	4.0	7.3	56.0	
		≤10	106	14.0	5.0	9.1	85.8	
		≤14	107	14.0	6.0	11.9	100	
		小计	422					

拌和系统	统计时段 /(年-月-日)	标准 /℃	测次	最大值 /℃	最小值 /℃	平均值 /℃	合格率 /%	备注
高程 150.00m	2003-7-18—9-25	≤7	188	9.0	4.0	6.5	96.3	
		小计	188					
	2005-5-18—8-11	≤7	16	7.0	6.0	6.7	100	
		≤14	29	14.0	7.0	10.5	100	
		小计	45					

表 13-21　　　　　　　　混凝土出机口温度检测结果统计表

统计时段 /(年-月-日)	工程部位	拌和系统	温控要求 /℃	检测次数	最大值 /℃	最小值 /℃	平均值 /℃	合格率 /%
2004-1-22—2005-3-30	15 号机	高程 150.00m	自然温度	116	18.5	8.0	12.6	
2003-9-10—22			≤7	42	8.0	5.0	6.6	95.2
2005-5-28—29			≤14	15	14.0	7.0	9.7	100
2005-2-24—8-11	16 号机		自然温度	46	19.0	10.0	14.4	
2003-8-20—2005-8-11			≤7	80	9.0	5.0	6.5	97.5
2005-3-4—26	17 号机		自然温度	65	17.0	11.0	14.6	
2003-7-18—9-25			≤7	72	8.0	4.0	6.5	98.6
2005-2-14—3-22	18 号机		自然温度	66	16.0	4.0	11.6	
2003-9-17—2005-6-15			≤7	8	7.0	6.0	6.5	100
2005-5-18			≤10	14	14.0	9.0	11.4	100
2005-2-9—3-10	4 号排沙孔		自然温度	64	18.5	6.0	10.6	
2003-11-15—2006-5-8	15 号机	高程 84.00m	自然温度	265	19.0	3.0	12.6	
2003-9-27—2006-10-6			≤7	154	14.0	4.0	6.7	74.0
2004-6-21—2006-7-15			≤10	54	14.0	5.5	9.0	92.6
2004-10-26—2006-5-13			≤14	91	15.0	7.0	11.9	97.8
2003-10-2—2006-3-23	16 号机		自然温度	254	20.0	4.0	12.3	
2003-10-2—2006-10-10			≤7	131	21.0	4.0	7.0	79.4
2004-5-22—2006-7-15			≤10	51	12.0	5.0	9.0	90.2
2004-8-17—2006-5-14			≤14	75	16.0	6.0	11.8	96.0
2003-9-30—2006-4-9	17 号机		自然温度	250	20.0	5.0	12.5	
2003-9-29—2006-10-25			≤7	182	25.0	4.0	7.1	68.7
2004-6-9—2006-9-1			≤10	52	14.0	4.0	9.0	82.7
2004-10-19—2006-5-17			≤14	86	15.0	7.0	11.9	93.0
2003-10-6—2006-6-30	18 号机		自然温度	282	23.0	4.0	12.6	
2003-10-1—2006-10-17			≤7	172	24.0	4.0	7.2	62.8
2004-6-3—2006-7-16			≤10	44	11.0	6.0	9.2	88.6
2004-5-24—2006-9-19			≤14	80	19.0	6.0	12.3	92.5

统计时段 /（年-月-日）	工程部位	拌和系统	温控要求 /℃	检测次数	最大值 /℃	最小值 /℃	平均值 /℃	合格率 /%
2004-2-27—2005-1-24	4号排沙孔	高程 84.00m	自然温度	59	21.0	4.0	10.0	
2004-5-20—2006-9-27			≤7	36	10.0	4.0	6.6	86.1
2004-5-29—10-15			≤10	3	21.0	7.0	12.3	66.7
2004-10-26—11-1			≤14	6	12.0	8.0	10.0	100
2005-9-22—2006-10-2	尾水护坦		自然温度	75	20.0	9.0	13.0	
2006-8-11—10-25			≤7	36	11.0	4.0	6.7	80.6
2005-9-22—10-15			≤10	18	12.0	6.5	9.2	88.9
2005-10-14—2006-8-5			≤14	16	14.0	6.0	11.4	100

（2）右岸水电站厂房19号机～安Ⅰ段。根据不同季节、不同工程部位，设计要求混凝土出机口温度分为7℃、10℃、14℃及自然温度。施工中采取控制水泥入罐温度不超过65℃；粗骨料通过冲洗筛分后在调节料仓脱水并经过一次风冷，特大石、大石和中石表面温度要求在-6～-4℃，小石表面温度在-1～1℃；在拌和楼贮料仓再经过二次风冷，特大石、大石表面温度在-1.5～-1℃，中石表面温度在0～0.5℃，小石表面温度在1～1.5℃，并采取砸石检测骨料内部温度，检验经过二次风冷的骨料内部冷透到与表面温度一致或接近；采用4℃以下低温水拌制混凝土，如仍不能满足出机口温度时则加-5～-6℃的片冰拌和，片冰加入量控制在拌和用水的90%以下；以及系统保温等措施来控制混凝土的出机温度。拌和楼机口检测混凝土温度18025次，不大于7℃的检测8153次，平均温度6.2℃，合格率95.8%，不大于10℃的检测1481次，平均温度8.8℃，合格率95.7%，不大于14℃的检测2423次，平均温度11.9℃，合格率98.8%，常温混凝土检测5968次，平均温度12.2℃。混凝土出机口温度检测统计结果见表13-22。

表13-22　　　　　　　　　　混凝土出机口温度检测统计结果表

统计时段 /年	工程部位	拌和系统	温控要求 /℃	检测次数	最大值 /℃	最小值 /℃	平均值 /℃	合格率 /%
2003	19号机	高程84.00m	≤7	200	7.5	3.6	6.0	97.5
			≤14	2	13.0	10.0	11.5	
			常温	155	19.0	5.8	12	
	20号机		≤7	186	8.0	4.0	6.2	92.5
			≤14	1	13.0	13.0	13.0	
			常温	232	18.0	4.0	7.9	
	21号机		≤7	237	10.0	4.0	6.1	97.0
			常温	114	18.0	7.0	12.1	
	22号机		≤7	174	8.5	3.0	6.1	94.8
			常温	132	18.0	5.4	12.2	
	23号机		≤7	305	8.0	1.4	6.0	96.4
			常温	132	17.0	6.5	12.1	

统计时段/年	工程部位	拌和系统	温控要求/℃	检测次数	最大值/℃	最小值/℃	平均值/℃	合格率/%
2003	24号机	高程84.00m	≤7	406	8.5	2.4	6.1	94.8
			常温	117	17.0	4.2	12.6	
	25号机		≤7	453	9.0	3.5	6.2	93.2
			常温	77	14.5	5.4	10.8	
	26号机		≤7	490	9.0	2.5	6.2	91.0
			常温	36	16.5	6.2	12.0	
	安Ⅰ		≤7	204	9.0	3.0	6.5	87.7
			常温	34	16.5	6.2	11.7	
	安Ⅱ		≤7	363	10.0	3.6	6.1	94.5
			常温	149	18.0	6.8	12.0	
	安Ⅲ		≤7	36	6.8	4.0	5.8	100.0
			常温	124	19.0	7.0	12.6	
	厂前区		≤7℃	109	7.4	4	6.1	98.2
			≤14℃	4	13.4	10	11.8	
			常温	18	15	11	12.4	
2004	19号机	高程84.00m	≤7	146	7.5	4.5	6.2	97.3
			≤10	74	10.0	6.0	8.9	100
			≤14	71	14.0	6.0	12.0	100
			常温	206	16.0	12.0	13.7	
	20号机		≤7	171	7.6	4.0	6.1	98.8
			≤10	115	10.0	4.0	8.5	100
			≤14	81	15.0	6.0	12.2	98.8
			常温	253	19.0	6.0	12.7	
	21号机		≤7	156	8.0	4.0	6.1	94.9
			≤10	137	10.0	4.0	8.6	100
			≤14	97	14	7.5	12.0	100
			常温	246	20.0	8.0	12.7	
	22号机		≤7	283	9.8	4.0	6.2	96.5
			≤10	108	10.0	6.0	8.7	100
			≤14	76	15	5	11.8	97.0
			常温	232	19.0	5.5	12.6	
	23号机		≤7	145	8.0	4.0	6.1	
			≤10	133	10.0	5.0	8.9	
			≤14	66	14	5.8	12.3	
			常温	203	16.0	7.5	11.9	

统计时段/年	工程部位	拌和系统	温控要求/℃	检测次数	最大值/℃	最小值/℃	平均值/℃	合格率/%
2004	24 号机	高程 84.00m	≤7	146	8.0	4.0	6.2	
			≤10	39	10.0	6.5	8.8	
			≤14	51	14	5.8	11.4	
			常温	154	19.0	8.0	12.8	
	25 号机		≤7	160	7.5	4.0	6.2	98.1
			≤10	60	10.0	6.5	8.7	100
			≤14	63	14	6.5	10.9	100
			常温	161	20.0	7.5	12.4	
	26 号机		≤7	199	7.2	3.0	6.2	99.5
			≤10	108	10.5	5.0	8.7	98.0
			≤14	73	15	5	11.4	97.0
			常温	178	19.0	5.4	12.1	
	安Ⅰ		≤7	54	7.0	5.0	6.1	100.0
			≤10	9	10.0	8.0	8.9	
			≤14	11	14.5	6.5	12.1	
			常温	58	16.0	8.0	12.3	
	安Ⅱ		≤7	439	10.0	3.0	6.2	94.5
			≤10	111	11.0	6.0	8.7	99
			≤14	31	14	5	9.1	100
			常温	124	18.0	7.5	13.6	
	安Ⅲ		≤7	103	8.0	4.0	6.2	94.2
			≤10	383	11.0	5.0	8.8	99.0
			≤14	21	14	6	10.0	100
			常温	202	19.0	5.0	12.4	
	尾水护坦		≤7	55	8.0	3.6	6.1	94.5
			≤10	56	11.0	6.0	8.8	98.0
			≤14	3	9.5	8	9.0	
			常温	50	18.0	6.4	13.2	
	护坡		≤7	5	6.8	5.4	6.3	
			≤10	5	9.5	8.0	8.9	
			≤14	8	14	12	13.1	
			常温	24	17.0	9.0	13.5	

统计时段/年	工程部位	拌和系统	温控要求/℃	检测次数	最大值/℃	最小值/℃	平均值/℃	合格率/%
2005	19号机	高程84.00m	≤7	56	8.5	4.5	6.3	96.4
			≤10	11	12	7	9.1	90.9
			≤14	88	14	10	12.3	100
			常温	136	18	7	12.1	
	20号机		≤7	59	7.0	5.0	6.3	100
			≤10	5	10.0	8.5	9.5	
			≤14	103	14.0	8.0	12.3	100
			常温	179	19.5	8.0	12.3	
	21号机		≤7	57	7.5	4.0	6.2	96.5
			≤10	25	11.0	6.0	8.9	92.0
			≤14	98	15.0	8.5	12.3	99.0
			常温	141	19.0	7.0	13.1	
	22号机		≤7	42	8.0	5.0	6.4	95.2
			≤10	14	10.0	6.0	8.4	100
			≤14	99	14.0	8.5	11.9	100
			常温	171	19.0	7.0	12.3	
	23号机		≤7	51	10.0	3.0	6.2	96.1
			≤10	18	10.0	7.5	9.1	
			≤14	104	14.5	7.0	12.0	99.0
			常温	210	19.5	6.0	12.2	
	24号机		≤7	62	9.0	5.0	6.6	80.6
			≤10	13	12.0	7.5	9.3	
			≤14	129	14.0	8.0	12.3	100
			常温	199	19.0	7.0	12.2	
	25号机		≤7	48	8.0	5.0	6.6	89.6
			≤10	11	10.0	8.0	9.0	
			≤14	111	14.0	7.0	11.8	100
			常温	226	20.0	6.0	12.4	
	26号机		≤7	71	8.0	4.0	6.3	95.8
			≤10					
			≤14	82	15.0	8.0	12.1	98
			常温	189	19.0	7.0	12.0	
	安Ⅰ		常温	31	16.0	8.0	10.5	

统计时段/年	工程部位	拌和系统	温控要求/℃	检测次数	最大值/℃	最小值/℃	平均值/℃	合格率/%
2005	安Ⅱ	高程84.00m	≤7	152	9.0	3.3	6.3	94.7
			≤10					
			≤14	77	14.0	8.0	12.0	100
			常温	93	19.0	7.0	12.2	
	安Ⅲ		≤7	101	9.0	4.0	6.4	95.0
			≤10	16	11.5	7.0	8.7	93.8
			≤14	139	14.5	8.5	11.9	99.0
			常温	225	18.0	7.0	11.5	
	尾水护坦		≤14	20	14.0	9.0	12.3	100
			常温	47	18.0	8.0	11.3	
	护坡		≤10	30	10.0	8.0	9.3	100
			≤14	48	14.0	8.0	11.2	100
			常温	60	19.0	7.0	13.3	
2006	19号机	高程84.00m	≤7	243	7.5	4	6.3	98.4
			≤10					
			≤14	68	15.0	9.0	12.3	98.5
			常温	43	18.0	9.5	13.2	
	20号机		≤7	266	8.0	4	6.2	99.2
			≤14	70	15	8.0	11.7	98.6
			常温	46	19	10.0	12.7	
	21号机		≤7	308	8.0	3.5	6.4	96.1
			≤14	52	14	10.0	12.5	100
			常温	73	18.5	6.0	13.3	
	22号机		≤7	183	8.0	3.5	6.2	99.5
			≤14	75	14	8.0	11.9	100
			常温	108	19	10.0	13.2	
	23号机		≤7	307	8.0	4.5	6.3	99.0
			≤14	56	14	9.0	12.2	100
			常温	67	18.5	9.0	13.2	
	24号机		≤7	279	9.0	5	6.4	97.1
			≤14	42	14.5	5.5	11.6	97.6
			常温	54	20	9.0	12.4	
	25号机		≤7	284	8.5	4	6.4	97.9
			≤14	39	14	10.0	12.1	100
			常温	47	20	9.0	13.0	

统计时段/年	工程部位	拌和系统	温控要求/℃	检测次数	最大值/℃	最小值/℃	平均值/℃	合格率/%
2006	26 号机	高程 84.00m	≤7	221	9.0	4	6.5	97.3
			≤14	25	14	8.5	12.2	100
			常温	54	19	10.0	13.2	
	安Ⅱ		≤7	3	7.0	5.5	6.2	
			≤14	48	14	9.5	12.3	100
			常温	22	19	9.0	14.5	
	安Ⅲ		≤7	26	7.0	5	6.2	100
			≤14	46	15.5	7.0	12.4	95.7
			常温	49	18	9.0	12.5	
	尾水护坦		≤14	90	13	7.0	10.7	100
			常温	21	20	10.0	13.3	
	护坡		≤14	29	13.5	4.7	11.1	100
			常温	36	19	10.0	13.7	
	厂前区		≤14	11	13	10	11.9	
2003—2006	19 号机	高程 84.00m	≤7	645	8.5	3.6	6.2	97.7
			≤10	85	12.0	6	9.0	98.8
			≤14	229	15.0	6	12.0	98.7
			常温	540	19.0	5.8	12.0	
	20 号机		≤7	682	8.0	4.0	6.2	97.4
			≤10	120	10.0	4.0	8.5	95.8
			≤14	255	15.0	6.0	12.1	98.8
			常温	710	19.5	4.0	11.0	
	21 号机		≤7	758	10.0	3.5	6.2	96.2
			≤10	162	11.0	4.0	8.6	98.8
			≤14	247	15.0	7.5	12.2	99.6
			常温	574	20.0	6.0	12.8	
	22 号机		≤7	682	9.8	3.0	6.2	96.8
			≤10	122	10.0	6.0	8.7	100
			≤14	250	15.0	5.0	11.9	99.2
			常温	643	19.0	5.4	12.5	
	23 号机		≤7	808	10.0	1.4	6.2	97.4
			≤10	151	10.0	5.0	8.9	88.1
			≤14	226	14.5	5.8	12.2	99.6
			常温	612	19.5	6.0	12.2	

统计时段/年	工程部位	拌和系统	温控要求/℃	检测次数	最大值/℃	最小值/℃	平均值/℃	合格率/%
2003—2006	24 号机	高程 84.00m	≤7	893	9.0	2.4	6.3	95.0
			≤10	52	12.0	6.5	8.9	75.0
			≤14	222	14.5	5.5	12.0	99.5
			常温	524	20.0	4.2	12.5	
	25 号机		≤7	945	9.0	3.5	6.3	95.3
			≤10	71	10.0	6.5	8.7	84.5
			≤14	213	14.0	6.5	11.6	100
			常温	511	20.0	5.4	12.2	
	26 号机		≤7	981	9.0	2.5	6.3	94.5
			≤10	108	10.5	5.0	8.7	98.1
			≤14	180	15.0	5.0	11.8	97.8
			常温	457	19.0	5.4	12.2	
	安Ⅰ		≤7	258	9.0	3.0	6.4	90.3
			≤10	9	10.0	8.0	8.9	
			≤14	11	14.5	6.5	12.1	
			常温	123	16.5	6.2	11.7	
	安Ⅱ		≤7	957	10.0	3.0	6.2	94.3
			≤10	111	11.0	6.0	8.7	99.1
			≤14	156	14.0	5.0	11.5	100
			常温	388	19.0	6.8	12.7	
	安Ⅲ		≤7	266	9.0	4.0	6.2	95.9
			≤10	399	11.5	5.0	8.8	98.7
			≤14	206	15.5	6.0	11.8	98.5
			常温	600	19.0	5.0	12.1	
	尾水护坦		≤7	55	8.0	3.6	6.1	94.5
			≤10	56	11.0	6.0	8.8	98.2
			≤14	113	14.0	7.0	10.9	97.3
			常温	130	20.0	6.4	12.6	
	护坡		≤7	5	6.8	5.4	6.3	
			≤10	35	10.0	8.0	9.2	85.7
			≤14	85	14.0	4.7	11.3	90.6
			常温	120	19.0	7.0	13.4	
	厂前区		≤7	218	7.4	4.0	6.1	98.2
			≤14	30	13.4	10.0	11.8	100
			常温	36	15.0	11.0	12.4	

13.2.4.2　混凝土入仓及浇筑温控

（1）右岸水电站厂房 4 号排沙孔～18 号机。混凝土入仓、浇筑温度汇总见表 13-23。

表 13-23　　　　　　　　　　　　混凝土入仓、浇筑温度汇总表

统计时段/年	完成仓次	平均浇筑强度/(m³/h)	混凝土入仓温度/℃				混凝土浇筑温度/℃					超温点/个	超温率/%	备注
			测次	最大	最小	平均	允许温度	测次	最大	最小	平均			
2003	78	24	748	13	3	8.2	≤14	712	14	4	10.6	0	0	
							≤16							
							≤18							
							≤20							
2004	260	26	907	11	3.5	7.3	≤14	837	16	4.5	9.6	0	0	
			703	13	4	7.5	≤16	635	16.5	6	10.5	0	0	
			380	16	5	10.95	≤18	345	17	8	12.7	0	0	
			92	15	8	11.5	≤20	86	19.5	10	13.2	0	0	
2005	372	15	333	17.5	5	8	≤14	265	17.5	6	9.6	2	0.6	
			328	1	5.9	8.0	≤16	279	15.8	7	10.5	0	0	
			849	17	6.5	11.4	≤18	736	18	9	13.98	0	0	
			204	16	7	12.0	≤20	177	17.8	9	13.9	0	0	
2006	547	15	1434	12	4.5	8.6	≤14	1351	14	6	11.3	0	0	
			69	13	6	8.8	≤16	64	16	8	13.3	0	0	
			800	15	4.8	9.8	≤18	694	18	7	13.1	0	0	
			411	16	5.5	11.3	≤20	382	19	7.6	13.7	0	0	
汇总	1257	20	3422	17.5	3	8	≤14	3156	17.5	9.6	10.3	2	0.06	
			1100	13	4	8.1	≤16	978	16.5	6	11.4	0	0	
			2029	17	4.8	9.75	≤18	1775	18	7	12.9	0	0	
			707	16	5.5	12.0	≤20	645	19	7.6	13.6	0	0	

（2）右岸水电站厂房 19 号机～安Ⅰ段。2003 年 4—11 月、2004 年 4—10 月、2005年 4—12 月、2006 年 3 月至今，混凝土浇筑仓号均采用预冷混凝土。混凝土入仓、浇筑温度汇总见表 13-24。

表 13-24　　　　　　　　右岸电站厂房混凝土入仓、浇筑温度汇总表

统计时段/年	完成仓次	平均浇筑强度/(m³/h)	混凝土入仓温度/℃				混凝土浇筑温度/℃					超温点/个	超温率/%	备注
			测次	最大	最小	平均	允许温度	测次	最大	最小	平均			
2003	631	13.7	5103	18	4	7.7	≤14	4653	20	4.3	10.6	86	1.85	按实际浇筑仓号统计 统计时段 4—11 月

统计时段/年	完成仓次	平均浇筑强度/(m³/h)	混凝土入仓温度/℃				混凝土浇筑温度/℃					超温点/个	超温率/%	备注
			测次	最大	最小	平均	允许温度	测次	最大	最小	平均			
2004	656	13.7	2391	16	3.0	7.5	≤14	2009	18	5.5	10.8	18	0.9	按实际浇筑仓号统计 统计时段4—11月
			3331	19	5	9.8	≤18	2772	21	7	13	9	0.3	
			76	17	9	13	常温	56	19	12	13.3	1	1.8	
2005	699	8.1	561	11	6	7.9	≤14	443	14.5	7	11	8	1.8	按实际浇筑仓号统计 统计时段4—12月
			15	12	9.5	10.5	≤16	12	13	10	11.6	0	0	
			581	16.5	8	12.4	≤18	515	19	10	13.8	0	0	
			3539	19	8	13.9	≤20	2735	22	11	16.3	5	0	
			68	19	12	15.1	常温	60	19	14	16.3	0	0	
2006	1023	6.4	2426	14.5	4	7.8	≤14	2119	16	5	10.9	0	0	按实际浇筑仓号统计 统计时段3—10月
			3247	17		14.2	≤20	1029	19	9.5	15.6	0	0	
			57	19	8.5	14.5	常温	54	20	10.5	15.3	0	0	
汇总	3009	10.5	5378	16	3	7.7	≤14	4571	18	5	10.9	25	0.5	
			15	12	9.5	10.5	≤16	12	13	10	11.6	0	0	
			3912	19	5	11.1	≤18	3287	21	7	13.4	9	0.3	
			3247	17		14.2	≤20	1029	19	9.5	15.6	0	0	
			6288	19	0.8	12.9	常温	5697	20	4.3	14.03	0	0	

13.2.4.3 混凝土通水冷却

（1）初期通水。右岸水电站厂房施工期间，根据设计温控要求，在设有纵缝要求进行接缝灌浆坝段相应部位、厂房封闭块、蜗壳二期混凝土等大体积混凝土埋设冷却水管进行通水冷却，其中初期通水效果明显起到了削减混凝土内部温度高峰值的作用。右岸水电站厂房4号排沙孔～18号机初期冷却通水情况见表13-25。右岸水电站厂房19号机～安Ⅰ段初期冷却通水效果统计表见表13-26。

（2）中期冷却通水。右岸水电站厂房4号排沙孔～18号机中期冷却通水情况见表13-27。右岸水电站厂房19号机～安Ⅰ段中期冷却通水效果统计表见表13-28。

13.2.4.4 仪埋检测成果

（1）右岸水电站厂房4号排沙孔～18号机。共埋设测温管仓次31个，符合仓次26个；共埋测温管31组，符合组26组；共埋仪器120支，符合点115个。测温管测得平均最高温35.9℃（出现在2003年8月），平均富裕度-7.5～13.0℃；仪测得点温最高温41.3℃（出现在2004年8月），富裕度-13.6～8.8℃。混凝土标号均为250号。具体监测情况详见表13-29、表13-30。

右厂排埋设仓次25个，符合仓次21个；共埋测温管25组，符合组20组。测温管测得平均最高温34.3℃（出现在2004年8月），平均富裕度-5.9～6.7℃。具体监测情况见表13-31。

表 13－25

混凝土初期通水冷却检测汇总表

统计时段/年	通水类型	检测组数	进水温度/℃				出水温度/℃				平均温差/℃	流量/(L/min)				通水历时/d	闷温结果							备注
			测次	最大	最小	平均	测次	最大	最小	平均		测次	最大	最小	平均		检测组数	最大	最小	平均	符合标准/组	符合比例/%	历时/d	
2003	制冷水	74	3210	12	8	10.5	3210	24.0	13.0	21.0	12.0	3210	30	20	25	15	66	27	14.8	21.4	66	100	7	
	江水																							
2004	制冷水	288	12960	13.5	8	10.9	12960	28	10	18.2	14.5	12960	42.0	15.0	25.4	15	288	24.8	14.8	22.7	288	100	7	
	江水	173	7785	18.5	6	12.1	7785	23	7	15.8	4.5	7785	30	15	21.4	15	173	22.2	13.7	18.3	173	100	7	
2005	制冷水	217	9765	14.5	7.5	10.6	9765	19	9	14.45	4.5	9765	30	18	23.7	10~15	217	27	19.5	23.65	217	100	7	
	江水	34	1530	20.5	6.5	11.2	1530	21.5	7.5	13.96	1	1530	38	18	24	10~15	34	23.5	10	17.97	34	100	7	
2006	制冷水	139	5199	17	8	12	5199	20	8	14	3	5199	45	18	27	10~15	139	27	18.1	22.6	139	100	6	
	江水																							
合计	制冷水	718	31134	17	7.5	11	31134	28	8	16.7	11	31134	45	15	25.3	10~15	710	27	14.8	22.59	710	100	7	
	江水	207	9315	20.5	6	11.65	9315	23	7	14.88	2.5	9315	38	15	22.7	10~15	207	23.5	10	18.1	207	100	7	

表 13－26

右岸厂房初期冷却通水效果统计表

统计时段/年	通水类型	检测组数	进水温度/℃				出水温度/℃				平均温差/℃	流量/(L/min)				通水历时/d	闷温结果							备注
			测次	最大	最小	平均	测次	最大	最小	平均		测次	最大	最小	平均		检测组数	最大	最小	平均	符合标准/组	符合比例/%	历时/d	
2003	制冷水	340	20308	14	6	9	20308	17	8	12.3	3.3	20308	30	20	24	20~25	340	26	22	24	340	100	7~10	
	江水	174	10614	20	13	14	10614	22	14	17	3	10614	30	20	25	20~25	174	24	20	21.9	174	100	7~10	
2004	制冷水	575	34500	15.5	6.5	10	34500	22.5	8.5	15.5	5.5	34500	35	20	24.5	20~25	575	25	19	22.8	575	100	7~10	
	江水	574	33292	16	8	11.8	33292	23	9.5	15.5	3.7	33292	35	25	28	20~25	574	22	17	19.1	574	100	7~10	
2005	制冷水	221	6746	21	8.5	13	6746	24	9.5	15.6	2.6	6746	30	18	23	20~25	221	24	17.5	21.8	221	100	7~10	
	江水	301	15520	17	7	11.5	15520	18.5	9	13.6	2.1	15520	40	15	24	14~25	301	20	15	17.5	301	100	7~10	
2006	制冷水	409	28630	15	10	13.3	28630	20	12	17.3	4	28630	35	20	28	15	409	25	17	21.3	409	100	7~10	
	江水	46	3848	14.5	8.5	11.1	3848	18	9.5	12.6	1.5	3848	35	20	29	15	46	21	14.7	17.5	46	100	7~11	
合计	制冷水	1545	90184	21	6	11.3	90184	24	8	15.1	3.8	90184	35	18	25		1545	26	17	22.5	1545	100		
	江水	1095	63274	20	7	12.1	63274	23	9	14.7	2.6	63274	40	15	26.5		1095	20	15	19	1095	100		

表 13－27　　　　　　　　　　　　中期通水冷却检测汇总表

统计时段/年	坝块	应通组数	中冷前坝体闷温检查或仪埋测温/℃				考核日期（11月15日）坝体温度检查/℃				坝体温度分布/℃					
											≤22		22~24		>24	
			组数	最高	最低	平均	组数	最高	最低	平均	组数	比例/%	组数	比例/%	组数	比例/%
2004	Ⅰ	48	48	24.5	23	23.75	48	20	18	18.2	48	100				
	Ⅱ	48	48	26.0	23	24.5	48	22	16.2	19.1	48	100				
	Ⅲ	36	36	23.5	20.5	22	36	17	14	15.6	36	100				
	右厂排	33	33	26.5	22.5	24.5	33	20.6	18.9	19.8	33	100				
	小计	165	165	26.5	20.5	23.69	165	22	14	18.2	165	100				
2005	Ⅰ	8	8	25.5	16.5	20.5	8	20.6	18.9	19.95	8	100				
	Ⅱ	25	25	28	19.5	23.5	25	22.0	14.0	18	25	100				
	Ⅲ	48	48	27	16	18.5	48	19	18	18.5	48	100				
	右厂排	75	75	26	22.0	23.5	75	22.0	16.0	19.0	75	100				
	小计	156	156	28	16.5	21.5	156	22.0	14.0	18.86	156	100				
汇总	Ⅰ	56	56	25.5	16.5	22.1	56	20.6	18	19.1	56	100				
	Ⅱ	73	73	28	19.5	24	73	22.0	14	18.55	73	100				
	Ⅲ	84	84	27	16	20.25	84	19	14	17.05	84	100				
	右厂排	108	108	26.5	22.0	24	108	22	16	19.4	108	100				
	合计	321	321	28	16	22.6	321	22.0	14	18.5	321	100				

表 13－28　　　　　　　　　右岸厂房中期冷却通水效果统计表

统计时段/年	坝块	应通组数	中冷前坝体闷温检查或测温情况/℃				考核日期（11月15日）坝体温度检查/℃				坝体温度分布/℃						备注
											≤22		22~24		>24		
			组数	最高	最低	平均	组数	最高	最低	平均	组数	比例/%	组数	比例/%	组数	比例/%	
2004	Ⅰ	25					25	22.0	17.5	19.1	25	100					无中冷前闷温检查
	Ⅱ	15					15	20.0	18.0	18.9	15	100					
	Ⅲ	81					81	19.5	18.0	18.5	81	100					
	小计	121					121	22.0	17.5	18.8	121	100					
2005	Ⅰ	62					62	22.0	16.3	19.4	62	100					
	Ⅱ	143					143	19.0	18.3	18.8	143	100					
	Ⅲ	31					31	20.0	18.0	18.7	31	100					
	小计	236					236	22.0	16.3	19.0	236	100					
汇总	Ⅰ	77					77	22.0	16.3	19.2	77	100					
	Ⅱ	168					168	19.0	18.3	18.8	168	100					
	Ⅲ	112					112	20.0	18.0	18.6	112	100					
	小计	357					357	22.0	16.3	18.9	357	100					

注　2003 年和 2006 年无中期通水。

表 13－29 三期电站厂房混凝土工程测温管检测最高温度汇总表

统计时段/(年-月)	混凝土强度等级	测温仓次	测温管/组	最高温度/℃	平均最高温度/℃	允许最高温度/℃	平均富裕度/℃	仓次分析			测点分析			备注
								符合/仓	符合率/%	超温/仓	符合/组	符合率/%	超温/组	
2003－8	250	2	2	36.6	35.9	37.0	1.1	2	100	0	2	100	0	
2003－9	250	4	4	33.0	32.0	34.0	2.0	4	100	0	4	100	0	
2003－10	250	4	4	28.9	28.5	31.0	2.5	4	100	0	4	100	0	
2004－3	250	1	1	33.4	31.2	29.0	－2.2	0	0	1	0	0	1	
2004－5	250	1	1	27.0	25.5	34.0	8.5	1	100	0	1	100	0	
2004－7	250	1	1	34.5	33.4	38.0	4.6	1	100	0	1	100	0	
2004－8	250	2	2	40.0	35.6	38.0	2.4	2	100	0	2	100	0	
2004－9	250	1	1	37.8	34.5	34.0	－0.5	0	0	1	0	0	1	
2004－12	250	3	3	34.8	33.5	26.0	－7.5	0	0	3	0	0	3	
2005－1	250	3	3	28.1	26.0	26.0	0.0	3	100	0	3	100	0	
2006－6	250	2	2	30.0	27.0	40.0	13.0	2	100	0	2	100	0	
2006－7	250	2	2	30.6	27.1	40.0	12.9	2	100	0	2	100	0	
2006－8	250	3	3	32.7	32.0	40.0	8.0	3	100	0	3	100	0	
2006－9	250	1	1	28.2	27.5	37.0	9.5	1	100	0	1	100	0	
2006－10	250	1	1	25.6	25.0	34.0	9.0	1	100	0	1	100	0	

表 13－30 三期电站厂房混凝土工程仪埋检测最高温度汇总表

统计时段/(年-月)	混凝土强度等级	测温仓次	仪器数量/点	最高温度/℃	平均最高温度/℃	允许最高温度/℃	富裕度/℃	仓次分析			测点分析			备注
								仓次分析	符合率/%	超温/仓	符合/点	符合率/%	超温/点	
2003－9	250	2	2	31.6	—	32	0.4	2	100	0	2	100	0	
2003－9	250	2	2	32.2	—	34	1.8	2	100	0	2	100	0	
2003－10	250	8	9	31.7	—	32	0.3	8	100	0	9	100	0	
2003－11	250	4	4	33.6	—	29	－4.6	0	0	4	0	0	4	
2003－12	250	4	4	33.4	—	26	－7.4	0	0	4	0	0	4	
2004－1	250	1	1	27	—	26	－1	0	0	1	0	0	1	
2004－2	250	11	11	37.2	—	26	－11.2	4	36.4	7	4	36.4	7	
2004－3	250	10	10	39	—	29	－10	0	0	10	0	0	10	
2004－4	250	4	10	35.3	—	32	－3.3	0	0	4	6	60	4	
2004－5	250	2	6	30.8	—	34	3.2	2	100	0	6	100	0	
2004－6	250	1	3	34	—	39	5	1	100	0	3	100	0	
2004－7	250	1	2	34.6	—	39	4.4	1	100	0	2	100	0	

统计时段 /（年-月）	混凝土 强度 等级	测温 仓次	仪器 数量 /点	最高 温度 /℃	平均最 高温度 /℃	允许最 高温度 /℃	富裕度 /℃	仓次分析			测点分析			备注
								仓次 分析	符合率 /%	超温 /仓	符合 /点	符合率 /%	超温 /点	
2004 - 8	250	1	5	41.3	—	38	−3.3	0	0	1	2	40	3	
2004 - 9	250	2	6	35.8	—	34	−1.8	1	50.0	1	4	66.7	2	
2004 - 10	250	3	8	28.5	—	32	3.5	3	100	0	8	100	0	
2004 - 11	250	4	7	36.8	—	29	−7.8	3	75	1	6	85.7	1	
2004 - 12	250	10	11	32.9	—	26	−6.9	2	20	8	3	27.3	8	
2005 - 1	250	4	4	26.1	—	26	−0.1	3	75	1	3	75.0	1	
2006 - 6	250	3	5	33.8	33.2	40	6.8	3	100	0	5	100	0	
2006 - 7	250	5	5	32.8	—	40	7.2	5	100	0	5	100	0	
2006 - 8	250	1	1	31.2	—	40	8.8	1	100	0	1	100	0	
2006 - 10	250	2	2	29.7	—	30	0.3	2	100	0	2	100	0	
2006 - 11	250	2	2	27.9	—	30	2.1	2	100	0	2	100	0	

表 13 - 31　　　　右厂排测温管检测最高温度汇总表

统计时段 /（年-月）	混凝土 强度 等级	测温 仓次	仪器 数量 /点	最高 温度 /℃	平均最 高温度 /℃	允许最 高温度 /℃	平均富 裕度 /℃	仓次分析			测点分析			备注
								符合 /仓	符合率 /%	超温 /仓	符合 /组	符合率 /%	超温 /组	
2003 - 9	200	4	4	31.3	30.5	34.0	3.5	4	100	0	4	100	0	
2003 - 10	200	2	2	27.8	27.2	31.0	3.8	2	100	0	2	100	0	
2004 - 3	250	2	2	34.1	32.9	27.0	−5.9	0	0	2	0	0	2	
2004 - 4	250	2	2	30.1	29.1	31.0	1.9	2	100	0	2	100	0	
2004 - 5	250	3	3	30.5	29.6	33.0	3.4	3	100	0	3	100	0	
2004 - 6	250	1	1	31.5	30.3	37.0	6.7	1	100	0	1	100	0	
2004 - 8	250	3	3	34.3	33.6	37.0	3.4	3	100	0	3	100	0	
2004 - 9	250	1	1	32.5	30.8	33.0	2.2	1	100	0	1	100	0	
2004 - 10	250	1	1	29.3	26.8	31.0	4.2	1	100	0	1	100	0	
2004 - 11	250	2	2	27.5	26.1	27.0	0.9	2	100	0	2	100	0	
2004 - 12	250	2	2	27.0	26.2	24.0	−2.2	0	0	2	0	0	2	
2005 - 4	150	1	1	25.8	24.9	31.0	6.1	1	100	0	1	100	0	
	250	1	1	31.9	30.3	34.0	3.7	1	100	0	1	100	0	

（2）右岸水电站厂房 19 号机～安 I 段。检测管（仪埋）检测最高温度统计按月统计结果见表 13 - 32、表 13 - 33，按年统计结果见表 13 - 34、表 13 - 35。

表 13-32 　　　　　　　　　　　　　　测温管检测最高温度汇总表

统计时段		混凝土强度等级	测温仓次	测温管/组	最高温度/℃	平均最高温度/℃	允许最高温度/℃	仓点分析			测点分析			备注
年	月							符合/仓	符合率/%	超温/仓	符合/组	符合率/%	超温/组	
2004	3	C25	2	2	33.4	30.7	29	0	0	2	0	0	2	
	4	C25	3	3	32.3	28.4	32	3	100	0	3	100	0	
	5	C25	4	4	32.8	29.5	34	4	100	0	4	100	0	
		C25	1	1	33.3	31.0	35	1	100	0	1	100	0	
	6	C25	5	5	40.9	31.8	37~39	4	80	1	4	80	1	
	7	C25	1	1	34.9	33.2	37~39	1	100	0	1	100	0	
	8	C25	2	2	35.2	32.2	37~39	2	100	0	2	100	0	
	9	C25	2	2	31.9	30.1	35	2	100	0	2	100	0	
	10	C25	4	4	31.6	29.1	32	4	100	0	4	100	0	
	12	C25	8	8	34.3	28.4	26	0	0	8	0	0	8	
2005	1	C25	4	4	30.5	23.6	26	3	75	1	3	75	1	
		C25	2	2	27.8	24.5	29	2	100	0	2	100	0	
	2	C25	2	2	25.7	23.6	26	2	100	0	2	100	0	
	3	C25	1	1	28.6	26.3	29	1	100	0	1	100	0	
2006	1	C25	3	3	35.9	29.1	25~27	0	0	3	0	0	3	
	2	C25	3	3	38.2	30.7	25~27	0	0	3	0	0	3	
	3	C25	2	2	42.5	33.0	28~30	1	50	1	1	50	1	
	4	C25	3	3	33.4	25.4	32~34	3	100	0	3	100	0	
	5	C25	4	4	31.2	27.2	35~36	4	100	0	4	100	0	
	6	C25	3	3	30.7	27.1	38	3	100	0	3	100	0	
	7	C25	1	1	28.4	27.3	38	1	100	0	1	100	0	
	8	C25	3	3	34.1	30.6	38	3	100	0	3	100	0	
合计		C25	63	63	42.5	28.7	25~39	44	70	19	44	70	19	

表 13-33 　　　　　　　　　　　　　　仪埋检测最高温度汇总表

统计时段		混凝土强度等级	测温仓次	测温管/组	最高温度/℃	平均最高温度/℃	允许最高温度/℃	仓点分析			测点分析			备注
年	月							符合/仓	符合率/%	超温/仓	符合/点	符合率/%	超温/点	
2003	6	C25	2	6	35.5	33.4	36~38	2	100	0	6	100	0	
		C25	3	7	44.5	35.2	37~39	2	67	1	6	86	1	
	8	C25	2	6	33.3	30.0	36~38	2	100	0	6	100	0	
		C25	2	4	40.4	36.8	37~39	1	50	1	3	75	1	
	9	C25	2	2	33.5	32.2	34	2	100	0	2	100	0	
	10	C25	5	9	30.1	27.3	32	5	100	0	9	100	0	

统计时段 年	月	混凝土强度等级	测温仓次	测温管/组	最高温度/℃	平均最高温度/℃	允许最高温度/℃	仓点分析 符合仓	符合率/%	超温仓	测点分析 符合点	符合率/%	超温点	备注
2003	11	C25	3	3	31.6	31.0	29	0	0	3	0	0	3	
	12	C25	5	5	34.9	28.8	24~26	1	20	4	1	20	4	
2004	1	C25	6	6	33.0	28.3	24~26	2	33	4	2	33	4	
	2	C25	10	13	33.4	29.1	24~26	2	20	8	5	38	8	
		C25	3	4	31.8	29.4	29	1	33	2	2	50	2	
	3	C25	8	8	37.4	32.3	29	1	13	7	1	13	7	
	4	C25	3	6	31.8	28.4	32	3	100	0	6	100	0	
		C20	1	1	21.6	21.6	37	1	100	0	1	100	0	
	5	C25	3	5	29.3	28.3	34	3	100	0	5	100	0	
	7	C25	2	4	43.8	40.6	34	0	0	2	0	0	4	
	8	C25	1	2	39.7	39.6	34	0	0	1	0	0	2	
	10	C25	3	10	27.7	24.2	32	3	100	0	10	100	0	
	11	C25	2	2	33.6	31.0	29	1	50	1	1	50	1	
	12	C25	3	3	32.6	27.9	29	2	67	1	2	67	1	
		C25	8	9	34.5	26.9	26	4	50	4	5	56	4	
2005	1	C25	3	3	27.3	25.4	26	2	67	1	2	67	1	
2006	1	C25	4	4	43.6	29.6	25~27	3	66	1	3	66	1	
	2	C25	2	4	38.8	30.0	25~27	0	0	2	0	0	4	
	3	C25	2	4	44.1	33.7	28~30	1	50	1	2	50	2	
	4	C25	1	1	25.1	25.1	32~34	1	100	0	1	100	0	
	5	C25	2	4	33.2	29.4	35~36	2	100	0	4	100	0	
	6	C25	1	2	33.1	30.0	38	1	100	0	2	100	0	
	8	C25	4	7	38.1	34.4	38	3	75	1	6	85	1	
合计		C20	1	1	21.6	21.6	34	1	100	0	1	100	0	
		C25	95	143	44.5	30.7	24~39	50	53	44	92	64	50	

表13-34　　　　　　　测温管检测最高温度汇总表

统计时段/年	混凝土强度等级	测温仓次	测温管/组	最高温度/℃	平均最高温度/℃	允许最高温度/℃	仓点分析 符合仓	符合率/%	超温仓	测点分析 符合组	符合率/%	超温组	备注
2004	C25	32	32	40.9	29.8	26~39	21	66	11	21	66	11	
2005	C25	9	9	30.5	24.0	26~29	8	89	1	8	89	1	
2006	C25	25	25	42.5	28.6	25~38	18	72	7	18	72	7	
合计	C25	66	66	42.5	27.5	25~39	47	71	19	47	71	19	

表 13 - 35　　　　　　　　　　仪埋检测最高温度汇总表

统计时段 /年	混凝土强度等级	测温仓次	仪埋测点	最高温度 /℃	平均最高温度 /℃	允许最高温度 /℃	仓点分析			测点分析			备注
							符合/仓	符合率/%	超温/仓	符合/点	符合率/%	超温/点	
2003	C25	24	42	44.5	31.5	24~39	15	63	9	33	79	9	
2004	C20	1	1	21.6	21.6	34	1	100	0	1	100	0	
	C25	52	72	43.8	29.2	24~37	22	42	30	39	53	33	
2005	C25	3	3	27.3	25.4	26	2	67	1	2	67	1	
2006	C25	10	10	36.6	30.3	25~38	7	70	3	7	70	3	
合计	C20	1	1	21.6	21.6	34	1	100	0	1	100	0	
	C25	89	127	44.5	29.1	24~39	46	52	43	81	64	46	

13.2.4.5　混凝土温控评价

（1）成立了各方参加的专门的温控小组，并有效地实行了天气、温度控制、间歇期三个预警制度。同时，对拌和系统配备了完善的预冷系统，混凝土出机口温度合格率较高。4 号排沙孔~右 18 号机组段混凝土的出机口温度合格率 96%以上，右 19 号机组段~安Ⅰ段混凝土的出机口温度合格率 93.6%以上，均满足了设计要求。

（2）4 号排沙孔~右 18 号机组段，共检测混凝土浇筑温度 6540 次，超温点为 9 个，超温率 0.13%，其中要求浇筑温度 14℃、16℃、18℃、20℃的检测次数分别为 2534 次、576 次、2280 次和 1150 次，其超温率分别为 0.19%、0.17%、0.13%和 0；右 19 号机组段~安Ⅰ段，共检测混凝土浇筑温度 8899 次，其中要求浇筑温度 14℃、16℃、18℃和 20℃的检测次数分别为 4571 次、12 次、3287 次和 1029 次，其超温率分别为 0.5%、0、0.3%和 0。

（3）有效地利用了初、中期通水冷却措施，控制了混凝土的最高温度和内外温差，满足了设计要求。从检测的混凝土最高温度成果可以看出，4 号排沙孔~右 18 号机组段，测温仪测温 39 个仓次，超温 2 个仓次，合格率 96.6%，测温管测温 34 个仓次，超温仓次 1 个，合格率 97%；右 19 号机组段~安Ⅰ段，测温管测温 63 个仓次，超温仓次 19 个，合格率 70%，合格率偏低，测温仪测温 96 个仓次，超温仓次 44 个，合格率 54%，合格率偏低。

（4）混凝土表面保护措施取得了较好的效果。4 号排沙孔~右 18 号机组段的主厂房上、下游墙、大二期坑和尾水墩等部位采用表面保护措施后检查未发现裂缝。

13.3　三峡水利枢纽工程永久船闸工程

13.3.1　工程概况

13.3.1.1　工程简介

三峡水利枢纽工程主要由拦河大坝、水电站厂房和通航建筑物组成，永久通航建筑物包括布置于河床的升船机和布置于左岸的双线五级船闸。

永久船闸为双线五级连续船闸，平行布置在长江左岸坛子岭左侧，由上游引航道、上游隔流堤、闸首、闸室、船闸高边坡、输水系统、上游进水箱涵、下游泄水箱涵、导航墙、靠船墩和下游引航道、下游隔流防淤堤等建筑物组成，线路全长6442m。主体结构段总长1621.00m，闸室有效长度280.00m，有效宽度34.00m，槛上水深5.00m。双线五级船闸总设计水头113m，可通过万吨级船队，设计单项年货运量5000万t，是目前世界上水头最高、规模最大的内河船闸。

（1）上下游引航道。上游引航道自1闸首起，往上游依次接930m直线段、1000m转弯段、再接450m直线段上游上游隔流堤口门，全长2113m，底部高程130.00m，底宽180～220m。上游引航道内设有隔流堤（顶高程150.00m）、浮式导航堤、靠船墩等水工建筑物。

下游引航道由直线段（包括导航段、调顺段和停靠段）和制动段组成，长2708m，底部高程56.50m，底宽180～220m。下游引航道内设有隔流堤（顶高程84.00m）、墩板式导航墙、靠船墩等水工建筑物。

（2）闸室。船闸型式为双线五级连续船闸。两线船闸平行布置，中心线间距94m，中隔墩宽57m；每线船闸均布置6个闸首、5个闸室，闸室有效尺寸280m×34m×5m（长×宽×槛上最小水深）。闸室主体段全长1637m。

（3）输水、泄水系统。船闸输水系统采用正向取水、两侧对称主输水廊道、四区段等惯性出水、盖板消能、旁侧泄水的布置方案。每条输水廊道布置6组竖向阀门井及其上下游的12个检修门井，单线主廊道长1733m。

泄水系统主要采取与输水廊道连接的泄水箱涵，在下游引航道穿过右侧隔流堤将水泄入长江；另有少部分水体通过第6闸首辅助泄水廊道，直接泄入下游引航道。

（4）船闸顶面布置。船闸顶面布置有闸顶公路和闸首公路桥，并与下游的上坝公路和进厂公路连接，闸顶交通十分便利。

（5）金属结构及机电设备。船闸金结设备上游至下游依次布置有：靠船墩系船柱，浮式导航堤金属结构，进水箱涵拦污栅，第一闸首事故门、叠梁门及启闭事故门与叠梁门的桥机轨道梁和两台桥式启闭机，第一至第六闸首人字门，第六闸首浮式检修门；各级输水隧洞工作阀门以及上、下游检修闸门，第六闸首辅助泄水廊道工作阀门和检修闸门以及上述各类闸阀门的启闭机及电控设备；在第二、第三闸首还设置有人字门防撞警戒装置；各级闸室两侧闸墙上布置有浮式系船柱。机电设备分供电系统、照明系统、通信系统、通风空调系统、给排水冲淤系统、消防系统、集中控制系统7个部分。

13.3.1.2 工程施工情况

双线五级船闸工程主要由上游引航道、船闸主体结构、下游引航道、地下输水系统和山体排水系统组成，船闸线路总长6442m。船闸主体结构段是在坛子岭左侧山体中深切开挖形成建基面，其两岸最大开挖边坡175m，闸室主体垂直开挖深度68m。

双线五级船闸工程，分两期进行地面土石方开挖。包括上游引航道、船闸主体结构段及下游引航道在内的一期开挖总量为1669万m³，二期开挖总量为2268万m³；地面锚固支护主要集中在船闸主体段，一期完成锚索428束，二期完成锚索3948束，高强锚杆92626根；

船闸实际浇筑混凝土总量为 376.76 万 m³；地下工程完成平洞开挖 4704.86m，斜井 605.94m，竖井 2134.32m；混凝土施工年高峰强度为 128 万 m³，月高峰强度为 14.7 万 m³。

13.3.1.3 混凝土生产系统及入仓设备

（1）船闸及上、下游引航道混凝土由高程 98.70m 混凝土拌和系统供应，该拌和系统位于船闸南线，在江峡大道、远航道、金罩路之间，占地面积约 10 万 m²。该系统安装 4×3m³ 郑州自落式混凝土搅拌楼（额定生产能力：常态混凝土为 240m³/h，制冷混凝土为 180m³/h）和 2×4.5m³ 强制式日本 IHI 公司混凝土搅拌楼（额定生产能力：常态混凝土为 300m³/h，制冷混凝土为 250m³/h）各 1 座。该系统可提供常态、温控混凝土以及船闸通水冷却使用的制冷水。高程 98.70m 拌和系统可生产常态混凝土 570m³/h，温控混凝土（7～14℃）430m³/h，冷水厂供冷却水 130t/h，该系统主要性能指标见表 13－36。

表 13－36　　　　　　　　高程 98.70m 拌和系统性能指标表

序号	项　　　目		单　位	指　标	备　注
1	拌和楼生产能力	常规	m³/h	570	两楼合计生产量
		温控（7～14℃）		430	
2	粗骨料仓活容积		m³	16540	
3	细骨料仓活容积		m³	29900	
4	骨料调节仓容积		m³	800＋960	960 是日本拌和楼，800 是郑州拌和楼
5	冲洗脱水筛分生产能力		t/h	700×2	两楼合计
6	制冷量		kcal/h	1100×10⁴	
7	制冷系统冷水容量		t/h	25	
8	冷水厂		t/h	130	
9	制冷		t/h	9.2	
10	骨料冷却		t/h	600	

混凝土运输主要施工机械采用 15t 自卸汽车运输（最远运距 3.0km），高架门机、塔机配 3m³ 混凝土卧罐入仓，个别闸室边墙辅以 MY－BOX 溜管入仓。

（2）输水系统混凝土由高程 98.70m 拌和系统及三联拌和楼供应。4—10 月浇筑所需混凝土均为预冷混凝土，由高程 98.70m 拌和系统供应；11 月至次年 3 月浇筑所需混凝土为常态混凝土，主要供应由三联拌和站为主，高程 98.70m 拌和系统为辅。三联拌和系统为德国 Stetter 拌和楼，设 1 台 2m³ 拌和机，额定生产能力 90m³/h，实际生产能力 40～60m³/h。

混凝土运输主要施工机械有：三菱、EA45 混凝土搅拌运输车 14 辆，混凝土泵车 12 台，25～50t 汽车吊 7 台，塔机 2 台，桥机 1 台，MY－BOX 下料负压溜管等。

（3）坝前直立墙 GSQ4～GSQ6 混凝土由 120m 高程拌和楼系统供应，8t 自卸汽车运输，MQ900B 型门机吊 3m³ 卧罐入仓；GSQ7～GSQ11 混凝土由左岸高程 165m 拌和站及高程 98.7m 拌和系统供料，MQ600 型门机配 3m³ 卧罐入仓。

13.3.1.4 混凝土温控特点

（1）混凝土施工年高峰强度为 128 万 m³，月高峰强度为 14.7 万 m³，混凝土施工强度高，大坝温控难度较大。

（2）船闸地面工程混凝土浇筑块体尺寸大，孔洞多，结构复杂，加上三峡地区气温骤降频繁，温控防裂要求高。

（3）混凝土采用花岗岩人工骨料，骨料表面粗糙，混凝土用水量高，造成水泥用量增多，温控难度大。

（4）隧洞衬砌混凝土多为泵送的高标号一级、二级配混凝土，胶凝材料用量大，混凝土内部水化热温升较高，温控难度大。

13.3.2 混凝土温控设计标准

13.3.2.1 混凝土主要技术指标

永久船闸主要混凝土设计标号及主要技术指标见表 13-37～表 13-40。

表 13-37　　　　　上游隔流堤混凝土标号及主要设计指标表

部　　位	设计标号	限制最大水胶比	最大粉煤灰掺量/%	极限拉伸×10⁻⁴		抗冻	抗渗
				28d	90d		
外部（含基础）	$R_{90}250$	0.50	30（10）	≥0.80	≥0.85	D150	S8
内部	$R_{90}150$	0.60	40（25）	≥0.70	≥0.75	D100	S6
护坡	$R_{28}200$	0.50	25	≥0.75		D150	S8

注　1. 基岩面以上 1.5m 为三级配。
　　2. 可用中热 525 号或低热 425 号水泥，（　）中为低热水泥混凝土中粉煤灰掺量。

表 13-38　　　　　上游引航道混凝土标号及主要设计指标表

部　　位	设计标号	级配	限制最大水胶比	极限拉伸（28d）×10⁻⁴	抗冻	抗渗
靠船墩	$R_{90}250$	三				
上游浮堤支墩	$R_{28}250$	三	0.55	≥0.85	D150	S8
	$R_{28}300$	三	0.45	≥0.85	D150	S8
	$R_{90}200$	三	0.65		D150	S6～S8
上游浮堤	$R_{28}300$	一			D250	
	$R_{28}400$				D150	
	$R_{28}350$				D150	

表 13-39　　双线五级船闸混凝土标号及设计技术指标表（地面工程部分）

部　　位		设计标号	级配	限制最大水胶比	极限拉伸×10⁻⁴		抗冻	抗渗	备注
					28d	90d			
闸首边墙	外部	$R_{90}250$	三	0.45	≥0.8	≥0.85	D250	S10	①
				0.55	≥0.8	≥0.85	D150	S8	②
	内部	$R_{90}200$	三、四	0.60	≥0.75	≥0.8	D150	S6～S8	
闸首底板		$R_{90}250$	三	0.45	≥0.8	≥0.85	D150	S10	①
				0.55	≥0.8	≥0.85	D150	S6	②

部　　　位		设计标号	级配	限制最大水胶比	极限拉伸×10⁻⁴		抗冻	抗渗	备注
					28d	90d			
上游挡水坝	迎水面外部	$R_{90}250$	三	0.45	≥0.8	≥0.85	D250	S10	
	基础及内部	$R_{90}200$	三、四	0.65	≥0.75	≥0.8	D150	S6	
闸室衬砌墙		$R_{28}250$	三	0.55	≥0.85		D150	S8	
重力墙	基础外部	$R_{90}200$	三、四	0.55	≥0.75	≥0.8	D150	S6～S8	
	内部	$R_{90}150$	三、四	0.65	≥0.7	≥0.75	D150	S6	
闸室底板		$R_{28}250$	三	0.55	≥0.85		D150	S8	
		$R_{28}300$	三	0.50	≥0.85		D150	S8	

① 适用于第 1 闸首检修门前上游段；

② 适用于注①以外的部分。

表 13 - 40　　　　　地下输水系统混凝土标号及设计技术指标表

部　　　位	设计标号	级配	限制最大水胶比	极限拉伸×10⁻⁴		抗冻	抗渗
				28d	90d		
输水隧洞竖井段衬砌混凝土	$R_{28}400/350$	二	0.38/0.42	≥0.88	≥0.90	D150	S8
输水隧洞标准段衬砌混凝土	$R_{28}300$	二	0.45	≥0.85	≥0.88	D150	S8
竖井	$R_{28}250$	二	0.55	≥0.80	≥0.85	D150	S8
充、泄水箱涵	$R_{28}250$	二	0.55	≥0.80	≥0.85	D150	S8
施工支洞回填混凝土	$R_{28}250$	二、三	0.55	≥0.80	≥0.85	D150	S8

13.3.2.2　出机口温控标准

基础约束区：高温或较高温度季节（3—11 月）不大于 7℃（二级配混凝土不大于 9℃），低温季节（12 月至次年 2 月）为自然入仓。

非约束区：高温或较高温度季节（4—10 月）不大于 12～14℃，低温季节（11 月至次年 3 月）为自然入仓。

13.3.2.3　浇筑温控标准

基础约束区：高温或较高温度季节（4—10 月）不大于 14℃，低温季节（11 月至次年 3 月）为自然入仓。

非约束区：高温或较高温度季节（4—10 月）不大于 18～20℃，低温季节（11 月至次年 3 月）为自然入仓。

13.3.2.4　允许最高温度

地面混凝土允许最高温控标准，依据三峡水利枢纽工程合同招标文件和长江委混凝土施工技术要求，具体见表 13 - 41。

表 13－41　　　　双线五级船闸地面工程混凝土设计允许最高温度表　　　　单位：℃

部　位			区域	浇筑时间/月				
				12月至次年2月	3、11	4、10	5、9	6—8
闸首	边墙	厚度小于13m	$(0\sim0.2)L$	24	28	30	30	30
			$(0.2\sim0.4)L$	24	28	31	32	32
			$>0.4L$	24	28	31	34	34
	底板	厚度不小于13m	$0\sim0.2L$	24	28	31	31	31
			$(0.2\sim0.4)L$	24	28	31	33	33
			$>0.4L$	24	28	31	34	35
		厚度小于6m		24	28	29、31	29、32	29、32
		厚度6～8m		24	28	29、31	30、32	30、32
		厚度大于8m	$(0\sim0.2)L$	24	28	31	31、33	31、33
			$>0.2L$	24	28	31	34	34
挡水坝	衬砌墙	厚度小于13m	$(0\sim0.2)L$	24	28	30	30	30
			$(0.2\sim0.4)L$	24	28	31	32	32
			$>0.4L$	24	28	31	34	34
		厚度不小于13m	$(0\sim0.2)L$	24	28	31	31	31
			$(0.2\sim0.4)L$	24	28	31	33	33
			$>0.4L$	24	28	31	34	35
	重力坝		$(0\sim0.4)L$	23	27	31	34	34～36
			$>0.4L$	25	27	31	34	36～38
闸室	衬砌墙		$(0\sim0.2)L$	25	30	32	32	32
			$>0.2L$	25	30	32	34	34
	重力坝		$(0\sim0.4)L$	24	28	31	34	34
			$>0.4L$	24	28	31	34	36
	底板	厚度小于6m		24	28	29	29	29
		厚度6～8m		24	28	30	30	30
		厚度大于8m	$(0\sim0.2)L$	24	28	31	31	31
			$>0.2L$	24	28	31	34	34

注　L 为浇筑块长边尺寸/m。

13.3.3　主要温控措施

三峡水利枢纽工程双线五级船闸地面工程混凝土浇筑块体尺寸大，孔洞多，结构复杂，加上三峡水利枢纽工程地区气温骤降频繁，夏季气候炎热，温控防裂要求高。

隧洞衬砌混凝土多为泵送的高标号一级、二级配混凝土，水泥用量大，水化热温升高，隧洞和竖井体型复杂，加上三峡水利枢纽工程地区气温高、持续时间长、寒潮频繁等不利的气候特点，混凝土的裂缝防止问题比较突出。因此，混凝土的温控显得非常重要。

13.3.3.1 优化混凝土配合比

双线五级船闸在大量科学试验的基础上，根据船闸混凝土施工温控防裂相关问题，其进行了三个阶段混凝土施工配合比优化。同时混凝土拌和系统配备了二次风冷、加冰和加制冷水等设施采取综合措施。

（1）地面工程混凝土配合比共分四个阶段，第一阶段为1998—1999年10月17日；第二阶段为1999年10月18日至2000年3月12日；第三阶段为2000年3月12日至2002年4月20日，因采用性能略差的南通粉煤灰，则适当的增加了水泥用量；第四阶段为2000年4月21日至2002年6月。

（2）第一阶段配合比使用后混凝土强度普遍存在超强现象，用水量有富余。1999年夏季船闸正处在施工的高峰期，混凝土温控成为困扰施工的重要问题，为降低水泥用量，减少水化热温升，满足混凝土温控要求，进行了第二阶段船闸混凝土施工配合比优化。具体为在第一阶段配合比基础上通过试验优化选择将混凝土用水量降到103kg/m³（三级配），将粉煤灰掺量提高到30%。故此优化后混凝土水泥用量较第一阶段降低了30kg/m³，有效降低了混凝土内部水化温升，为缓解温控的压力起到了积极作用。

由于双线五级船闸混凝土的品种、标号较多，根据结构物需要相同标号混凝土又分为四个级配及不同的坍落度，在高程98.70mm混凝土拌和系统最多时共有99个混凝土施工配合比，导致施工时拌和楼的混凝土配合比转换十分频繁，不仅制约了施工进度，增加了操作人员的疲劳，也影响了混凝土拌和质量和质量控制。为解决这一问题，根据相关试验资料对混凝土配合比又一次进行适当调整，于1999年10月开始实施第三阶段统一的施工配合比。考虑到第二阶段混凝土强度仍有富余的情况，通过适当提高减水剂掺量，进一步减少各级配混凝土用水量，其中三级配用水量降至98kg/m³。同时，降低了2%砂率，以解决混凝土表面浮浆较多的现象。另外，又采用了先进的混凝土配合比条码自动识别系统，使其可同时生产99个混凝土施工配合比，提高了工作效率。

实践证明，采用上述措施后高程98.70mm混凝土系统可满足各个时段不同情况下的施工，混凝土各项性能指标均能达到设计要求。隔流堤和上游引航道工程的混凝土施工配合比分别见表13-42和表13-43。地面工程混凝土施工配合比及部分二期混凝土施工配合比分别见表13-44和表13-45。

表13-42　　　　　　　　隔流堤工程典型混凝土施工配合比表

设计指标	水胶比	粉煤灰/%	级配	砂率/%	用水量/(kg/m³)	胶凝材料用量/(kg/m³) 水泥	粉煤灰	总量	ZB-1A/%	DH9掺量/(1/万)	坍落度/cm	含气量/%
$R_{90}150D100S8$	0.55	40	三	31	102	111	74	185	0.5	1.35	3~7	4~6
$R_{90}150D100S8$	0.55	40	四	25	84	92	61	153	0.5	1.10	3~7	4~6
$R_{90}250D150S8$	0.50	25	四	32	107	161	54	215	0.5	1.00	3~7	4~6
$R_{90}250D150S8$	0.50	25	四	26	88	132	44	176	0.5	1.00	3~7	4~6
$R_{28}200D150S8$	0.50	25	二	37	126	189	63	252	0.5	1.00	3~7	4~6
$R_{28}200D150S8$	0.50	25	三	32	107	161	54	215	0.5	1.00	3~7	

表 13-43　　　　　　靠船墩等部位典型混凝土施工配合比表

工程部位	设计指标	水胶比	粉煤灰/%	级配	砂率/%	用水量/(kg/m³)	胶凝材料用量/(kg/m³)			ZB-1A/%	DH9掺量/(1/万)	坍落度/cm	含气量/%
							水泥	粉煤灰	总量				
靠船墩	R₉₀250	0.52	30	三	32	110	148	63	211	0.5	0.3	5～7	3～5
上游浮堤支墩	R₂₈300	0.40	20	三	29	102	204	51	255	0.7	0.65	5～7	4～6
	R₂₈250	0.50	20	三	32	115	184	46	230	0.5		5～7	
上游浮堤	R₂₈300D250	0.38	10	一	40	142	337	37	374	0.7	0.5	5～7	4～6
	R₂₈400D150	0.30		一	37	153	510		510	0.7	0.5	5～7	4～6

表 13-44　　　　　　双线五级船闸部分混凝土施工配合比表

设计指标	水胶比	粉煤灰/%	石子级配（大→小）	砂率/%	用水量/(kg/m³)	胶凝材料用量/(kg/m³)			ZB-1A减水剂掺量/%	DH9掺量/(1/万)	坍落度/cm	含气量/%
						水泥	粉煤灰	总量				
R₉₀150D150 S6	0.55	40	50：25：25	31	99	108	72	180	0.7	0.85	5～7	4～6
			30：30：20：20	28	89	97	65	162			5～7	4～6
R₉₀200D150 S6～S8	0.5	35	50：25：25	31	99	129	69	198	0.7	0.5	5～7	4～6
			30：30：20：20	28	89	116	62	178			5～7	4～6
R₉₀250D250S8 或 R₂₈200D250S8	0.45	30	55：45	36	118	184	79	263	0.7	0.5	5～7	4～6
			50：25：25	30	98	152	65	217			5～7	4～6
			30：30：20：20	27	88	137	59	196			5～7	4～6
R₂₈250D150 S10	0.45	20	100	41	138	245	61	306	0.7	0.5	5～7	4～6
			55：45	36	120	213	53	266			5～7	4～6
			50：25：25	30	100	178	44	222			5～7	4～6
			30：30：20：20	27	90	160	40	200			5～7	4～6
R₂₈300D150 S6～S8	0.40	20	100	40	140	280	70	350	0.7	0.5	5～7	4～6
			55：45	35	122	244	61	305			5～7	4～6
R₂₈350D150 S8	0.35	20	100	39	143	327	82	409	0.7	0.5	5～7	4～6
			55：45	34	125	286	71	357			5～7	4～6

表 13-45　　　　　　部分二期混凝土施工配合比表

设计指标	水胶比	粉煤灰/%	级配	砂率/%	用水量/(kg/m³)	胶凝材料用量/(kg/m³)			ZB-1A减水剂掺量/%	DH9掺量/(1/万)	坍落度/cm	含气量/%
						水泥	粉煤灰	总量				
R₂₈250D250S10	0.45	20	一	41	141	251	63	314	0.7	0.7	7～9	4～6
			二	36	123	219	55	274	0.7	0.65	7～9	4～6
R₂₈350D250S10	0.35	20	一	39	146	334	83	417	0.7	0.6	7～9	4～6
			二	34	128	293	73	366	0.7	0.6	7～9	4～6

设计指标	水胶比	粉煤灰/%	级配	砂率/%	用水量/(kg/m³)	胶凝材料用量/(kg/m³) 水泥	粉煤灰	总量	ZB-1A减水剂掺量/%	DH9掺量/(1/万)	坍落度/cm	含气量/%
R_{28}450D250S10	0.30	10	一	36	155	465	52	517	0.9	0.55	7~9	4~6
			二	33	135	405	45	450	0.9	0.55	7~9	4~6
R_{28}250D250S10	0.45	20	一	46	153	272	68	340	0.6	0.3	16~18	4~6
			二	44	148	263	66	329	0.6	0.3	16~18	4~6
R_{28}350D250S10	0.35	20	一	44	153	350	87	437	0.6	0.2	16~18	4~6
			二	42	145	331	83	414	0.6	0.2	16~18	4~6
R_{28}450D250S10	0.30	10	一	42	150	450	50	500	0.8	0.2	16~18	4~6

（3）地下输水系统混凝土施工配合比分为两期。第一期混凝土配合比经室内混凝土配合比试验提出，于 1998 年 7 月 18 日开始执行。第二期混凝土配合比是为配合温控要求，将混凝土的设计龄期由 28d 调整为 90d，并调整了部分混凝土配合比的水胶比。平洞部分由 R_{28}300D150S8 改为 R_{90}300D150S8，水胶比由 0.40 改为 0.42，竖井部分由 R_{28}250D150S8 改为 R_{90}300D150S8，水胶比由 0.48 改为 0.45~0.48。地下输水系统典型混凝土施工配合比见表 13－46。

表 13－46　　　　　　　　地下输水系统典型混凝土施工配合比表

统计时段/(年-月-日)	设计指标	水胶比	粉煤灰/%	级配	砂率/%	用水量/(kg/m³)	胶凝材料用量/(kg/m³) 水泥	粉煤灰	总量	减水剂掺量/%	DH9掺量/(1/万)	坍落度/cm	含气量/%
1998-7-18— 2000-5-1	R_{28}300D150S8	0.39	20	1	43	153	314	78	392	JM-Ⅱ 0.6	0.40	16~18	4~6
	R_{28}350D150S8	0.36	15	1	42	160	377	67	444	JM-Ⅱ 0.6	0.35	16~18	4~6
	R_{28}450D200S10	0.35	0	1	42	150	455	0	455	JM-Ⅱ 0.6	0.40	16~18	4~6
	R_{28}250D150S8	0.45	20	2	35	125	222	56	278	JM-Ⅱ 0.6	0.70	7~9	4~6
	R_{28}300D150S8	0.40	20	2	34	128	256	64	320	JM-Ⅱ 0.6	0.70	7~9	4~6
	R_{28}350D150S8	0.41	0	2	33	130	317	0	317	JM-Ⅱ 0.6	0.55	7~9	4~6
	R_{28}450D200S10	0.33	0	2	39	150	455	0	455	JM-Ⅱ 0.6	0.40	16~18	4~6
2000-5-1— 2002-5-15	R_{90}200D150S8	0.50	30	1	46	146	204	88	292	JM-Ⅱ 0.6	0.50	16~18	4~6
	R_{90}300D150S8	0.45	20	1	50	150	266	67	333	JM-Ⅱ 0.6	0.45	16~18	4~6
	R_{28}350D150S8	0.35	20	1	44	153	350	87	437	JM-Ⅱ 0.7	0.45	16~18	4~6
	R_{28}450D200S10	0.33	10	1	41	150	410	45	455	JM-Ⅱ 0.6	0.45	16~18	4~6
	R_{90}200D150S8	0.50	30	2	44	135	189	81	270	JM-Ⅱ 0.6	0.25	16~18	4~6
	R_{90}300D150S8	0.48	20	2	43	140	234	58	292	JM-Ⅱ 0.7	0.25	16~18	4~6
	R_{90}300D150S8	0.42	20	2	43	140	266	67	333	ZB-1A 0.7	0.35	16~18	4~6
	R_{28}350D150S8	0.35	20	2	42	145	331	83	414	JM-Ⅱ 0.7	0.40	16~18	4~6
	R_{28}450D200S10	0.33	10	2	40	155	423	47	470	JM-Ⅱ 0.7	0.45	16~18	4~6

（4）由于船闸工程采用 525 号中热水泥，掺用了减水率较高的缓凝高效减水剂及引气剂，选用具有减水效应的Ⅰ级粉煤灰和优质Ⅰ级灰，在配合比设计上，采用了小水胶比、大粉煤灰掺量（如 $R_{90}150D150S6$ 混凝土粉煤灰掺量达 40%）方案，使四级配花岗岩人工砂石骨料的混凝土单位用水量降为 $85\sim90kg/m^3$，大幅度地降低了混凝土的水泥用量和水化温升；对原材料及混凝土中的碱含量和混凝土的含气量均进行了严格控制。

为降低混凝土水化热温升，设计将部分混凝土的设计龄期从 28d 调整为 90d，并适当调整水胶比，其中输水隧洞标准衬砌混凝土由 $R_{28}300$ 调整为 $R_{90}300$，水胶比由 0.40 调整为 0.45，减少水泥 $41kg/m^3$；竖井衬砌混凝土由 $R_{28}250$ 调整为 $R_{90}300$，水胶比由 0.45 调整为 0.48，减少水泥 $15kg/m^3$。同时，掺加 20% 的粉煤灰，从而减少水泥用量 $24\sim57kg/m^3$，3d 和 7d 的混凝土绝热温升分别降低 3.6℃ 和 4.6℃，有利于改善混凝土的抗裂性能。

上述综合措施使混凝土的施工和易性好，强度富裕度较大，强度保证率较高，混凝土耐久性能良好，保证了混凝土质量。

13.3.3.2　分缝分块

船闸的闸首、闸室边墙与底板为分离结构，顺水流向设置两条缝，将边墙与底板分离，两侧缝相距 30m。

一闸首边墙设两条垂直流向缝，将边墙分为 30m、15.7m、24.3m 三块，底板设三条垂直流向缝，将底板分为 15m、20m、19m、14m 四块，顺水流向按航道中心线设一条缝将底板一块、二块、四块分成左右两块。其中二块、三块之间和三块中间设 2m 宽槽。

二闸首边墙设一条垂直流向缝，将边墙分为 24.8m、18.7m 两块，底板设一条垂直流向缝，将底板分为 24.8m、12.5m 两块。顺水流向按航道中心线设一条缝，将底板第 2 块分成左右两块。

三闸首边墙设一条垂直流向缝将边墙分为二块，其尺寸分别为 24.0m、20.6m，底板设一条垂直流向缝，将其分成两块。其尺寸分别为 12.5m、18.5m。另外，底板第二块顺水流向按航道中心线将其分成左右两块。

四闸首边墙设一条垂直流向缝将边墙分为两块，其尺寸分别为 22.8m、20.6m，底板设一条垂直流向缝，将其分成两块。其尺寸分别为 12.5m、18.5m。另外，底板第二块顺水流向按航道中心线将其分成左右两块。

五闸首边墙设两条垂直流向缝将边墙分为三块，其尺寸分别为 20.8m、16m、14m，底板垂直流向设一条缝将其分成两块，其尺寸分别为 18.5m、12.5m，另外，底板第二块顺水流向按航道中心线将其分成左右两块。

六闸首垂直流向设三条缝，将边墙、底板分成四块，其尺寸分别为 16.7m、22.29m、17m、16m。

闸室边墙和底板均设垂直流向缝，除非标准段外，其余均 12m，分流口 24m。闸室底板顺水流向按航道中心线设一条缝，将 1~4 块、16~20 块分成左右两块。

挡水坝段设顺水流向缝，将右挡分为四块，左挡分为 5 块。上下游箱涵均设垂直流向缝，中支涵为双洞结构，支涵为单洞结构。上游进水箱涵标准段长度 12m，部分渐变段长度为 9~16.5m。下游泄水箱涵标准段长度 15m，部分渐变段长度为 8~16m。

混凝土浇筑分层：大体积混凝土约束区一般为1.5m，脱离约束区2m，闸室衬砌墙控制在3m左右，使用滑模的直立墙以水平结构缝为分层线。各部位分层统计见表13-47。

表13-47　　　　　　　　　　各部位分层统计表

部位	分层数/层	分层范围/m	备注	部位	分层数/层	分层范围/m	备注
一闸首	3～31	1.5～3.75		六闸首	3～26	1～3	
一闸室	3～23	1.5～3.4		上游进水箱涵	3～5	1.5～3	
二闸首	3～28	1.5～3		上游辅导墙	18～20	1.5～3	
二闸室	3～31	1.5～3		下游泄水箱涵	5～9	1.5～3.7	
三闸首至五闸首	3～36	1～3		下游导航墩	9～12	1.5～3	
三闸室至五闸室	3～26	0.8～3		下游导航墙	7	1.5～2.8	

13.3.3.3　出机口温控

高温和较高温季节拌和混凝土，对骨料采取一次、二次风冷、加冰及加制冷水等综合措施，将混凝土出机口温度控制在7℃（基础约束区）和9～14℃（脱离约束区）。

13.3.3.4　浇筑温控

（1）混凝土运输。在混凝土运输过程中，为防止太阳直射，减少混凝土运输途中的倒运次数，在车厢侧壁加保温层，车顶安装遮阳棚。另外对混凝土吊罐周边加设保温层。

（2）混凝土浇筑。加大混凝土浇筑强度，对于较大面积仓面采用台阶法施工，要求控制坯层间覆盖时间在2h内。在混凝土浇筑过程中，防止气温倒灌，在太阳直射情况下，及时用聚乙烯隔热被覆盖已浇筑和接头部位，接头部位随浇随盖。

混凝土浇筑过程中，在浇筑仓面采用人工喷雾，通过喷雾后有效降低仓面温度，一般可降低仓面3～5℃。

13.3.3.5　加强冷却通水

混凝土冷却通水主要取自高程98.70m平台、116.00m平台两座制冷水厂，设备总量34台套，总装机2144.5kW，夏季高程98.70m制冷厂生产6～8℃冷水量130m³/h，116制冷厂生产4～10℃冷水量172m³/h，满足船闸通水要求。

（1）冷却水管布置。在闸首大体积混凝土内均埋设冷却水管进行初、中期通水冷却，有接缝灌浆部位尚须进行后期通水冷却。冷却水管采用ϕ25.4mm黑铁管，后期部分采用ϕ32高密聚乙烯管；有接缝灌浆部位采用ϕ25.4mm黑铁管。冷却管检测结果见表13-48。

表13-48　　　　　　　　　　冷却管抽检结果表

材料名称	检测项目	标准要求	检测结果	检验结论
冷却管（聚乙烯管材ϕ32×2mm）	1. 外观		内外壁光滑平整，无气泡、裂口、分解变色线及影响使用的划伤，两端切割平整，并与轴线垂直	合格
	2. 规格尺寸/mm			合格
	①平均外径极限偏差	≤37	32+0.2	
	②壁厚极限偏差	≤2.5	2.0+0.5	合格

材料名称	检测项目	标准要求	检测结果	检验结论
冷却管（聚乙烯管材 $\phi32 \times 2mm$）	3. 物理机械性能			
	①拉伸屈服应力/MPa	≥20	26	
	②断裂伸长率/%		630	
	③纵向尺寸收缩率/%	≤3	1	
	④液压实验		未破裂、未渗漏	
	20℃/1h/环应力 11.8/MPa			
	⑤爆破压力/MPa	≥2	4.2	
	⑥导热系数/[W/(m·K)]	≥0.45	0.464	

闸首底板边墙、闸室重力边墙及闸室底板冷却水管沿施工缝进行铺设，间距 1.5m（浇筑层厚）×2.0m（水管竖向间距）或 2.0m（浇筑层厚）×1.5m（水管竖向间距）。如浇筑分层厚度为 3m 时，埋设双层冷却水管；闸室衬砌式边墙由于其断面较小，冷却水管沿竖向呈蛇形布置，单根冷却水管长度按 250m 控制。水管在水平面上呈蛇形布置，立面上呈梅花形布置。安装时将管口引至便于集中通水管理的地方，引出的主管布置防止过于集中，其间距不小于 1m，引出管口朝下弯，外露长度不小于 15cm，并对管口妥善保护，防止堵塞。

冷却水管进出口做好标记，注明埋设时间及回路编号等，冷却水管一个回路长度一般控制在 250m 以内，仓面较大时，分成几个长度相近的回路，使混凝土冷却速度较均匀。冷却水管接头用丝扣连接，确保接头连接牢固，不漏水。混凝土浇筑前和浇筑过程中对冷却水管进行一次通水检查，通水压力 0.3~0.4MPa，如发现漏水及堵塞现象，立即进行处理；在浇筑过程中采取措施避免水管受损或堵塞。

（2）初期通水。初期通水冷却可以有效地削减浇筑块的水化热温升，降低混凝土最高温度，减少温度应力。对 4—10 月浇筑的大体积混凝土进行了初期通水冷却，进口温度采用 6~8℃制冷水，其流量不小于 18~25L/min，通水时间 15d 左右，在收仓 12h 内开始，对于较大仓面根据现场监理指示可提前至水管覆盖后进行，降温速度不超过 1℃/d。

（3）中期通水。为防止外部气温降低时造成内外温差过大而产生温度裂缝，每年 9 月初开始对当年 5—8 月浇筑大体积混凝土、10 月初开始对当年 4 月、9 月浇筑大体积混凝土、11 月初开始对当年 10 月浇筑大体积混凝土进行中期通水冷却，消减混凝土内外温差，以混凝土块体温度达到 20~22℃为准。

（4）后期通水。对接缝灌浆的混凝土块体进行后期通水使之达到设计温度（14.5~15.5℃）。混凝土块体在后期保证连续通水，块体与冷却水之间温差不超过 20~25℃，通水流量 18L/min，块体降温不大于 1℃/d，在通水过程中每隔 30d 左右进行一次闷温和通过埋设温度计进行检查降温效果，在块体冷却接近灌浆温度时，进行一次全部闷温，有仪器埋设部位以仪器观测值为准。检测块体是否达到设计温度。

13.3.3.6 加强表面养护及保温

混凝土浇筑完 12~16h 后对仓面和暴露的侧面进行流水养护，始终保持混凝土表面湿润状态，养护时间不少于 28d。

根据设计要求，对混凝土暴露面进行保温。保温材料采用聚乙烯泡沫卷材外罩塑料彩条布缝制而成，厚度分别为1.8cm和2.3cm。其施工方法是对顶面的保温被采用铺盖法；对侧面的保温被采用悬挂法，其上部悬挂于模板的下支架上，中、下部利用外露于混凝土面的模板拉筋，用10号铅丝或截面1cm×3cm的长木条将保温被固定于混凝土表面；无模板拉筋的大模板混凝土面，在挂锥孔内焊接钢筋头或加木楔作为支撑点。保温被搭接长度不小于10cm，用于侧面的保温被搭接处用铁丝连接成片。对高度较高的侧面部位，如人工无法施工，采用门机等机械设备辅助吊装或搭脚手架辅助施工。并对洞口及井口进行封闭。由于对混凝土冬季保温工作有充分准备，并采取种种措施，对有效防止大体积混凝土裂缝发生起到一定作用。

13.3.4 温控实施效果

13.3.4.1 混凝土出机口温度检测

（1）船闸及上、下游引航道混凝土。双线五级船闸及上游引航道地面工程混凝土均由高程98.70m混凝土拌和系统供料，1999—2002年预冷混凝土出机口温度，施工单位检测的上游引航道混凝土出机口温度检测结果见表13-49，监理单位检测的双线五级船闸混凝土出机口温度结果见表13-50。从表13-49、表13-50中可以看出，1999年生产的7℃和9℃低温混凝土合格率分别为62.5%和50.95%，合格率较低。2000—2002年混凝土出机口温度控制好于1999年，但7℃混凝土出机口温度合格率仍偏低。

表13-49　　　　　　　　　　上游引航道混凝土出机口温度检测结果表

检测部位	温控要求 /℃	检测次数	检测成果/%			合格率 /%	统计时段 /（年.月）	抽检单位
			最大值	最小值	平均值			
靠船墩	≤7	10	9.7	6.0	7.5	80.0	1999.11—2000.6	施工单位
	≤14	72	14.4	6.2	11.1	94.4	1999.11—2000.6	
浮堤及支墩	≤7	43	12.0	4.0	7.7	86.0	1999.4—2003.2	
	≤12	11	14.3	6.0	10.6	90.9	1999.4—2003.2	

表13-50　　　　　　　　　　混凝土机口温度结果表

统计时段 /年	温控要求 /℃	检测次数	最大值 /℃	最小值 /℃	平均值 /℃	合格率 /%
1999	≤7（三、四级配）	3285	13.0	1.0	7.01	62.50
	≤9（二级配）	50	13.0	5.4	8.96	50.95
	≤12～14	1045	16.0	4.2	11.24	97.76
2000	≤7（三、四级配）	4007	11.2	4.0	6.72	85.69
	≤9（二级配）	1950	12.0	3.3	8.12	93.69
	≤12～14	3487	17.9	5.4	11.19	98.59
2001	≤7（三、四级配）	4207	12.1	3.5	6.73	82.10
	≤9（二级配）	2948	12.0	4.0	7.64	96.30
	≤12～14	5841	17.0	5.6	11.10	98.95

统计时段/年	温控要求/℃	检测次数	最大值/℃	最小值/℃	平均值/℃	合格率/%
2002	≤7（三、四级配）	28	10.1	2.8	6.40	73.70
	≤9（二级配）	22	12.3	2.9	7.00	86.40
	≤12～14	31	18.0	2.8	8.60	93.60
汇总	≤7（三、四级配）	11527	13.0	1.0	6.80	77.75
	≤9（二级配）	4970	13.0	2.9	7.84	94.77
	≤12～14	10404	18.0	2.8	11.13	98.70

（2）地下输水系统混凝土。三标施工单位对 4—10 月出机口温度共抽检 1629 次，其中 7℃预冷混凝土检测 104 次，最大值 16℃，最小值 6℃，平均值 8.5℃，合格率为 88.5%；14℃预冷混凝土共抽检 1525 次，最大值 18.6℃，最小值 5.7℃，平均值 11.9℃，合格率为 93.9%。四标施工单位对 4—10 月出机口温度共抽检 1378 次，其中 7℃预冷混凝土检测 56 次，最大值 12℃，最小值 6℃，平均值 8.16℃，合格率为 89.3%；14℃预冷混凝土共抽检 1322 次，最大值 19℃，最小值 5℃，平均值 11.8℃，合格率为 94.6%。监理对出机口温度在试验室用温度计检测 360 次，其中三标 7℃混凝土合格率 84.6%，12～14℃混凝土合格率 92.3%；四标 7℃混凝土合格率 100%；12～14℃混凝土合格率 94.4%。出机口温度合格率总的偏低。施工单位出机口温度统计情况见表 13-51。

表 13-51　　　　　　　　混凝土出机口温度检测统计表

统计时段/（年-月-日）	工程部位	拌和系统	抽检地点	温控要求/℃	检测次数	最大值/℃	最小值/℃	平均值/℃	合格率/%
1998-7-28—2001-11-27	三标	三联高程 98.70m	出机口	常温	1294	33.7	5	14.9	
		高程 98.70m	出机口	7	104	16	6	8.15	88.5
			出机口	14	1525	18.6	5.7	11.9	93.9
1998-10-14—2002-5-5	四标	三联高程 98.70m	出机口	常温	1311	28	6.5	15.2	
		高程 98.70m	出机口	7	56	12	6	8.16	89.3
			出机口	14	1322	19	5	11.8	94.6

（3）直立墙段混凝土。为满足设计要求的混凝土浇筑温度，在本部位混凝土浇筑经历的 2001 年夏季（6—8 月）。对混凝土出机口温度进行了控制检测，其检测结果见表 13-52。

表 13-52　　高程 120.00m 拌和系统 2001 年夏季混凝土出机口温度检测结果表

控制标准	检测次数	最大值/℃	最小值/℃	平均值/℃	合格率/%
基础混凝土不大于 7	3845	13.0	4.0	6.9	84.1
基础以上不大于 14	3385	18.0	7.0	11.6	99.0

注　检测部位包括其他部位混凝土。

13.3.4.2 混凝土浇筑温度检测

经过采取各种温控措施，夏季混凝土施工温控取得一定成效，现场入仓温度和浇筑温度统计见表13-53。夏季混凝土施工共进行了148500次现场测温，其中出机口7℃混凝土，入仓测温次数42290次，最高温度19.7℃，最低温度5℃，平均温度11℃。浇筑测温次数46723次，最高浇筑温度20℃，最低浇筑温度5℃，平均浇筑温度12.5℃。出机口12～14℃混凝土入仓测温次数29747次，最高入仓温度23℃，最低入仓温度4℃，平均入仓温度11℃。浇筑测温29740次，最高温度24℃，最低温度5.6℃，平均温度14℃，合格率95%。

表 13-53　　　　　　　　　　夏季混凝土现场测温统计表

部位	出机口温度/℃	入仓温度/℃				浇筑温度/℃				合格率/%
		测点数	最大值	最小值	平均值	测点数	最大值	最小值	平均值	
一闸首	7	2752	19.7	5	11	2470	20	5.7	6.7	93
	12～14	1941	19.9	5.6	13	1723	22.4	7	14	97
一闸室	7	6449	14.8	5	8.8	8831	16.5	7	10.5	98
	12～14	3899	19.3	5.6	11	1723	22.4	7	12	90
二闸首	7	857	15	6.2	10.2	843	15.8	7	10.5	98
	12～14	997	17.6	6.8	12	969	19	7.5	13	100
二闸室	7	6123	16	5.5	9.2	8765	17.6	6	11	97
	12～14	3008	17.9	6.7	12	4703	21.3	7.2	14	99
三闸首	7	1570	18	5	9.7	1466	19	7	12.4	97
	12～14	747	19	6	11	664	21	6	13	99
三闸室	7	5560	16	5	9.8	5712	18	8	12	96
	12～14	3868	19	4	13.7	3673	22	7	17	98
四闸首	7	1089	17	5	9.8	1055	18	7	12	96
	12～14	369	18.5	5	11	641	19	8	13	99
四闸室	7	6212	16	6	11	6076	20	7	13.5	98
	12～14	5378	18	5	12	5257	24	8	16	99
五闸首	7	2676	16	4	8.2	2746	19.5	5	11.3	96
	12～14	1392	17	4	11.3	2322	20	6	16	98
五闸室	7	5930	13.5	5	9.3	5793	15	7	11	98
	12～14	4361	18	10	14	4447	19	9	14	99
六闸首	7	1706	13.6	5	10.5	1706	17.5	6	11.3	98
	12～14	1388	23	7	13.7	1388	24	7.2	15	99
上游辅导墙	7	329	12.4	6.8	8	326	14.3	7.1	9	99.7
	14	121	13.5	6.5	9.1	121	15.2	7.3	10.4	100
上游进水箱涵	7	337	13.5	6.7	8.4	334	14.9	6.5	9.1	97
	14	570	18.1	7	10.2	557	19.3	7.2	12.5	100

部位	出机口温度/℃	入仓温度/℃				浇筑温度/℃				合格率/%
		测点数	最大值	最小值	平均值	测点数	最大值	最小值	平均值	
下游箱涵	7	619	15.3	5.1	8.9	528	18.4	5.7	13.3	95
	14	890	17.2	6	10	812	22.1	7.2	11.4	99
下游导航墩	7	18	14	7	8.8	18	18	8	12.3	90
	14	560	16.3	13.5		510	21.3	10.3	16.7	97
下游导航墙	7	63	14	7	7.5	54	18	8.5	12.7	86
	14	258	17.5	6.8	13.1	230	22.5	7.3	16.4	93

13.3.4.3 混凝土最高温度检测

船闸第一至第六闸首共布置198支温度计，分别监测不同高程混凝土温度状况。通过监测看出，混凝土浇筑层达到最高温升在混凝土浇筑后的3~7d左右，水化温升一般在10~22℃之间，其中监测最大水化温升为28.5℃，根据统计的198个混凝土浇筑块温度测点中有78个测点监测超过设计标准值，目前混凝土块体温度已趋于稳定，随气温变化呈现出季节性变化规律。

根据三峡水利枢纽工程质量标准《混凝土温控技术及质量规定》（TGPS 10—1998）的规定，混凝土浇筑层平均最高温度不允许超出设计值2℃。各部位最高温度过程见图13-11，各部位最高温度统计见表13-54。

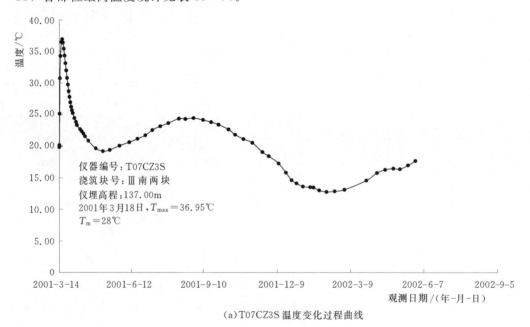

(a)T07CZ3S温度变化过程曲线

图13-11（一） 各部位最高温度过程曲线图

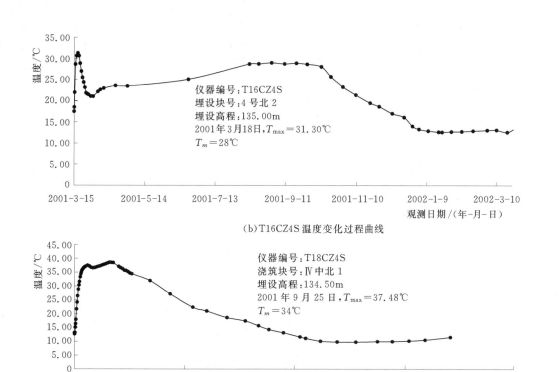

（b）T16CZ4S 温度变化过程曲线

（c）T18CZ4S 温度变化过程曲线

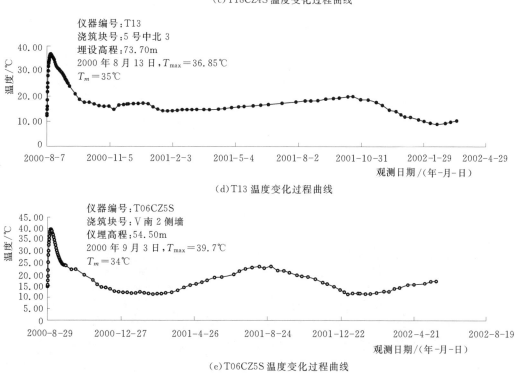

（d）T13 温度变化过程曲线

（e）T06CZ5S 温度变化过程曲线

图 13-11（二）　各部位最高温度过程曲线图

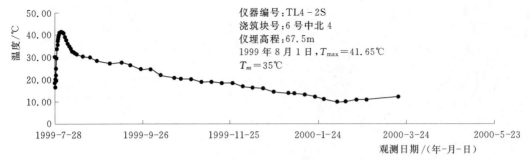

仪器编号：TL4-2S
浇筑块号：6号中北4
仪埋高程：67.5m
1999年8月1日，$T_{max}=41.65℃$
$T_m=35℃$

温度/℃
观测日期/(年-月-日)

(f)TL4-2S温度变化过程曲线

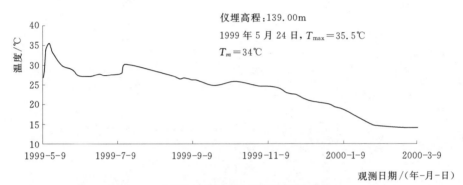

仪埋高程：139.00m
1999年5月24日，$T_{max}=35.5℃$
$T_m=34℃$

温度/℃
观测日期/(年-月-日)

(g)南一闸首右挡1温度变化过程曲线

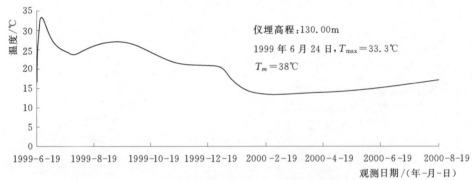

仪埋高程：130.00m
1999年6月24日，$T_{max}=33.3℃$
$T_m=38℃$

温度/℃
观测日期/(年-月-日)

(h)北一闸首1中北2温度变化过程曲线

图13-11（三） 各部位最高温度过程曲线图

表13-54 各部位混凝土最高温度统计表

部 位	温度计/支	最高温度/℃	超温点数/个	合格率/%
一闸首	32	35.8	19	40
一闸室、二闸室	21	39.4	10	53
三闸室	9	36.5	4	56
四闸首	4	31.3	1	75
四闸室	20	37.45	6	70

部 位	温度计/支	最高温度/℃	超温点数/个	合格率/%
五闸首	50	36.85	6	88
五闸室	22	39.7	4	82
六闸首	40	41.165	8	80
合计	198		58	71

13.3.4.4 混凝土通水冷却

上游引航道靠船墩、浮堤支墩基础混凝土，第一闸首、闸室～第六闸首、闸室混凝土在高温季节均进行了初期通水冷却，水管闷温温度为12.5～29℃，有效地削减了混凝土最高温度；同时每年夏季浇筑的混凝土在秋季进行了中期通水冷却，水管闷温温度为13～23.5℃，基本满足设计要求。

上游隔流堤部位混凝土进行了中期通水冷却，共检测了25组中期冷却水管的闷温温度，其最高值为26.3℃，最小值为16.6℃，平均值为21.6℃，满足设计要求20～25℃的要求。

地下输水系统 T 形管和十字管段混凝土衬砌结构复杂，温控措施更为严格。增加了在混凝土内部预埋冷却水管措施，浇筑完24h后进行通河水冷却，通水时间为7～10d，通过冷却通水等综合温控措施，降低温度约10～14℃，有效减少了裂缝的产生。

（1）初期通水。根据技术要求，对初期通水进、出口水温进行194311次测温，其中进水口平均温度14℃，出口水温平均为20℃。对通水流量进行105978次测试，平均流量19L/min，闷温温度变化范围12～29℃，通水冷却情况良好。混凝土初期通水情况统计见表13-55。

表 13-55　　　　　　　　混凝土初期通水情况统计表

部 位	进口水温/℃		出口水温	流量/(L/min)		闷温温度变化范围/℃
	测次	平均值	平均值	测次	平均	
一闸首	14107	11.2	15.3	13587	19.5	11～30.2
一闸室	37820	15	20	29862	18	12.5～28
二闸首	10514	13.6	20	8520	19.3	19～28
二闸室	29973	15.5	19	23746	18	13～26
三闸首	6720	12.2	16	1421	19.6	12.5～27
三闸室	15990	17	21	746	23	12～25
四闸首	4244	14	19	746	21	14～28
四闸室	36296	15.6	19	9435	23	13～28
五闸首	18405	14.4	19.2	10517	21	13～29
五闸室	13899	15.6	18.5	4452	26	18～26
六闸首	2107	11.4	14	897	26	15～28
下游箱涵	3421	16.6	20.5	1658	21.7	19.2～28.1
上游箱涵	815	13.6	21.3	391	18.3	19.1～24.8

（2）中期通水。采用常温水进行中期通水，对进出口水温测试 49627 次，平均进口水温 17.3℃，出口平均水温 20℃，对通水流量进行 21672 次测试，平均流量 22.3L/min，闷温温度变化范围 13～24℃，通水符合要求，混凝土中期通水统计见表 13-56。

表 13-56　　　　　　　　　　　　混凝土中期通水统计表

| 部 位 | 进口水温/℃ | | 出口水温/℃ | 流量/(L/min) | | 闷温温度变化范围/℃ |
	测次	平均值	平均值	测次	平均值	
一闸首	2478	18.5	20.25	2283	23.5	17～29
一闸室	6900	18	21	6513	22.5	18.5～27
二闸首	672	16	19.4	613	20.5	17～22.5
二闸室	1009	18	20.4	1002	21	20.2～26
三闸首	3350	15.5	18	459	25	15～22.5
三闸室	3031	16.5	19	783	23	17～23
四闸首	2066	15	18.5	497	21	14～23.5
四闸室	10538	18	20	2367	22	17～25
五闸首	6855	15	17.5	4135	23	13～24
五闸室	10712	15	18	2234	25	15～22
六闸首	2016	17.7	20	786	25.7	17～21.5

（3）后期通水。对接缝灌浆部位的 1108 个仓号进行后期通水，共进行 21829 次进出口水温测量，其中进口水温平均为 10.7℃，出口水温平均值为 12.4℃。通水流量检测 12051 次，平均流量 22L/min，闷温温度变化范围 9～15.5℃，通过后期通水冷却所有灌浆区域均达到设计温度要求，混凝土后期通水统计见表 13-57。

表 13-57　　　　　　　　　　　　混凝土后期通水统计表

| 部位 | 统计仓数 | 进口水温/℃ | | 出口水温/℃ | 流量/(L/min) | | 闷温温度变化范围/℃ |
		测次	平均值	平均值	测次	平均值	
一闸首	466	10315	10.8	12.3	9181	23	10.1～15.3
四闸首	17	350	11	13.5	172	20	10～15.5
四闸室	84	2652	10	12.2	396	22	9～15
五闸首	299	7207	10	12.5	1587	21	9～15
五闸室	43	723	10.7	12	335	14	12～14
六闸首	199	582	11.2	13	380	26	12.1～14.5

根据混凝土原材料控制、施工工序控制、混凝土质量检测、建筑物形体测量、混凝土质量检查和处理等情况表明，船闸地面混凝土工程施工质量优良，质量满足设计要求和《三峡工程质量标准》。

13.4　三峡水利枢纽工程垂直升船机工程

13.4.1　工程概况

13.4.1.1　工程简介

三峡水利枢纽工程升船机是三峡水利枢纽的永久通航设施之一，布置在枢纽左岸，位于永久船闸右侧、临时船闸左侧的 7 号与 8 号非溢流坝段之间，主要由上游引航道、上闸首、船厢室段塔柱、下闸首和下游引航道等部分组成，从上游口门至下游口门全线总长约5000m。升船机轴线东偏南 56°，与主坝轴线成 80°交角。三峡水利枢纽工程升船机为单线一级垂直升船机，采用齿轮齿条爬升式，最大过船吨位为 3000t 级客货轮，船厢水域有效长 120m，宽 18m，水深 3.5m。主要通过船厢垂直升降载着船舶上下克服水位落差，用于为客货轮和特种船舶提供快速过坝通道，并与双线五级船闸联合运行，提高枢纽的航运通过能力，保障枢纽通航的质量。最大提升高度 113m，最大提升重量为 15500t，具有提升高度大、提升重量大、船厢与混凝土建筑物结合密切、施工精度要求高等特点，是目前世界上规模最大和技术难度最高的升船机。升船机总布置见图 13-12。

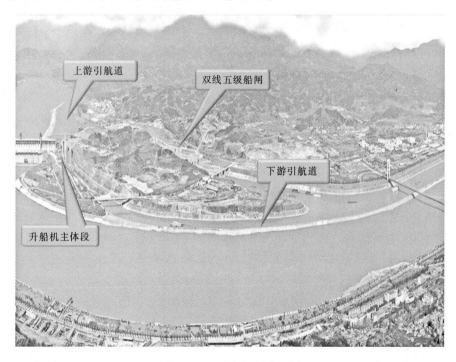

图 13-12　升船机总布置图

（1）上游引航道。升船机上游引航道在上闸首以上以 400m 长的直线段、弧长 286m（弯曲半径 600m、圆心角 22.7687°）的弯段以及又一个直线段与船闸的上游引航道相接。上游引航道运行期最低通航水位 145m，清淤高程 139.00m，布置有导航浮堤、靠船墩。支墩式浮式导航堤设在右侧，与上闸首右边墩相连接，长 130.6m。左侧上闸首以上以

1：5逐渐向上游扩宽。航道内设 4 个间距 30m 的靠船支墩，用于升船机双向运转时停靠船舶（队）。升船机与船闸共用上游引航道，上游引航道处于上游隔流堤以内，在汛期被隔流堤与河床主流隔开，成为独立的人工航道。隔流堤位于升船机右侧，总长度 2674m，堤顶高程 150.00m。

（2）上闸首。上闸首兼有挡水坝段及升船机闸首双重功能，在正常运行工况下适应枢纽上游 30m 的水位变化。根据设备布置及闸首稳定的要求，上闸首顺水流向总长 130.0m，垂直水流方向总宽 62.0m，其中航槽宽 18.0m，航槽两侧边墩挡水部分宽为 22.0～19.0m，航槽内的最小水深 4m。上闸首沿顺水流方向分别设有挡水门、辅助门和工作门。工作门设在航槽尾部，由 1 扇高 17.0m 并带有卧倒式过船小门的平板闸门和 7 节高 3.75m 的叠梁组成；辅助门在工作门的上游侧，两门相距 8m，由 1 扇高 12.5m 的平板门和 8 节高 3.5m 的叠梁组成；挡水门槽设在闸首的上游端，与辅助门共用闸门。工作门、辅助门和挡水门分别由 2 台设于闸首顶部排架上的 2×2500kN 和 2×1500kN 的桥式启闭机分别操作。上闸首工作闸门的泄水系统，设于右边墩工作门和辅助门之间的外侧，经阀门室垂直向下，最后进入冲沙闸的左边墙，可将水泄入冲沙闸的消力池。另外，在闸首顶部还设有横跨航槽的钢结构活动公路桥和闸门检修平台，闸首内还设有基础廊道、排水廊道及交通、管线廊道等。上闸首桥机排架为钢筋混凝土结构，共 12 个，对称布置在高程 185.00m 闸面上，顺水流方向每侧 6 个。每个排架柱高 31m，底部柱体平面尺寸 5m×5m，壁厚 0.8m。

（3）船厢室段。船厢室段是升船机船厢垂直升降的区域，由塔柱和顶部机房、船厢及机械设备、平衡重系统，以及电气控制和通讯、消防等部分组成，塔柱和顶部机房将为设备的运输、安装、调试、运行和检修维护提供场所。船厢室段平面结构布置呈规则矩形，船厢室段建筑物的平面尺寸为 121.0m×57.8m（长×宽），底板厚 2.5m，顶高程 50.00m，建基面高程 47.50m，高程 50.00～196.00m 之间为船厢室段塔柱结构，每侧由"墙—筒体—墙—筒体—墙"通过沿高程布置的纵向联系梁形成纵向长 119m，宽 16m 的组合结构，中间布置升船机室的承船厢，承船厢宽度为 25.8m。在顶部由 2 个平台和 7 根横梁形成塔柱的横向联系。单个筒体长 40.3m，宽 16.0m，筒体一般部位的壁厚 1.0m，螺母柱部位和齿条部位的墙体局部加厚，分别为 1.5m、1.8m 和 1.75m，仓位含筋量最高达 25.4%。

筒体平面上呈凹槽形，凹槽长 19.1m、宽 7.0m，对应船厢驱动室的 4 个侧翼结构。船厢两侧对称布置 4 个侧翼结构在每个结构平台上分别设一个驱动室，驱动室内布置有船厢驱动机构和事故安全机构以及相应的电气和液压设备。4 套驱动机构通过机械轴联结，形成机械同步系统。安全机构的旋转螺杆通过机械传动轴与相邻的驱动系统联结，两者同步运行。驱动系统的齿条和安全机构的螺母柱通过二期埋件安装在塔柱凹槽的混凝土墙壁上，齿条和螺母柱距船厢室横向中心线尺寸分别为 29.6m 和 37.7m，螺母柱距船厢室纵向中心线 21.5m。船厢对接锁定机构布置在安全机构上方，通过机械轴与安全机构旋转螺杆连接，与安全机构共用螺母柱作为承载构件。船厢上还设有 4 套横导向装置和 2 套纵导向装置。横向导向装置布置在每套驱动机构的下方，纵导向装置位于船厢纵轴线中点。

船厢通过驱动机构小齿轮沿齿条的运转，实现船厢的垂直升降。船厢升降时，与驱动机构同步运行的安全机构螺杆在螺母柱内空转，遇事故时可将船厢锁定在塔柱结构上。船厢由 256 根 ϕ74mm 的钢丝绳悬吊，钢丝绳分成 16 组对称布置在船厢两侧，钢丝绳的一端与船厢连接；另一端绕过塔柱顶部机房内的平衡滑轮后，与平衡重块连接，平衡重总质量与船厢总质量相等，约为 15500t。

升船机船厢室段塔柱结构见图 13-13、图 13-14。

（4）下闸首。下闸首长 37.15m，宽 58.4m，其中中间航槽宽 18m，右边墙因布置检修门门库，局部加宽 4.8m，闸面高程 84.50m，航槽底板高程 58.00m，建基面高程 47.50m，由于工作门采用下沉式方案，工作门槽部位局部下挖至 41.5m。下闸首右边墩内设有集水井，相应设置抽水泵房和抽水泵。集水井与工作门槽相连，船厢室底板汇集的雨水、渗水和闸门漏水等自流进下闸首的工作门

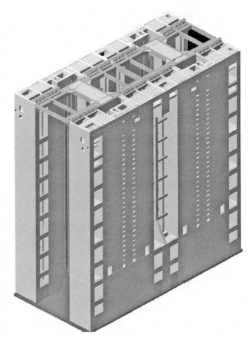

图 13-13　塔柱结构立体图

槽内，然后经集水井抽至下游。下闸首以下为下游引航道，左侧直接与下游引航道的导航墙连接，右侧与下游辅导墙连接。下闸首采用分离式结构型式。

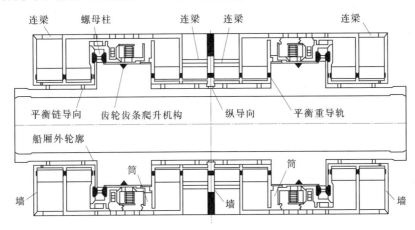

图 13-14　塔柱结构平面图

下闸首设备布置有下沉式挡水工作门、工作门启闭机、检修门、检修门启闭机等设备。

（5）下游引航道。下游引航道为下闸首以下航道，总长约4400m，分为两段。从口门至升船机与船闸引航道分叉部位约1800m，底宽180m，口门拓宽为200m，航道底面高程56.50m。分叉部分往上游至升船机下闸首约2600m，航道底宽80.0～90.0m，航道底面

高程 58.00m。引航道右侧设有长约 3550m 的隔流堤，以阻隔主流，形成静水航道，堤顶高程 76.00～78.00m。下游引航道的主导墙设于紧接下闸首的左侧，长 90m，墙顶高为 75.5m，为直立式衬砌墙结构。右侧与下游辅助导墙连接。靠船建筑物设于下闸首下游约 300m 以外的左侧，顶高为 75.5m，长 100m，采用墩宽 5m、间距 19m 的半衬砌式墩式结构。

13.4.1.2 混凝土温控特点

根据三峡水利枢纽工程升船机塔柱结构以及混凝土施工环境，混凝土温控有以下特点：

（1）塔柱混凝土结构复杂，主要为高层薄壁墙体结构，钢筋特别密集，钢筋热传导作用明显，因而混凝土内部温度受外界环境温度影响较大，容易导致混凝土内部温度出现陡升陡降现象。混凝土浇筑完成后，在非常短的时间内，温度达到峰值，温升出现转折后，温降回落十分迅速。因而对混凝土内部温度的控制困难，塔柱冷却水温度与通水时间控制程序复杂。

（2）升船机建设期间，三峡水利枢纽工程建设已到达后期阶段，仅在长江右岸设有拌和系统，混凝土运输路程较远，运输过程中的温度损失以及入仓浇筑过程中对仓面环境温度的调节，对混凝土温控控制影响较大。

（3）塔柱结构主要为高层薄壁墙体结构，混凝土采用泵送＋布料杆的形式进行入仓浇筑，浇筑时输送高度大，以上这些原因决定了塔柱混凝土入仓强度受到限制，另外，塔柱混凝土均为高标号的混凝土，胶凝材料用量大，增加了温控难度。

13.4.2 混凝土温控设计标准

13.4.2.1 混凝土主要技术指标

升船机主要混凝土标号及设计指标见表 13-58。

表 13-58 升船机主要混凝土标号及设计指标表

工程部位	混凝土强度等级	设计龄期/d	级配	抗冻指标	抗渗指标	限制最大水灰比	28d 极限拉伸值/10⁻⁴
塔柱高程 84.00m 以下	C35	28	二、三	F200	W8	≤0.42	≥0.85
塔柱高程 84.00m 以上	C30	28	二、三	F200	W8	≤0.45	≥0.85
塔柱顶部机房梁、板	C35	28	二	F200	W8	≤0.42	≥0.85
塔柱顶部机房柱及墙	C40	28	二	F200	W8	≤0.42	≥0.85
下闸首	C25	28	三	F250	W10	≤0.50	≥0.85
螺母柱、齿条等埋件二期混凝土	C35	28	一、二	F200	W8	≤0.42	≥0.85
门槽二期混凝土	C30	28	一、二	F200	W8	≤0.45	≥0.85

注 表中除下闸首大体积混凝土最大粉煤灰掺量为 25%外，其他各标号混凝土最大粉煤灰掺量均为 20%。

13.4.2.2 分缝分块

（1）塔柱：升船机塔柱顺流向设 4 条施工缝，将塔柱分成轴 1 墙和纵向联系梁、上游筒体、轴 7 墙和纵向联系梁、下游筒体、轴 13 墙和纵向联系梁共 5 个浇筑块，两侧塔柱共 10 个浇筑块。高程 60.00m 以下塔柱混凝土围护结构，在上述分缝处塔柱筒外侧预留宽 1.0m 的后浇带。

四个塔柱的筒体优先同时施工，筒体内板、梁结构随后跟进。四个塔柱筒体高差不大于 6m。塔柱轴 1 墙、7 墙、13 墙和纵向联系梁滞后筒体至少 1 个月施工，纵向联系梁在与筒体相接部位预留 40cm 的后浇带，后浇带混凝土安排在低温季节浇筑（11 月至次年 3 月）。

塔柱顶部横向结构采用：一侧整浇；另一侧留宽槽，后期回填连成整体。横梁、基础梁在筒体混凝土浇筑到顶后单独浇筑，并设宽槽后浇带和施工键槽缝；平台板部位板、次梁预留后期浇筑，在板梁相交处预留凹槽。横梁梁系结构分为 3 块单独浇筑，平台板次梁预留后期浇筑。

（2）下闸首：下闸首两侧墙顺水流向长 37.15m，分为上下两块，其中上游块长 18.15m，下游块长 19m，左闸墙宽 16.0～19.0m，右闸墙宽 16.0～25.0m。下闸首底板宽 14m，分为上、下两个浇筑块。

13.4.2.3 混凝土允许最高温度

设计混凝土允许最高温度见表 14-5。承包人应采取有效措施，使高程 70.00m 以下的塔柱筒体结构混凝土及下闸首混凝土最高温度控制在设计允许最高温度范围以内。高程 70.00m 以上的塔柱筒体混凝土最高温度见表 13-59，混凝土浇筑温度按表 13-60 控制。

表 13-59　设计混凝土允许最高温度表　单位：℃

部　位		长边长度 /m	月　份				
			12 月至次年 2 月	3、11	4、10	5、9	6—8
筒体结构			32	34	36	38	40
下闸首	底板	19	26	28	32	34	34
	边墙	强约束区	16～25	26	28	32	34	36
		弱约束区		26	28	32	34	38
		脱离约束区		26	28	32	34	38

表 13-60　混凝土浇筑温度表　单位：℃

月　份		12 月至次年 2 月	3、11	4、5、9、10	6—8
塔柱		自然入仓	16	18～20	23
下闸首	基础约束区	自然入仓	13	15	17
	脱离基础约束区	自然入仓	自然入仓	16～18	18

13.4.2.4 上下层温差控制

当下层混凝土龄期超过 28d 成为老混凝土时，其上层混凝土应控制上、下层温差。对连续上升块体且高度大于 $0.5L$（L 为浇筑块长边尺寸）时，允许老混凝土面上下各 $L/4$ 范围内上层最高平均温度与新混凝土开始浇筑下层实际平均温度之差为 17℃；浇筑块侧面长期暴露时，或上层混凝土高度小于 $0.5L$ 或非连续上升时应加严上下层温差控制。

13.4.2.5 表面保护标准

在整个施工期内浇筑的混凝土几乎每月均有可能遇到气温骤降的袭击，新浇混凝土遇日平均气温在 2～3d 内连续下降不小于 6～8℃时，基础强约束区和特殊部位龄期 2～3d 以上，一般部位龄期 3～4d 以上必须进行表面保护。

13.4.3 主要温控措施

根据三峡水利枢纽工程塔柱结构以及混凝土施工环境，混凝土温控有以下特点：①塔柱混凝土结构复杂，主要为高层薄壁墙体结构，墙厚仅 1m，因而受外界气温影响大；②塔柱钢筋密集，仓位含筋量最高达 25.4%。再加上墙体内还布置有大量的金属结构埋件，且较集中，容易出现导热不均；③塔柱结构主要为高层薄壁墙体结构，混凝土采用泵送＋布料机入仓，输送高度达 120m，输送路线长，对混凝土输送过程中温度回升影响大；④塔柱混凝土均为高标号混凝土，胶凝材料用量大，产生的水化热大，混凝土内部温度高；⑤升船机建设期间，三峡水利枢纽工程建设已达到后期阶段，仅在长江右岸设有拌和系统，混凝土运输路程较远，混凝土运输过程中的温度损失较大。以上因素导致混凝土内部温度出现陡升陡降现象，混凝土浇筑后，在非常短的时间内，温度达到高峰值，温升出现转折后温降回落迅速，因而混凝土内部温控困难，塔柱冷却水温度与通水时间控制要求高。综上所述，在施工过程中必须采取保温和通水冷却等综合温控措施以防止混凝土产生温度裂缝。

13.4.3.1 优化混凝土配合比

为满足混凝土温控设计标准，采取了包括减小胶凝材料水化热温升等必要的温控措施，使块体中出现的实际最高温度不超过块体设计允许最高温度。

根据招标文件的要求进行配合比设计，在第一期混凝土配合比开始使用后，即开始对第一期混凝土配合比进行优化设计，主要工作是在满足设计要求的耐久性、抗渗性、强度和抗裂性等各项指标要求的前提下，增大水胶比，减小胶凝材料的用量，即减小水泥及粉煤灰用量，从而达到从混凝土的发热源上将温升降低 2～3℃的效果。

13.4.3.2 出机口温控

高温季节开仓前，提前通知拌和楼对骨料进行预冷，拌和楼启动二次骨料预冷系统，对所有制冷系统进行检查，确保出机口温度处于受控状态。为减少预冷混凝土的温度回升，严格控制混凝土运输时间以及仓面浇筑坯被覆盖前的暴露时间。

13.4.3.3 浇筑温控

（1）运输车辆。混凝土运输机具加设遮阳设施，并减少转运次数，开仓后在拌和楼对搅拌车料罐进行降温。在现场两侧各布置一处面积约 250m² 的遮阳棚，搅拌车在现场等待下料期间停在遮阳棚内，同时，对搅拌车喷淋冷却水的方式对待料搅拌车降温；使混凝土自出机口出来至仓面浇筑坯被覆盖前的温度满足浇筑温度要求。

（2）仓面喷雾，创造小环境气温。利用高压泵产生高压水，通过更换专用喷头的冲毛枪，产生大范围细微水雾，达到遮阳阳光直射并降温的效果。高压泵输送压力达 16MPa，可使冲毛枪喷射水雾覆盖 12～15m 范围，根据单仓浇筑面积，人工手持 2 台冲毛机移动喷雾，可覆盖整个浇筑仓位，创造出比外界温度低 8～10℃的仓内小环境温度。

（3）避开高温时段浇筑。为避开高温时段浇筑，一般控制在 17：00 时左右开仓，避免在高温时段开仓；控制每仓次浇筑时间不超过 24h，为避开高温时段提供条件。

（4）为缩短混凝土坯层覆盖时间，加大入仓强度，采用高压泵替代低压泵输送混凝土，同时减少坯层厚度，由每坯层 50cm 改为 35～40cm。

（5）浇筑设备的保证。浇筑设备的保证主要有下列三点：①定期维护泵机、及时更换破损零部件；②定期更换泵管，定期测量管壁厚度，防止爆管；③开仓前对泵机和布料杆进行检查、试运行，特别是泵管弯头部位，保证布料杆设备正常运行，避免因设备故障导致浇筑中断。

（6）仓面保温。混凝土浇筑过程中跟进进行仓面保温，采取浇筑一个坯层，用保温被覆盖一层的方法施工。

13.4.3.4　冷却通水

根据设计要求高程 70.00m 以下塔柱筒体结构混凝土、夏季浇筑的厚度不小于 1.5m 的塔柱结构混凝土，应埋设冷却水管进行通水冷却，其他部位一般不埋设冷却水管。

为了最大限度的控制混凝土内部最高温度，采取个性化冷却通水，方法如下。

（1）通水回路按照齿条、螺母柱及墙体分别进行分区，设置 4 个回路，根据不同位置的温度变化不同的特点，进行个性化通水。

（2）高温季节将冷却水管层间距布置由设计的 100cm 改为 75cm 布置，3m 升层的浇筑仓位，第一层直接铺设在仓面上；第二层布置在浇筑层中间高程；第三层布置在距收仓面 30cm 左右位置。齿条、螺母柱等结构复杂、重要区域加密布置冷却水管。

（3）高温季节在混凝土内部温度峰值出现以前，通 10～12℃ 冷却水，控制流量不小于 40L/min；峰值出现后，改通江水，控制流量不大于 10L/min。根据现场降温速度，调整流量大小，若温度降幅超过 1℃/d，停止通水，进行自然降温。

（4）12 月进入低温季节后，混凝土改为自然入仓，减少内外温差以避免混凝土温度降幅过快。考虑到外界温度较低，冷却水管层间距由前期高温季节的 75cm 调整为 100cm，最底层距收仓面 20cm，齿条厚度较大部位布设双排冷却水管，根据测温情况及时调整通水流量，所有冷却水管在开仓后即开始通 10～12℃ 的制冷水，直至混凝土温度峰值出现以后改通小流量的制冷水，保证混凝土内部温度降温幅度达到技术要求。

13.4.3.5　混凝土养护及保温

（1）混凝土养护。蓄水养护。由于前期塔柱筒体主要采用多卡模板施工，模板拆除时间超过 24h，采取将混凝土收仓面低于面板 5cm，通过冷却管加水对仓面进行蓄水养护，拆模后采用洒水养护和挂花管养护。

混凝土养护剂试验。养护所用流水极大地影响二期埋件焊接及二期混凝土施工；同时塔柱后期采用液压爬升模板施工，流水对爬模面板、操作平台等木质结构损害极大，留下安全隐患的同时大大缩短了爬模面板的周转使用次数。同时，长期流水养护造成混凝土面颜色发黄，影响混凝土外观。传统的流水养护方法越来越难以适应施工需要，混凝土养护新材料、新工艺的引进已迫在眉睫。

对 GC09 混凝土养护剂和 ZS-110A 混凝土养护剂进行抗压强度试验、外观色差对比以及回弹检测试验。在室内试验中，对两种养护剂分别进行 7d、14d、21d 和 28d 的抗压强度试验和外观色差比对；在室外试验中，在升船机靠船墩喷涂 GC09 养护剂、ZS-110A 养护剂，并对两个喷涂部位进行养护剂后的 7d、14d、21d 和 28d 回弹试验及外观比对，室内抗压强度试验结果见表 13-61。

表 13－61   喷涂养护剂混凝土和养护间混凝土抗压强度试验结果表

试验项目 养护剂名称		抗压强度/MPa			
		7d	14d	21d	28d
GC09		26.4	33.6	35.6	38.3
ZS-110A		27.9	34.7	36.4	38.9
养护间标准养护		28.6	36.1	37.5	39.6
养护间标准养护 抗压强度比/%	GC09	92	93	95	97
	ZS-110A	98	96	97	98

表 13－78 中抗压强度龄期为喷涂养护剂后开始计算的龄期；抗压强度比为喷涂养护剂试件与养护间标准养护试件同龄期的抗压强度比值；按《水泥混凝土养护剂》（JC 901—2002）的要求：抗压强度比大于 90% 的为合格品，大于 95% 的为一级品，两种养护剂的 28d 强度的抗压强度比均大于 95%，因此两种养护剂均满足规范要求的一级品质。

室外试验成果表明，ZS-110A 养护剂从第二周起颜色产生变化与老混凝土分界很明显，其颜色略显白色。GC09 养护剂没有任何色泽上的变化，且涂刷面与其他老混凝土面无任何色差。两种养护剂均在喷涂后约 3h 左右成膜，均无脱落现象。喷涂 ZS-110A 养护剂抗压强度略高于喷涂 GC09 养护剂抗压强度，但两种养护剂的 7d、28d 抗压强度比均满足《水泥混凝土养护剂》（JC 901—2002）规范要求。

混凝土养护剂养护。混凝土养护剂为不溶于水的材料，为避免养护剂残留混凝土层间结合面而对混凝土质量造成负面影响，并结合养护剂抗压强度和外观色差对比试验结果，升船机塔柱混凝土水平结合缝面仍采用传统洒水和覆盖湿麻布袋养护，塔柱混凝土侧墙壁面采用 ZS-110A 养护剂养护。

（2）混凝土保温。混凝土表面保护是防止表面裂缝的重要措施之一。塔柱结构内外表面选择的保温材料等效放热系数不大于 $1\sim2W/(℃\cdot m^2)$。施工中采取如下措施进行表面保温。

将保温材料紧贴混凝土表面，搭接严密、良好、不存空隙。

10 月至次年 4 月浇筑的混凝土，拆模后立即设施工期的永久保温层和越冬保温层；5—9 月浇筑的混凝土，9 月底前设施工期的永久保护层和越冬保温层。施工期的永久保温指永久外露面保温至工程运行前；施工期的越冬保温指冬季外露面保温至次年 4 月底或被新浇混凝土覆盖前。

每年入秋（9 月底），对竖井及其他所有孔洞进出口进行封堵。

做好气象预报工作，避免在夜间、气温骤降或寒冷气温条件下拆模，如必须拆模则立即对其表面进行保温。气温骤降期间，顶面保温至上层混凝土浇筑为止，揭开保温材料至浇筑上层混凝土的暴露时间不超过 6～12h。

当日平均气温在 2～3d 内连续下降超过（含等于）6℃ 时，28d 龄期内混凝土表面（顶、侧面）必须进行表面保温保护。

低温季节（如拆模后混凝土表面温降可能超过 6～9℃）以及气温骤降期间，需推迟拆模时间，否则须在拆模后立即采取其他表面保护措施。

当气温降到冰点以下，龄期短于7d的混凝土采取覆盖高发泡聚乙烯泡沫塑料或其他合格的保温材料作为临时保护。

13.4.3.6 温度控制施工管理措施

（1）合理安排施工程序及进度。按以下几点要求合理安排主体建筑物施工程序和进度基础约束区混凝土在规定的间歇期内连续均匀上升，避免出现薄层长间歇，其余部位基本做到短间歇连续均匀上升。

基础约束区、平衡重导轨二期混凝土、联系梁及高程60.00m以下的后浇筑带等部位的混凝土均安排在低温季节施工。

控制相邻块高差符合允许高差要求，螺母柱、齿条、纵导向导轨、平衡重导轨二期埋件安装及二期混凝土高差不大于1个安装节。

（2）合理控制浇筑层厚及间歇期。塔柱筒体、柱、墩、墙等结构混凝土层间间歇时间按表13-62的要求进行控制。

表13-62 塔柱筒体、柱、墩、墙等结构混凝土层间间歇时间表

部　位		层厚/m	层间间歇时间/d
塔柱筒体		3～3.5	5～10
柱、墩、墙	厚度小于2.5m	3～4	4～9
	厚度大于2.5m	2～3	6～10

对施工计划中预计为长间歇停浇面，在仓面铺设钢筋并进行覆盖保温和保护。

（3）加密温度检测并及时掌握温度变化。从温度计被混凝土覆盖后开始检测，至收仓后24h，每4h观测1次，收仓后24h至出现峰值期间加密每2h观测1次，出现峰值后48h内，每4h观测1次，随后8h观测1次直至初期通水结束。

13.4.4 温控实施效果

13.4.4.1 混凝土出机口温度检测

升船机塔柱混凝土均由高程84.00m混凝土拌和系统供料，2007—2013年检测混凝土出机口温度检测结果见表13-63，从表13-63中可以看出，2009年生产的7℃和9℃低温混凝土合格率分别为41.4%和50.0%，合格率较低。2010—2012年混凝土出机口温度控制好于1999年，但9℃混凝土出机口温度合格率仍偏低。

13.4.4.2 混凝土入仓及浇筑温控

共抽测浇筑温度3802次，超温点75个，超温率3.945%。供料混凝土水平及垂直运输过程中温度回升快，浇筑设备故障等不连续情况是混凝土浇筑温度超标的原因，混凝土浇筑温度情况统计见表13-64。

13.4.4.3 混凝土内部检测

升船机船厢室段筒体及左右7轴剪力墙，共有53个浇筑仓中埋设温度计220支，监测得混凝土最高温为55.4℃，部分温度计埋设情况见表13-65，温度变化过程线见图13-15～图13-26。

表 13-63　　　　　升船机上闸首及塔柱混凝土出机口温度检测结果统计表

统计时段 /（年-月-日）	工程部位	拌和系统	温控要求 /℃	检测次数	最大值 /℃	最小值 /℃	平均值 /℃	合格率 /%
2007-12-11 —31	升船机塔柱	高程 84.00m （机口）	≤7	8	10.0	7.0	7.8	50
				31	16.0	10.0	13.9	
2008-1-1 —12-31			≤7	28	10.0	6.0	7.5	71.4
				1			4.6	
2009-1-1 —12-31			≤7	29	11.0	7.0	8.4	41.4
			≤9	6	10.0	9.0	9.5	50.0
			≤10	52	17.0	8.0	10.5	82.7
				43	17.0	9.0	13.7	
2010-1-1 —12-31			≤9	454	12.0	7.0	8.9	96.0
			≤10	592	12.0	7.0	9.8	99.3
			≤12	90	13.0	9.0	11.7	97.8
				273	21.0	10.0	14.5	
2011-1-1 —12-31			≤9	1305	15.0	7.0	9.2	79.5
			≤10	53	13.0	9.0	10.5	60.4
			≤12	45	13.0	9.0	11.5	95.6
			≤14	163	14.0	9.0	13.7	100
				472	16.0	6.0	11.5	
2012-1-1 —12-31			≤9	107	15.6	9.0	10.7	75.3
			≤10	51	16.0	9.0	10.3	90.2
			≤12	127	16.0	9.0	12.0	84.3
			≤14	1			14.0	100
			≤16	63	17.0	14.0	15.6	93.7
			自然	27	15.0	9.0	13.2	
				237	14.0	9.0	12.0	
2013-1-18			自然	4	12.0	6.0	9.5	

表 13-64　　　　三峡水利枢纽工程升船机工程混凝土入仓、浇筑温度统计表

时间 /年	月份	允许浇筑 温度/℃	入仓温度/℃				浇筑温度/℃				超温点 /个	超温率 /%
			测次	最大	最小	平均	测次	最大	最小	平均		
2009	10	≤16~18	9	12	10	11	9	15	12	13	0	0
	9	≤16~18	32	13.5	7.5	9.6	43	16	9	12.9	0	0
	6—8	≤18	192	18	11.5	14.1	216	19.7	15.6	16.1	18	8.3
2010	11	≤16	198	15.5	6.8	10.0	158	18.3	9.0	11.9	1	0.63
	4、10	≤18	288	17.2	8.4	11.7	209	18.0	9.5	14.4	0	0
	5、9	≤20	325	19.2	9.8	13.1	281	23.3	11.5	15.8	7	2.49
	6—8	≤23	440	22.4	11.7	14.9	409	26.0	14.7	18.0	37	9.05
2011	3、11	≤16	287	12	10	10.85	246	15.5	12.5	14.5	0	0
	4、10	≤18	469	14	12	13	402	18	13.2	16	0	0
	5、9	≤20	532	16	13	14.4	456	21	15	17	4	1.4
	6—8	≤23	798	18	14	16.5	684	25	18	20.5	8	1.8
2012	4、10	≤18	57	9	8	8.4	57	15	11	13.5	0	0
	5、9	≤20	81	14	8	10.7	82	19	13	17.15	0	0
	6—8	≤23	94	19.3		18	101	23	16	21.7	0	0

表 13 - 65

温 度 计 埋 设 情 况 表

| 监测仪器编号 | 部位 | 测温仓次 | | | 监测仪器/支 | 最高温度/℃ | 平均最高温/℃ | 测点分析 | | 仓次分析 | | 设计允许最高温/℃ | 开仓时间（年-月-日 h：min） |
		浇筑升层/m	坐标 X	Y				符合率/%	超温/支	符合率/%	超温/仓		
T13	升船机船厢室左轴剪力墙	高程84.50~87.50	距右仓边3.7m	距下游仓边1m	1	39.8	42.7	0	2	0	1	28	2011-2-3 10：00
T14			距左仓边3.5m	距下游仓边1m	1	45.5						28	
T15	升船机船厢室筒体3	高程140.10~143.60	距右边墙0.5m	距下游仓边11.5m	1	29.4	27.2	100	0	100	0	30	2011-3-10 22：00
T16			距齿条左边0.5m	距齿条下仓边2.6m	1	25.0						30	
T17	升船机船厢室筒体4	高程140.10~143.60	距左边墙0.5m	距下游仓边11.6m	1	31.4	30.3	50	1	0	1	30	2011-3-24 22：30
T18			距齿条右边0.5m	距齿条下仓边2.5m	1	29.3						30	
T19	升船机船厢室剪力墙右轴	高程101.50~105.00	距右边墙2.5m	距下游仓边1m	1	45.0	42.9	100	0	100	0	34	2011-4-9 23：30
T20			距左仓边2.8m	距下游仓边1m	1	40.9						34	
T21	升船机船厢室筒体1	高程157.60~161.10	距齿条右边0.5m	距上仓边2.1m	1	50.9	51.8	0	2	0	1	39	2011-6-24 9：00
T22			距左边墙0.5m	距上游仓边11.7m	1	52.8						39	
T23	升船机船厢室筒体2	高程157.60~161.10	距右边墙0.5m	距上游仓边11.2m	1	55.4	54.9	0	2	0	1	39	2011-6-27 1：00
T24			距齿条左边0.5m	距齿条上仓边2.0m	1	54.4						39	

监测仪器编号	部位	测温仓次			监测仪器/支	最高温度/℃	平均最高温/℃	测点分析		仓次分析		设计允许最高温/℃	开仓时间（年-月-日 h：min）
		浇筑升层/m	坐标 X	坐标 Y				符合率/%	超温/支	符合率/%	超温/仓		
T25	升船机船厢室剪力墙7	高程119.00~122.50	距右仓边3.7m	距下游仓边1m	1	54.0	52.1	0	2	0	1	39	2011-6-26 16：00
T26			距左仓边2.2m	距下游仓边1m	1	50.3						39	
T27	升船机船厢室剪力墙7	高程140.00~143.50	距右仓边2.4m	距下游仓边1m	1	41.6	42.8	0	2	0	1	39	2011-8-25 19：00
T28			距左仓边2.6m	距下游仓边1m	1	44.0						39	
T29	升船机船厢室剪力墙7	高程157.50~161.00	距右仓边2.4m	距上游仓边1m	1	47.5	44.8	0	2	0	1	30	2011-11-1 21：30
T30			距左仓边2.6m	距上游仓边1m	1	42.2						30	
T31	升船机船厢室筒体3	高程178.60~182.10	距右仓边0.5m	距下游仓边12.2m	2	31.9	35.9	0	2	0	1	28	2011-12-13 16：30
T32			距齿条左边0.5m	距齿条下仓边2.0m		39.9						28	
T33	升船机船厢室筒体4	高程178.60~182.10	距左边墙0.5m	距下游仓边11.5m	2	35.4	35.0	0	2	0	1	28	2011-12-18 16：00
T34			距齿条右边0.5m	距齿条下仓边2.2m		34.7						28	
T35	升船机船厢室右轴剪力墙7	高程178.50~182.00	距右仓边2.0m	距下游仓边1m	2	40.1	36.6	0	2	0	1	30	2012-3-8 00：00
T36			距左仓边3.0m	距下游仓边1m		33.2						30	

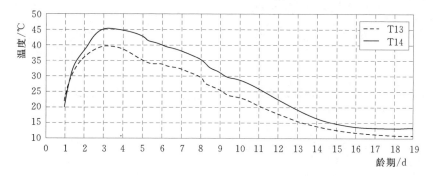

图 13-15　船厢室段左轴剪力墙（高程 84.50～87.50m）混凝土温度变化过程曲线图

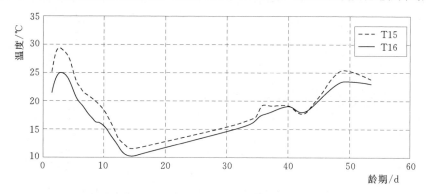

图 13-16　船厢室段筒体 3（高程 140.15～143.65m）混凝土温度变化过程曲线图

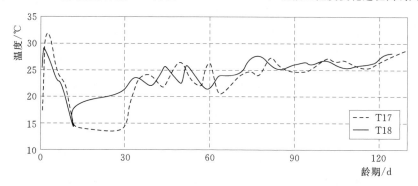

图 13-17　船厢室段筒体 4（高程 140.15～143.65m）混凝土温度变化过程曲线图

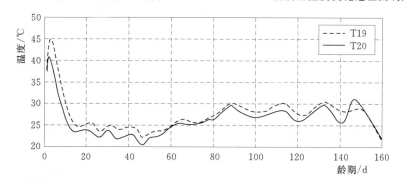

图 13-18　船厢室段剪力墙（高程 101.50～105.00m）混凝土温度变化过程曲线图

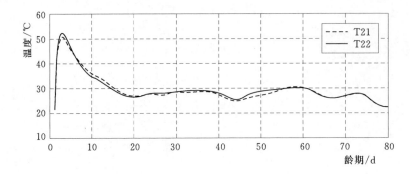

图 13-19　船厢室段筒体 1（高程 157.65~161.15m）混凝土温度变化过程曲线图

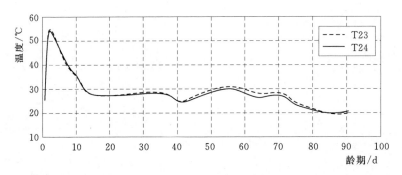

图 13-20　船厢室段筒体 2（高程 157.65~161.15m）混凝土温度变化过程曲线图

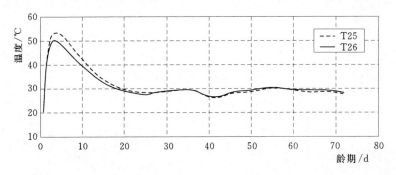

图 13-21　船厢室段左轴剪力墙 7（高程 119.00~122.50m）混凝土温度变化过程曲线图

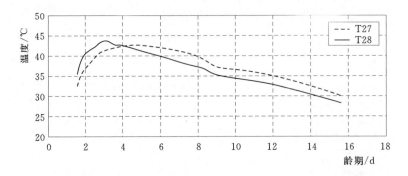

图 13-22　船厢室段右轴剪力墙 7（高程 140.00~143.50m）混凝土温度变化过程曲线图

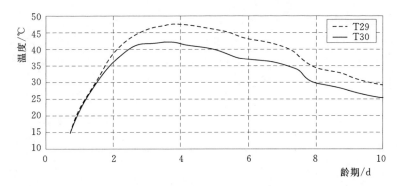

图 13-23　船厢室段左轴剪力墙 7（高程 157.50～161.00m）混凝土温度变化过程曲线图

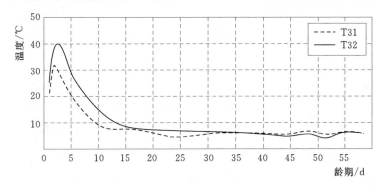

图 13-24　船厢室段筒体 3（高程 178.65～182.15m）混凝土温度变化过程曲线图

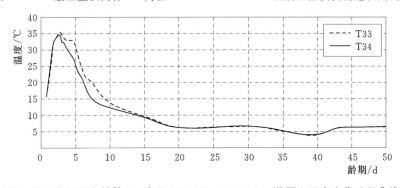

图 13-25　船厢室段筒体 4（高程 178.65～182.15m）混凝土温度变化过程曲线图

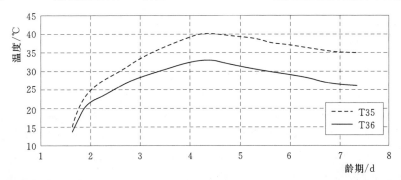

图 13-26　船厢室段右轴剪力墙（高程 178.50～182.00m）混凝土温度变化过程曲线图

13.4.4.4 混凝土通水冷却

升船机共进行初期通水 229 组，通水流量为 40～10L/min；其中进水口平均温度 11.45℃，出口水温平均为 15.75℃，闷温温度变化范围 17.3～21.2℃，通水冷却情况良好。初期通水及闷温成果统计见表 13-66。

表 13-66　　　　　　　　　　　　初 期 通 水 成 果 总 表

时间 /年	部位	通水组数	进水温度 /℃			出水温度 /℃			平均温差 /℃	平均流量 /(L/min)			通水历时 /d	闷温结果			备注
			最大	最小	平均	最大	最小	平均		最大	最小	平均		组数	平均温度	符合率 /%	历时 /d	
2009	船厢室	118	15	8.5	11.5	24	11	15.9	4.2	40	40	40	3～4	11	21.2	100	7	冷却水
2010	船厢室	111	15	8	11.4	18.6	9.0	15.6	4.2	40	40	40	3～10	121	17.3	100	7	冷却水

13.4.4.5 混凝土密实性检查

为检测升船机塔柱结构混凝土浇筑质量，对升船机结构受力的关键部位，包括齿条、螺母柱、纵导向导轨、平衡重导轨和纵向联系梁等部位的混凝土浇筑质量进行超声波检测，检测方法为超声波斜对穿 CT。混凝土密实性检查项目、质量标准、检查方法和检查数量见表 13-67。

表 13-67　　　　混凝土密实性检查项目、质量标准、检查方法和检查数量

分类	检查项目	优良标准	合格标准	检查方法	检查数量
主控项目	声波波速 V_p 值	≥4500m/s 的测点数不小于测点总数的 90%	≥4000m/s	超声波无损检测	按设计要求执行

2011 年 1—7 月共对 79 个部位进行超声波检测，合格率 100%，优良率达 96.4%，检测结果表明混凝土的均匀性和密实性较好。

2012 年 1 月至 2012 年 12 月对塔柱混凝土外观进行检查，发现除局部有少量气泡、错台和坏层印迹外，混凝土外观整体较好，混凝土表面未发现裂缝。

13.5　锦屏水电站工程右岸坝段

13.5.1　工程概况

13.5.1.1　工程简介

锦屏一级水电站大坝工程为混凝土双曲拱坝，坝顶高程 1885.00m，最大坝高 305m，是世界第一高拱坝。电站正常蓄水位 1880.00m，死水位 1800.00m，拱冠梁顶厚 16m，拱冠梁底厚 63m，最大中心角 93.12°，顶拱中心线弧长 552.23m，厚高比 0.207，弧高比 1.811。整个大坝分为 26 个坝段，平均坝段宽度为 22.6m，施工不设纵缝。坝体 12～16 号坝段高程 1700.00m 上布置 5 个导流底孔，孔口尺寸 5m×11m（宽×高），进口闸门封堵平台高程位于 1810.00m；11 号和 17 号坝段的高程 1750.00m 上布置 2 孔放空底孔，孔口尺寸 5m×6m（宽×高）；12～16 号坝段高程 1789.00～1790.00m 上设 5 个泄洪深孔，

孔口尺寸 5m×6m（宽×高）；12～16号坝段布置4孔表孔溢洪道，采用骑缝布置，堰顶高程1868.00m，孔口尺寸11m×12m。

13.5.1.2　混凝土温控特点

锦屏水电站大坝为混凝土拱坝，工期紧，施工强度高，温控要求严格，其主要特点如下：

（1）混凝土强度等级高，特别是基础约束区混凝土，$C_{180}40$、$C_{180}35$混凝土的最高温度较难控制。

（2）浇筑温度控制困难，由于仓面混凝土暴露的时间长，浇筑时仓面温升控制难度大。

（3）昼夜温差大。锦屏一级大坝坝址区域内昼夜温差很大，各月平均为11～18℃，最大达到20℃。因此，新浇混凝土表面容易受外界气温变化影响而出现裂缝。

（4）横缝接缝灌浆时间要求苛刻。按相关要求横缝接缝灌浆时间必须待120d混凝土龄期后才能灌浆。因此，根据控制节点工期的要求，尽可能安排在低温季节灌浆，以确保制冷水的供应量和制冷水的温度，对于特别的情况才安排较高温度季节灌浆，配备足够的冷水机组，确保制冷水的供应量。

13.5.2　气候条件及混凝土温控设计标准

13.5.2.1　气候条件

雅砻江流域地处青藏高原东侧边缘地带，属川西高原气候区，主要受高空西风环流和西南季风影响，干、湿季分明。每年11月至次年4月，高空西风带被青藏高原分成南北两支，流域南部主要受南支气流控制，它把在印度北部沙漠地区所形成的干暖大陆气团带入本区，使南部天气晴和，降水很少，气候温暖干燥。流域北部则受北支干冷西风急流影响，气候寒冷干燥。此期为流域的干季。干季日照多，湿度小，日温差大。

5—10月，由于南支西风急流逐渐北移到中纬度地区，与北支西风急流合并，西南季风盛行，携带大量水汽，使流域内气候湿润、降雨集中，雨量约占全年雨量的90%～95%，雨日占全年的80%左右，是流域的雨季。雨季日照少、湿度较大、日温差小。由于本流域地形、地势特别复杂，立体气候特征明显，域内各县城气象站由于高程及位置与工程区的差异，其局限性远大于一般情况。

锦屏地区主要气象要素见表13-68。

表13-68　　　　　　　　　锦屏地区主要气象要素表

项　目		1月	2月	3月	4月	5月	6月	7月	8月	9月	10月	11月	12月	年
气温	平均/℃	10.3	13.8	17.6	20.5	21.5	21.5	21.4	21.3	19.2	17.0	12.7	9.3	17.2
	极端最高/℃	27.0	36.0	38.0	39.6	39.6	38.4	39.7	37.9	39.1	31.5	29.8	28.0	39.7
	极端最低/℃	−3.0	−0.5	2.0	6.3	8.7	10.7	10.0	12.8	10.1	5.8	2.5	−2.0	−3.0
地温	平均/℃	11.5	15.1	19.6	23.5	24.5	24.3	24.5	24.4	21.9	19.1	14.3	10.2	19.4
	极端最高/℃	46.5	54.2	64.0	69.6	74.2	72.0	68.0	69.0	58.3	53.5	49.8	41.5	74.2
	极端最低/℃	−9.7	−9.7	−2.8	2.1	6.5	9.2	9.5	11.8	8.0	1.0	−3.0	−6.6	−9.7
水温	平均/℃	5.1	7.2	10.3	13.4	15.8	16.9	17.2	17.4	15.7	13.3	9.1	5.7	12.3

13.5.2.2　混凝土温控设计标准

基础面以上高度为$0.25L$（L为浇筑块长边长度）的坝体区域，或龄期超过14d的老混凝土以上高度为 0.25L 的坝体区域，以及孔口上、下 15m 范围内的坝体区域，称之为约束区；除约束区以外的坝体区域，称之为自由区。

（1）拱坝温控要求。

1）允许温差。坝体混凝土允许温差见表 13-69。

表 13-69 混凝土允许温差

部　　　位		允许温差/℃
约束区	陡坡坝段	13
	除陡坡坝段外	14.5
自由区		18

2）允许最高温度。陡坡坝段约束区允许最高温度 26℃，除陡坡坝段外约束区允许最高温度 27.5℃，各坝段允许最高温度见表 13-70 和表 13-71。

表 13-70 约束区允许最高温度

高程/m	1885.00	1870.00	1830.00	1790.00	1750.00	1710.00	1670.00	1630.00	1600.00	1580.00
部位分类	陡坡	陡坡	陡坡	陡坡	陡坡	陡坡	陡坡	陡坡	河床	河床
最高温度/℃	26	26	26	26	26	26	26	26	27.5	27.5

表 13-71 自由区允许最高温度

月　份	1	2	3	4	5	6	7	8	9	10	11	12
平均气温/℃	10.5	13.6	17.4	20.5	21.7	21.9	21.2	21.4	19.2	17.1	12.8	9.1
最高温度/℃	28	30	34	34	34	34	34	34	34	34	30	27

3）大坝封拱温度。拱坝横缝接缝灌浆前，混凝土应冷却到相应的封拱温度。大坝封拱温度见表 13-72 及图 13-27。

表 13-72 大坝封拱温度 T_d

坝段	高程范围/m	封拱温度/℃	高程范围/m	封拱温度/℃	高程范围/m	封拱温度/℃	高程范围/m	封拱温度/℃
1	1885.00～1847.10	15						
2	1885.00～1841.00	15	1841.00～1803.20	14				
3	1885.00～1841.00	15	1841.00～1778.00	14	1778.00～1770.30	13		
4	1885.00～1841.00	15	1841.00～1778.00	14	1778.00～1742.40	13		
5	1885.00～1841.00	15	1841.00～1778.00	14	1778.00～1769.00	12	1769.00～1720.00	13
6	1885.00～1841.00	15	1841.00～1778.00	14	1778.00～1751.00	12	1751.00～1698.50	13

坝段	高程范围/m	封拱温度/℃	高程范围/m	封拱温度/℃	高程范围/m	封拱温度/℃	高程范围/m	封拱温度/℃
7	1885.00～1841.00	15	1841.00～1778.00	14	1778.00～1724.00	12	1724.00～1678.60	13
8	1885.00～1841.00	15	1841.00～1778.00	14	1778.00～1706.00	12	1706.00～1657.30	13
9	1885.00～1841.00	15	1841.00～1778.00	14	1778.00～1688.00	12	1688～1635	13
10	1885.00～1841.00	15	1841.00～1778.00	14	1778.00～1670.00	12	1670.00～1607.00	13
11	1885.00～1841.00	15	1841.00～1778.00	14	1778.00～1652.00	12	1652.00～1586.00	13
12	1885.00～1841.00	15	1841.00～1814.00	14	1778.00～1652.00	12	1652.00～1580.00	13
13	1885.00～1841.00	15	1841.00～1814.00	14	1778.00～1652.00	12	1652.00～1580.00	13
14	1885.00～1841.00	15	1841.00～1814.00	14	1778.00～1652.00	12	1652.00～1580.00	13
15	1885.00～1841.00	15	1841.00～1814.00	14	1778.00～1652.00	12	1652.00～1581.50	13
16	1885.00～1841.00	15	1841.00～1814.00	14	1778.00～1652.00	12	1652.00～1586.90	13
17	1885.00～1841.00	15	1841.00～1778.00	14	1778.00～1652.00	12	1652.00～1593.50	13
18	1885.00～1841.00	15	1841.00～1778.00	14	1778.00～1670.00	12	1670.00～1613.30	13
19	1885.00～1841.00	15	1841.00～1778.00	14	1778.00～1706.00	12	1706.00～1638.00	13
20	1885.00～1841.00	15	1841.00～1778.00	14	1778.00～1760.00	12	1760.00～1671.20	13
21	1885.00～1841.00	15	1841.00～1778.00	14	1778.00～1728.70			
22	1885.00～1841.00	15	1841.00～1778.70	14				
23	1885.00～1841.00	15	1841.00～1812.40	14				
24	1885.00～1841.00	15	1841.00～1883.80	14				
25	1885.00～1841.00	15	1841.00～1859.00	14				
26	1885.00～1874.00	15						

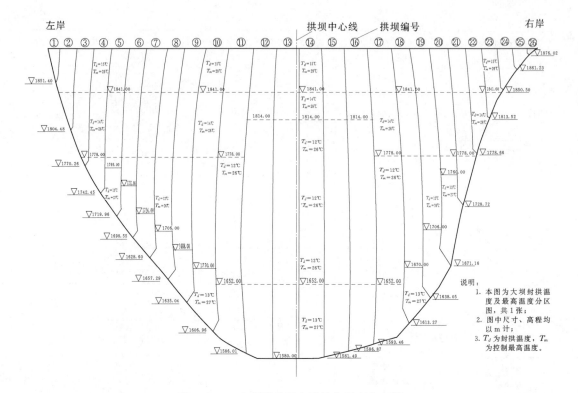

图 13-27 大坝封拱温度及最高温度分布图

4）相邻块高差。混凝土施工中，各坝段应连续均匀上升，相邻坝段高差不应大于12m，相坝段浇筑时间的间隔宜小于21d。整个大坝最高和最低坝块高差控制在30m以内。

5）降温幅度及速率控制。分一期冷却、中期冷却、二期冷却三个阶段进行混凝土冷却降温，各温控阶段应严格控制混凝土的降温幅度及降温速率。一期冷却的降温幅度不超过6℃，中期冷却的降温幅度不超过5℃，二期冷却的降温幅度不超过6℃。大坝混凝土各阶段降温控制见表13-73。

表 13-73　　　　　　　　　　大坝混凝土各阶段降温控制表

降温阶段	降温幅度/℃	目标温度/℃	降温速率/(℃/d)	降温时间/d
一期冷却	5～6	21～23	≤0.5	≥20
中期冷却	3～5	18	≤0.3	≥30
二期冷却	3～6	12～15	≤0.3	≥45

为使各阶段的降温尽可能均匀平顺，同时降温速率满足要求，各期冷却降温时间不宜低于表13-87规定值。

（2）温控技术要求。

1）优化混凝土配合比，提高混凝土抗裂能力，降低水化热温升。

在进行混凝土配合比设计和混凝土施工时，除满足混凝土强度等级、抗冻、抗渗等主要指标外，加强施工管理，提高施工工艺，改善混凝土性能，提高混凝土抗裂能力。

采用指定的符合锦屏工程质量要求的微膨胀不收缩水泥和优质粉煤灰及外加剂以减少混凝土单位水泥用量。

在满足混凝土强度、耐久性和和易性的前提下，优化混凝土配合比，减少水泥用量。

2）控制拌和楼出机口温度。大坝混凝土出机口温度见表 13－74。

表 13－74   大坝混凝土出机口温度表   单位：℃

区域	月 份				
	1	2	3—10	11	12
约束区	10	10	7	10	10
自由区	10	10	10	10	10

3）降低混凝土浇筑温度，控制浇筑块最高温升。采取各种措施尽量降低混凝土浇筑温度，使坝块实际出现的最高温度不超过表 13－70 和表 13－71 规定的大坝设计允许最高温度。

为防止浇筑过程中的热量倒灌，加快混凝土的运输、吊运和平仓振捣速度。高温季节运输过程中对吊罐采取保温措施，以减少运输过程中温度回升。浇筑过程中在混凝土振捣密实后立即覆盖等效热交换系数 $\beta \leqslant 10kJ/(m^2 \cdot h \cdot ℃)$ 的保温材料进行保温，且混凝土覆盖时间必须控制在 4h 之内。

尽量避免高温时段浇筑混凝土，充分利用低温季节和早晚及夜间气温低的时段浇筑。高温时段浇筑时，采用新型喷雾机进行仓面喷雾，使仓面始终保持湿润，以降低仓面环境温度。喷雾时水分适量，以防止混凝土表面泛出水泥浆液。喷雾机性能要求：雾滴直径达到 $30 \sim 50 \mu m$，射程 30m。混凝土各月浇筑温度要求见表 13－75。

表 13－75   混凝土各月浇筑温度要求表

月份		1	2	3	4	5	6	7	8	9	10	11	12
平均气温/℃		10.5	13.6	17.4	20.5	21.7	21.9	21.2	21.4	19.2	17.1	12.8	9.1
浇筑温度/℃	自由区	14	14	14	14	14	14	14	14	14	14	14	14
	约束区	12	12	11	11	11	11	11	11	11	11	12	12

4）合理控制浇筑层厚及间歇期。在满足浇筑计划的同时，尽可能采用薄层、短间歇、均匀上升的浇筑方法。

浇筑层厚根据温控、浇筑、结构和立模等条件选定。大坝约束区浇筑层厚不大于1.5m，自由区浇筑层厚不大于 3.0m；陡坡坝段约束区浇筑层厚均按 3.0m 控制；孔口约束区 3m 一层。

控制混凝土层间歇期，最小层间歇期 5d，最大层间歇不超过 14d。混凝土浇筑层厚及间歇时间规定见表 13－76。

表 13-76   混凝土浇筑层厚及间歇时间表

部位及季节	最大浇筑层厚/m	最小层间间歇时间/d	最大层间间歇时间/d
河床坝段约束区	1.5	5	14
陡坡坝段约束区	3	5	14
脱离约束区	3	5	14

5) 混凝土表面保护要求。

A. 大坝混凝土表面保护。在施工过程中，及时做好混凝土表面保护，直到验收，以防损坏。以防止表面裂缝产生，特别是基础约束区、坝体上下游表面及孔洞部位。

在气温骤降频繁季节的及时对混凝土表面进行保护，新浇混凝土拆模后，拱坝横缝面立即覆盖等效热交换系数 $\beta \leqslant 10\text{kJ}/(\text{m}^2 \cdot \text{h} \cdot ℃)$ 的保温被，保护材料紧贴被保护面。

对坝体上下游面及孔洞长期暴露部位全年粘贴厚 30～50mm 聚苯乙烯泡沫塑料板。

聚苯乙烯泡沫塑料板防水处理：

先在聚苯乙烯泡沫塑料板外表面涂刷一遍防水涂料，待防水涂料干后再进行粘贴。粘贴完成后，在聚苯乙烯泡沫塑料板表面采用抹、滚、刷的方法再均匀刷涂一道防水涂料，特别对接缝部位的封闭涂刷。每道涂刷完成进行检查，防水涂层不出现漏刷、裂纹、起皮、脱落等现象。24h 内不得有流水冲刷。

周转使用的保护材料，保持清洁、干燥，以保证不降低保护标准。

B. 大坝孔洞的保护。所有通过坝体的泄水道、通风洞、廊道以及其他的具有一定尺寸的孔口，自孔洞周围混凝土开始浇筑起，侧墙即进行保护。该孔洞形成后，封闭保护。另外，可能还要在通水冷却结束以前，每个坝块均用防水帆布或其他经监理人许可的办法覆盖混凝土面遮阳，以防止整个坝块承受太阳的直接照射。

C. 其他规定。混凝土表面保护的其他要求，按《水工混凝土施工规范》(DL/T 5144—2001) 第 8.2.4 条的规定执行。

6) 通水冷却要求。

A. 混凝土通水冷却总则。对混凝土应按图纸及规范的要求，用向预埋在混凝土中的冷却水管压送冷水的方法进行冷却。混凝土的稳定温度，混凝土降温速度、冷却程序以及温度监测方法均按有关指示或本规范指示进行。

B. 降温速度。通水时坝体混凝土温度与冷却水之间的温差不超过 21℃，坝体降温速度每天不大于 1℃。

C. 冷却水管的布置。冷却水管布置按坐标精确定位，力求在平面投影重合，并提供全部冷却水管布置图，以用于指导灌浆和钻孔取样。

冷却水管管材采用内径 28mm、外径 32mm 的塑料水管，其指标见表 13-77。

冷却水管在埋设于混凝土中以前，水管的内外壁须干净和没有水垢。水管的接头采用膨胀式防水接头。循环冷却水管的每盘长度不超过 300m。预埋的冷却水管不跨越横缝。

冷却水管垂直河流方向布置。

一般坝段：约束区冷却水管水平间距为 1.0m，垂直间距为 1.5m；自由区冷却水管水平间距为 1.5m，垂直间距为 3m。

表 13‑77   冷却 HDPE 塑料水管指标表

项　目	单位	指标
导热系数	kJ/（m·h·℃）	≥6.0
拉伸屈服应力	MPa	≥20
纵向尺寸收缩率	%	<3
破坏内水静压力	MPa	≥2.0
液压试验	温度：20℃ 时间：100h 水管水压力：3MPa	不破裂 不渗漏

陡坡坝段：约束区却水管水平间距为 1.0m，垂直间距为 1.5m，自由区冷却水管水平间距为 1.5m，垂直间距为 1.5m。

水管布置在每个浇筑块的底部（层厚 3.0m 的基础块在中间加铺一层），按水平间距进行固定，在浇筑混凝土之前进行通水试验，检查水管是否堵塞或漏水。在混凝土浇筑或混凝土浇筑后的其他工作中，对铺设的水管细心地加以保护，避免冷却水管移位或被破坏。伸出混凝土的管头加帽覆盖或用其他方法加以保护或以监理人满意的方法予以保护。

在混凝土浇筑过程中冷却水管中通以不低于 0.18MPa 压力的循环水，并用压力表及流量计同时监测混凝土浇筑期间的阻力情况，看是否有水流渗出。如果冷却水管在混凝土浇筑过程中受到任何破坏，立即停止浇混凝土直到冷却水管修复并通过试验后方能继续进行。

冷却干管和支管均包裹保温材料，冷却蛇形管进口水温与冷水厂出口水温之差不超过 1℃，保温材料和保温厚度可按此要求选定。

支管与各条冷却水管之间的联结随时有效，并能快速安装和拆除。同时，要能可靠地控制某条水管的流量而不影响其他循环冷却水管的正常运行。

冷却水管完成冷却任务后，经监理人批准灌浆回填。坝面露出的水管接头割去，留下的孔立即用灰浆完全充填。

D. 冷却水质量及流量要求。冷却水保持干净，无泥浆和岩屑。实施一切必需的保护措施，以防止冷却系统的任何一部分阻塞或由于其他原因而不能使用，通过每盘冷却水管的冷却水流量不能低于 1.2～1.5m³/h。

E. 一期通水冷却。混凝土最高温度出现之前通水流量不小于 2.0m³/h；混凝土最高温度出现之后，一期通水温度与混凝土最高温度之差控制在 21.0℃ 以内，通水流量 1.2～1.5m³/h，使混凝土的最高温度不超过允许的最高值。一期冷却从混凝土下料浇筑开始时即可通水。冷却水管入口处的冷却水温度保持在 10～14℃。一期冷却后，混凝土终温控制在 22℃。冷却水方向 24h 调换 1 次。一期冷却时间以动态控制确定通水时间。

F. 二期通水冷却。二期冷却通水前 1 个月对埋设的冷却水管进行检查。对于不通或微通的水管，采取有效措施进行处理，直至监理人认可。

二期冷却水管入口处的水温保持在 8℃，最终稳定到坝体接缝灌浆温度，若需超冷按经监理人指示进行。大坝接缝灌浆温度见表 13‑78。

表 13-78　　　　　　　　　　　　拱坝接缝灌浆温度表　　　　　　　　　　　　单位:℃

坝段编号	高程范围/m		
	封拱温度 12℃	封拱温度 13℃	封拱温度 15℃
1			1885.00～基础面
2～10		1808.00～基础面	1885.00～1808.00
11	1640.00～1616.00	1808.00～1640.00, 1616.00～基础面	1885.00～1808.00
12	1640.00～1604.00	1820.00～1640.00, 1604.00～基础面	1885.00～1820.00
13～14	1640.00～1592.00	1820.00～1640.00, 1592.00～基础面	1885.00～1820.00
15	1640.00～1604.00	1820.00～1640.00, 1604.00～基础面	1885.00～1820.00
16	1640.00～1616.00	1820.00～1640.00, 1616.00～基础面	1885.00～1820.00
17	1640.00～1616.00	1808.00～1640.00, 1616.00～基础面	1885.00～1808.00
18～22		1808.00～基础面	1885.00～1808.00
23～26			1885.00～基础面

闷水测温,以检验是否达到灌浆温度。在通水冷却 30d 左右进行一次闷水测温,根据测温结果调整水管进水口水温和通水时间,闷温时间 1～2d。二期通水预计达到设计温度时,要进行闷水测温,闷水时间 5～6d。

坝体实测接缝灌浆温度与设计灌浆温度的差值:

约束区:0～+0.5℃,约束区范围内二期冷却不允许超冷。

自由区:-2～+0.5℃。

在坝体达到设计要求的接缝灌浆温度后即停止二期冷却通水并施灌。

二期通水冷却结束 2 个月,尚未进行接缝灌浆的灌区,需重新测量混凝土温度。

G. 冷却水管联结。与各条冷却水管之间的联结随时有效,并能快速安装和拆除,同时要能可靠地控制某条本管的水流而不影响其他冷却水管的循环水。所有水管的进、出端均做好清晰的标记以保证整个冷却过程中冷却水能按正确的方向流动,总管的布置使之易调换冷却水管中水流方向。

H. 裸露的冷却水管。供应和安装所有的主管及干管(供埋在混凝土中的冷却水管的冷却水)。这些主、干管应使用经监理人同意的方法隔热。

7) 混凝土温度测量。

A. 为了验证施工期混凝土温度是否满足温控标准要求,采用埋设在混凝土中的电阻式温度计或热电偶测量混凝土温度,并对成果进行分析。

B. 在混凝土浇筑过程中,至少每 4h 测量 1 次混凝土的缆机卸料时的温度(对于自行生产混凝土测量出机口温度、入仓温度)、混凝土的浇筑温度、坝体冷却水的温度和气温,并做好记录。

C. 混凝土浇筑温度的测量,每 100m² 仓面面积不少于 1 个测点,每一浇筑层不少于 3 个测点。测点均匀分布在浇筑层面上,测温点的深度 10cm。

D. 大体积混凝土浇筑后 3d 内加密观测温度变化:外部混凝土每天观测最高、最低温度;内部混凝土 8h 观测 1 次,3d 以后 12h 观测 1 次。

E. 气温骤降期间，增加温度观测次数。

F. 每周提交一次温度测量报告，报送监理人，该报告内容包括（但不限于）：混凝土浇筑温度，混凝土内部温度，每条冷却水管的冷却水流量、流向、压力、入口温度和出口温度。当要测量最终的混凝土平均温度时，先停止一条冷却水管中的循环水流动96h，然后测量该水管中的水温即为要测量的混凝土的平均温度。

G. 保温层温度观测：选择有代表性的部位进行保温层内、保温层外的温度观测和测点风速观测（部位、数量视实际情况由设计监理确定），同一部位测温点不少于2个点，测温部位选择受外界干扰，保温层环境要稳定。观测频次每天1次，每个月各选2～3d每小时观测1次。进行保温层内外温度的比较，以了解保温效果。观测仪器应采用电子自动类温度计。温度量测过程中，发现超出温控标准的情况，及时报告给监理人。

13.5.3 主要温控措施

13.5.3.1 混凝土浇筑分层及层间间歇时间控制

拱坝混凝土浇筑要求坝体连续均匀上升。相邻浇筑块高差不大于12m，整个拱坝上升最高和最低坝段高差控制在36m以内。孔口坝段允许最大悬臂高度为45m，非孔口坝段允许最大悬臂高度为60m。

在满足浇筑计划的同时，尽可能采用薄层、短间歇、均匀上升的浇筑方法。

浇筑层厚根据温控、浇筑、结构和立模等条件选定。大坝约束区浇筑层厚不大于1.5m，自由区浇筑层厚不大于3.0m；陡坡坝段约束区浇筑层厚均按3.0m控制；孔口约束区3m一层。

控制混凝土层间歇期，最小层间歇时间5d，最大层间歇不超过14d。混凝土浇筑层厚及间歇时间表13-79。

表 13-79　　　　　　　　混凝土浇筑层厚及间歇时间表

部位及季节	最大浇筑层厚/m	最小层间间歇时间/d	最大层间间歇时间/d
河床坝段约束区	1.5	5	14
陡坡坝段约束区	3	5	14
脱离约束区	3	5	14

13.5.3.2 混凝土出机口温控措施

（1）配合比的优化。优化混凝土的配合比，在满足设计要求各项指标的前提下，选用优质高效外加剂，减少胶凝材料的用量，从而降低胶凝材料的水化热温升，并且加强施工管理，提高施工工艺，改善混凝土性能，提高混凝土抗裂能力。

（2）原材料温控。通过对原材料的温控来达到降低出机口温度的目的，原材料主要通过下述方法控制：

水泥进罐前温度不得超过65℃，拌和楼上水泥和粉煤灰进入拌和机前的温度不得超过55℃，否则延长水泥和粉煤灰停罐时间，骨料一次风冷的温度为6.5℃，二次风冷的温度为0～4℃，片冰−8℃，制冷水5～7℃。

骨料的储量满足连续3d以上的生产量，并且保证砂子脱水充分，含水率不超过6%。

粗骨料在骨料罐内堆高一般为8～9m，尽可能安排在夜间和低温时间送料和转料，粗骨料在筛分中冲洗干净，充分脱水，为加冰加冷水提供余地。

通过对原材料的温控控制，以及加冰和加制冷水来控制出机口温度，使出机口温度满足设计要求。

水垫塘混凝土出机口温度按照11月至次年2月为12℃，3—10月为11℃。

13.5.3.3 混凝土运输及浇筑过程温控措施

为减少预冷混凝土温度回升，严格控制混凝土运输时间和仓面浇筑坯覆盖前的暴露时间，混凝土运输机具设置保温设施，并减少转运次数，使高温季节预冷混凝土自出机口至仓面浇筑坯被覆盖前的温度满足浇筑温度要求。

降低混凝土浇筑温度主要从降低混凝土出机口温度和减少运输途中及仓面的温度回升两方面考虑，其主要是仓面温度回升。混凝土通过汽车运输混凝土，根据拌和楼和缆机的生产能力，以及仓面浇筑的情况，合理安排汽车数量，避免在仓外阳光下待车；汽车运送混凝土多装快跑，运输车辆安装遮阳棚，运输途中拉上遮阳棚。拌和楼前安装喷雾装置，对回程空车喷雾降温。

（1）混凝土运输过程温控。为降低混凝土在运输过程中的温度回升，加快混凝土的入仓速度，以减少运输过程中的温度回升，高温季节主要采取以下措施：

1）拌和楼前进行喷雾降温。在拌和楼前10～25m长的道路两侧设喷雾装置，喷雾导管略高于车厢，以形成雾状环境，对回程车厢喷雾降温。喷雾管供水压力约0.4～0.6MPa，供风压力0.6～0.8MPa。

2）混凝土运输车运输线的温度回升控制。加强管理，强化调度，合理安排运输车辆数量，尽量避免混凝土运输过程中等车卸料现象，缩短运输时间并减少混凝土倒运次数。

高温季节，混凝土运输车辆及吊罐采用隔热措施。运混凝土的车顶部搭设活动遮阳棚，车厢两侧设保温层，以减少混凝土温度回升。必要时，混凝土运输车辆用水冲洗降温，严禁使用后箱排尾气的汽车运送混凝土；吊罐设置保温隔热层，以防在运输过程中受日光辐射和温度倒灌，减少温度回升，降低混凝土运输过程中的温度回升率。

（2）混凝土浇筑过程温控措施。降低混凝土浇筑温度主要从三个方面来控制：出机口温度、减少运输途中温度回升、减少仓面温度回升。为减少预冷混凝土的温度回升，高温季节浇筑混凝土时在仓面喷雾，以降低仓面环境气温；同时，在施工中加强管理，优选施工设备，尽可能采用机械化操作，严格控制混凝土运输时间和仓面浇筑坯覆盖前的暴露时间，加快混凝土入仓速度和覆盖速度，降低混凝土浇筑温度，从而降低坝体最高温度。具体措施如下：

1）在高温季节混凝土入仓后及时平仓，及时振捣，缩短混凝土坯间暴露时间。

当高温季节或高温时段仓面面积较大时，可用2～3台缆机同浇一仓；尽量缩短混凝土坯间暴露时间，并辅以仓面隔热设施，即在下料的间歇期，用厚2.0cm的聚乙烯卷材覆盖隔热，降低仓面内混凝土温度回升，控制浇筑温度。

2）合理安排开仓时间，高温季节浇筑时，将混凝土浇筑尽量安排在早晚和夜间施工。

3）仓面喷雾降温。高温季节浇筑混凝土时，外界气温较高，为防止混凝土初凝及热量倒灌，采用喷雾机喷雾降低仓面环境温度，喷雾时保证成雾状，避免形成水滴落在混凝土面上。喷雾机安放在周边模板或仓面固定支架上,架高 2~3m 并结合风向,使喷雾方向与风向一致。同时,根据仓面大小选择喷雾机数量,保证喷雾降温效果。喷雾机选择时,对其性能要求:雾滴直径达到 30~50μm,射程 30m 以上。

4) 混凝土面覆盖隔热被:高温季节浇筑混凝土过程中,加强表面保湿隔热措施,混凝土浇筑过程中,随浇随覆盖保温被,即振捣完成后及时覆盖隔热保温被,根据计算,厚 2.0cm 的聚乙烯卷材即可满足设计要求的覆盖后等效放热系数 $\beta \leqslant 10$kJ/(m^2·h·℃)。混凝土收仓后至流水养护前,亦覆盖厚 2.0cm 聚乙烯卷材隔热,减少温度倒灌。通过上述措施可将浇筑温度控制在要求的范围内。

13.5.3.4 混凝土通水冷却措施

根据招标文件要求,对于大体积混凝土内有接缝灌浆、接触灌浆等部位均埋设塑料冷却水管,冷却水管管材采用内径 28mm、外径 32mm 的 HDPE 塑料水管,导热系数 1.66kJ/(m·h·℃),对于特殊的部位经现场监理工程师确定采用外径 28mm 的铁管。

(1) 冷却水管布置。

1) 仓内冷却水管布置。

A. 坝内埋设的蛇形水管一般按 1.5m(水管垂直间距)×1.0m(水管水平间距)和 1.5m(垂直间距)×1.5m(水平间距)布置(基础混凝土第一层也埋设冷却水管),当浇筑层厚 3.0m 时,陡坡坝段在 1.5m 的中间铺设一层水管,埋设时水管距上游坝面 1.0m、距下游坝面 1.0~1.5m,水管距接缝面、坝内孔洞周边 0.8~1.0m。通水单根水管长度不大于 300m。对于深度大于 2m 的置换混凝土,亦埋设冷却水管。坝内蛇形水管按接缝灌浆分区范围结合坝体通水计划就近引入下游坝面(或下游预留槽内)。水管做到排列有序,做好标记记录。并注意立管布置间距,确保立管布置不过于集中,以免混凝土局部超冷。按招标技术文件要求水管间距一般不小于 1m。管口朝下弯,管口长度不小于 15cm,并对管口妥善保护,防止堵塞。所有立管均引至下游坝面,且确保不过于集中,立管管间间距不小于 1.0m。

B. 为防冷却水管在浇筑过程中受冲击损坏,吊罐下料时控制下料高度,一般控制下料高度尽量小,并不直接冲击冷却水管,以免大骨料扎破水管。

C. 若蛇形管为铁管,在弯管与直管段接头处加焊直径 6mm 短钢筋与仓面固定,并采取有效措施防止冷却水管被钻孔打断。

D. 冷却水管在仓内拼装成蛇形管圈。用 U 形卡或铁丝铁钉将塑料管固定在混凝土仓面上,埋设的冷却水管不能堵塞,并清除表面的油渍等物。管道的连接确保接头连接牢固,不得漏水。对已安装好的冷却水管须进行通水检查,安装好的冷却水管覆盖一坯混凝土后即进行初期通水,如发现堵塞及漏水现象,立即处理。在混凝土浇筑过程中,注意避免水管受损或堵塞。

2) 输水系统管路布置。

A. 一期冷水水管布置。一期冷却水最大供水量为 156m^3/h(其中水垫塘 30m^3/h)。四组移动冷水站中,有 1 台移动冷水厂供应一期冷却水,冷水经水泵加压、由保温主钢管沿栈桥输送至坝体,然后从主管上接冷水立管,冷水立管沿间隔两条坝体分缝间隔布置。坝体冷却水管从冷水立管上接管进行坝体冷却,水经循环后,自流至循环立管,循环立水管和冷水立管并排架设，然后经循环主干管自流至冷水厂进行再冷却。

B. 二期冷水水管布置。二期冷却水最大供水量达 $1100m^3/h$。共设 4 台冷水站，每个移动冷水站冷水经离心泵加压，向大坝供水，按照一进一回布置，向大坝供水和回收制冷水，进回管外部设保温层，供回管分别沿间隔两座栈桥输送至坝后，然后从主管上接冷水立管，冷水立管沿间隔两条坝体分缝间隔布置，坝体冷却水管从冷水立管上接管进行坝体冷却，水经循环后，自流至循环立管，循环立水管和冷水立管并排架设，然后经循环主干管自流至冷水厂进行再冷却。

3）冷却水管保温。制冷水供水管线采用聚氨酯泡沫塑料预制保温管，为确保保温效果，保温管的保温层厚度为 10cm，确保沿途水温回升控制在 1℃ 以内。

（2）初期通水冷却措施。大坝混凝土浇筑后随即进行初期通水，通水时间随季节不同而不同，初期通水后混凝土内部温度达到 22℃ 后停止通水。

按招标文件要求，高温季节对于采用预冷混凝土浇筑坝体混凝土最高温度仍可能超过设计允许最高温度时采取初期通水冷却削减混凝土最高温度。对于基础约束区，高温季节采用预冷混凝土浇筑坝体混凝土最高温度未超过设计允许最高温度者，也进行初期通水，减少混凝土的内外温差。初期通水采用水温 10～14℃ 的制冷水，通水时间视季节而定，待内部温度达到 22℃ 后停止通水，通水时采用阶段性通水方式，在最高温度出现前，通水流量为 $2.0m^3/h$，最高温度出现后通水流量不小于 $1.2～1.5m^3/h$，每 24h 进出水方向互换一次。

对于脱离约束区部位，抗冲磨等高标号，也采用初期通水的方式来降低坝体混凝土最高温度，低温季节采用常温水，通水时间为 15d 左右，水管通水流量不小于 20L/min。

考虑到 10 月至次年 4 月江水水温较低，10 月至次年 4 月浇筑的混凝土可采用常温水进行初期通水冷却，通水时间一般为 20～30d，每天改变一次进出水方向。通水过程中，制冷水首先满足基础约束区和基础回填混凝土。

（3）二期通水冷却措施。需进行坝体接缝灌浆及岸坡接触灌浆部位，在灌浆前，必须进行二期通水冷却。根据坝体接缝灌浆进度和坝体温度计算确定各部位通水类别（制冷水或江水）。

1）通水水温。按招标文件技术条款要求，二期通水冷却混凝土温度与通水温度之差不超过 21℃，且降温速度不超过 1℃/d，因而在通水前先通过闷温测混凝土内部温度，根据温度的高低来确定先通常温水还是直接通制冷水，原则上对于坝体温度较高的部位混凝土，先通江水降温，当混凝土内部温度大于常温水温度达 8～10℃ 时，既可先通江水 10～20d，然后改用 8℃ 的制冷水冷却，将坝体内部温度降至灌浆允许的温度。

2）通水时间。根据招标文件的要求，接缝灌浆满足度汛和蓄水的时间，按照节点工期和接缝灌浆的进度来确定冷却通水冷却时间。

二次通水冷却根据计算得出坝体内部温度与通水时间关系曲线，以此初步确定冷却通水时间，具体现场操作以闷温后坝体内部温度达到灌浆温度为准。

从计算结果来看，经过初期通水后，坝体内部最高温度在 25℃ 以下，当通以 8℃ 的制冷水，通水流量 $1.2m^3/h$ 时，按照每天有效通水时间 20h 计，从 25℃ 降至 12℃ 需要 35d。从其他的初始温度降低到灌浆温度所需要时间依此类推。

3）通水要求。采取有效管理和技术措施确保坝体连续通水，每月通水时间不少于600h，坝体混凝土与冷却水之间的温差不超过21℃，控制坝体降温速度不大于1℃/d。水管通水量通制冷水时流量为1.2～1.5m³/h，通江水流量为2.0m³/h。

闷温和对埋设仪器的观测等措施检测，确保坝体通水冷却后的温度达到设计规定的坝体接缝灌浆温度。控制坝体实际接缝灌浆温度与设计接缝灌浆温度的差值：基础约束区：0～+0.5℃，基础约束区范围内二期冷却不允许超冷；自由区：-2～+0.5℃。

4）制冷水通水量。初期通水为有效控制混凝土的内部最高温度，全年对新浇筑的混凝土进行初期通水，通水时间为25～30d，最大通水量时共计65组冷却水管，按照平均流量1.5m³/h，通水流量为99m³/h，初期通水水温为10℃。

二期冷却通水以通制冷水为主，可利用水温较低时段对年度灌浆计划上部灌区范围进行预通常温水。通制冷水水温为8℃。通冷却水以2个月将混凝土冷却到接缝灌浆温度计。

根据总进度计划安排，接缝灌浆冷却的高峰，共计有315组冷却水管，由于二次冷却不可预见的情况较多，参照正在施工的小湾和洞坪拱坝的二期冷却经验，考虑到2层灌区同时冷却的情况，按不均衡系数配置冷水机组的容量为709m³/h。

（4）坝体通水强度及水量。施工总进度计划安排，对各年度各期冷却水小时用水强度分析：①初期冷却最高小时用水量为制冷水130m³/h；②二期冷却最高小时用水量为709m³/h。

（5）坝体通河水及制冷水供应。为充分利用制冷水，减少制冷水的损失，在二期冷却时采用循环通水方式，对制冷水进行回收利用，尽可能降低补充的水量。

在冬季水温最低的月份为11月至次年2月，常温水的温度为5.1～9.1℃，坝体需要降到的灌浆温度为12～15℃，二期冷却在冬季原则上可以利用常温水来初降温冷却。

通过对施工进度和冷却通水的具体分析，冷却通水的小时强度有优化的可能，可以减少二期通水强度的压力，主要是在安排通水时段和通水部位的分配上，对当年需要灌浆的部位合理分批冷却。

13.5.3.5 混凝土的表面保护

根据招标文件要求，上下游面和孔洞等保温使用厚3.0～5.0cm的聚苯乙烯泡沫板，因此选用厚3.0～5.0cm的聚苯乙烯泡沫板，作为永久面和横缝面的保湿材料。

保温材料厚度根据混凝土拱坝设计规范的式（13-1）计算：

$$h = k_1 k_2 \lambda_s \left(\frac{1}{\beta} - \frac{1}{\beta_0} \right) \qquad (13-1)$$

式中　λ_s——保温材料热导系数；

　　　β_0——不保温时混凝土表面放热系数，取$15W/(m^2 \cdot K)$；

　　　h——为保温板厚度；

　　　k_1——风速修正值，取1.6；

　　　k_n——潮湿程度修正系数，取1.0。

（1）聚苯板导热系数$\lambda = 0.033W/(m \cdot K) = 0.119kJ/(m \cdot h \cdot ℃)$，$h = 1.6cm$。

厚2.0cm聚苯乙烯泡沫板能够满足要求，选用招标文件提供聚苯乙烯泡沫板厚度为

3.0～5.0cm，作为上下游及孔洞等永久性表面保温材料。

（2）聚乙烯卷材导热系数 $\lambda=0.042W/(m\cdot K)=0.151kJ/(m\cdot h\cdot ℃)$，$h=2.03cm$。仓面临时保湿使用厚 2.0cm 的聚乙烯卷材保温，外粘彩条布。

因此，要满足设计要求聚苯乙烯泡沫板需要 3.0～5.0cm，高发泡聚乙烯卷材需要厚 2.0cm。

聚苯板保温材料由黏结剂、聚苯板、防水涂料组成；聚乙烯卷卷材按部位的不同使用不同规格的材料。聚苯板使用于混凝土永久面，聚乙烯卷卷材使用于临时混凝土面，如仓面和横缝表面。

（1）聚苯板保温措施。聚苯板保温在混凝土达到养护时间后进行，气温变化频繁季节拆模后即刻保温，或保温时间根据监理工程师的指示进行。

1）聚苯板施工程序：基面处理→配制专用黏结砂浆→聚苯板涂抹砂浆→粘贴聚苯板→刷表面防水剂。

2）聚苯板施工方法：为方便检查混凝土外观施工质量，所有保温板采用外贴施工方法。先将保温板上涂刷防水涂料，待防水涂料干后再进行粘贴。粘贴完成后，在聚苯乙烯泡沫塑料板表面采用抹、滚、刷的方法再均匀刷涂 1 道防水涂料，特别注意对接缝部位的封闭涂刷。每道涂刷完成后应认真检查，使防水涂层不出现漏刷、裂纹、起皮、脱落等现象，并确保 24h 内不得有流水冲刷。

保温板粘贴施工在模板上升后由人工完成，保温板粘贴作业按 4～5 人为 1 组，先将坝体贴保温板部位的灰浆铲除并用水清洗干净，经外观检查合格后即可粘贴聚苯乙烯板。高空作业使用软梯，软梯系在其上部已安装好的模板上，作业人员系双保险后顺软梯下至工作面，仓面上的其他工作人员预先在聚苯乙烯板上涂刷黏结剂，然后将聚苯乙烯板用绳索放下，软梯上的作业人员再将聚苯乙烯板粘贴到混凝土面上，最后用手拍打保温板，确保粘贴牢固。聚苯板粘贴由下至上错缝进行，缝距 1/2 板长。聚苯乙烯板在坝段之间分缝处粘贴时不跨缝，亦不再留缝处涂刷防水涂料。

3）聚苯板的粘贴工艺：混凝土表面预处理：清除混凝土表面的浮灰、油垢及其他杂物。

采用标准的 10/12 带齿刮板，将干燥的聚苯板背面涂抹黏结剂。黏结剂按每袋（25kg）需用水 6L 配制。

将涂抹好的聚苯板平整、牢固贴在混凝土面上，板与板之间挤紧不留缝隙，碰头缝处不涂抹黏结剂。每贴完一块，及时清除挤出的黏结剂，板间不留间隙。若因聚苯板面不方正或裁切不直形成缝隙，用聚苯板条塞入并打磨平。

预先在聚苯板外表面涂刷一遍防水涂料，待防水涂料干后再进行聚苯板粘贴。粘贴完成后，在聚苯板表面采用抹、滚、刷的方法再均匀刷涂 1 道防水涂料，特别注意对接缝部位的封闭涂刷。防水涂料的粉料、液料按 6：4（重量比）比例混合配制。每道涂刷完成后认真检查，防水涂层不得出现漏刷、裂纹、起皮、脱落等现象。24h 内不得有流水冲刷。

4）维护和检查：每年入秋前要对永久保温层进行检查和维护，对脱落部位立即进行修补完善，以确保保温效果。

（2）聚乙烯卷材保温措施。大坝混凝土仓面使用厚5.0cm的聚乙烯卷材保温，保湿被直接覆盖在仓面上。仓面保温被做到边收面边覆盖，保温被要覆盖整齐有序且压边封闭，紧贴混凝土，确保保温效果。同时为了避免保温被被风掀起，保温被搭接缝顺风方向压盖。当外界气温低于10℃仓面冲毛之后，要立即覆盖保温被；当外界气温低于7℃时，严禁揭开保温被进行仓面施工作业，避免混凝土骤冷引起收缩裂缝。

对于其他临时保湿的部位，聚乙烯卷材保温被利用坝面立模钢筋或定位锥孔、节安螺帽孔来固定，定位锥和节安螺帽孔内塞紧木塞，保温被覆盖后压盖木条，再用钉子固定。固定木条间距1.5～2.0m。

横缝面在模板提升后24h内采用5cm保温卷材进行保温，并且采用木条压紧形成"井"字形，避免"穿裙子"现象。横缝面保温至后浇块浇筑为止。备仓作业必要时可将保温被揭开，备仓作业完毕后浇筑前还应将保温卷材覆盖压实。在横缝面的止水内粘贴厚5cm的保温苯板，确保保温效果。在上下游面与横缝面转角部位，保温卷材进行包裹，与两侧保温苯板搭接，防止转角部位出现裂缝。

（3）特殊部位保温。

孔洞封堵：当深孔、表孔等孔洞形成后，用厚3.0cm的聚乙烯卷材对底孔、中孔、表孔等孔口进行封堵，以挡穿堂风对洞壁的影响。没有形成封闭孔洞的，不能通过封堵进出口进行保温的其侧面和过流面亦用厚3.0～5.0cm的聚苯板进行保温。各坝段的墩墙、牛腿等结构部位混凝土用厚3.0～5.0cm的聚乙烯卷材进行保温。

寒潮保温：当日平均气温在2～3d内连续下降超过6℃的，对28d龄期内的混凝土仓面（非永久面），用厚2.0cm的聚乙烯卷材保温。

当气温降至0℃以下时，龄期在7d以内的混凝土外露面用保温被覆盖。浇筑仓面应边浇筑边覆盖。新浇的仓位应推迟拆模时间，如必须拆模时，应及时予以保温。

多卡模板支架下保温：由于多卡模板支架下压混凝土表面，影响保温被的覆盖。因此，在多卡模板下缘悬挂厚3.0cm的聚乙烯保温被，作临时保温用，保温被随模板一起提升，并临时固定在支架下支撑处。模板拆除后即刻使用聚苯乙烯泡沫板保温。

冬季的养护改用洒水养护，以免浇水对保温被的冲刷破坏。

所有永久面保温时间从浇筑完后起，到交付运行时止，在此期间，每年10月开始对破损的保温被进行维修，以确保保温效果。

所有钢模板背面和牛腿模板必须镶嵌厚5cm的保温苯板进行保温。

13.5.3.6　混凝土工程施工期温控措施的观测布置和方法

施工期的温控措施监测主要包括拌和系统内的温控观测、入仓温度观测、浇筑温度观测、混凝土内部最高温度观测和一次、二次冷却通水期间的观测等。

拌和系统内的温度观测包括一次、二次风冷骨料的预冷效果观测和出机口温控。一次风冷观测通过测出出风口的风温和直接砸开大骨料用点温计观测，二次风冷通过对拌和系统预冷仓内骨料直接使用点温计观测；出机口温度使用点温计或直接用水银计测温控制。

混凝土入仓温度和浇筑温度现场用水银计观测，在混凝土浇筑过程中，至少每4h测量一次混凝土的出机口温度、混凝土的浇筑温度、坝体冷却水的温度和气温，并做好记录。

混凝土浇筑温度的测量，每 100m² 仓面面积不少于 1 个测点，每一浇筑层不少于 3 个测点。测点均匀分布在浇筑层面上，测温点的深度 10cm。

在 4—10 月混凝土内部最高温度监测除通过对施工期埋设的监测仪器进行观测外，还需在浇筑过程中按监理工程师要求的仓位埋设测温管来监测，每个仓位选取 3 个点布置测温管，3 个点分别布置在仓面中心线中间，距上、下游各 3~6m 处，每根测温管内按上、中、下布置 3 支电阻式温度计，温度计间用隔温材料隔开，每年 11 月至次年的 3 月，按监理工程师的要求适当减少观测次数。

在 4—10 月浇筑的高标号混凝土内按监理工程师的要求布置测温管，在高标号区的中部布置一组测温管，1 组共 3 支温度计，在管内分布同上。

观测频次：仪埋后读取数据，7d 内每天 3 次，直到最高温度出现或下一仓覆盖混凝土，若现场监理需要继续观测时，将钢管及电缆引至下一仓，7d 后至 1 个月内每天观测 1 次。

对于一次、二次冷却通水的监测，利用坝体内已经埋设的温度观测仪器，按照 3d 观测一次，与冷却通水的进、出水温的推算比较，确定内部温度的变化情况，适时结束通水，并将冷却通水的最终闷温结果与观测数据比较，确定闷温结果的可靠性；另外，通过测缝计观测缝面张开度，亦可作为后期通水的效果分析依据。

每周提交一次温度测量报告，报送监理工程师，该报告内容包括（但不限于）：混凝土浇筑温度，混凝土内部温度，每条冷却水管的冷却水流量、流向、压力、入口温度和出口温度。当要测量最终的混凝土平均温度时，可以先停止一条冷却水管中的循环水流动 96h，然后测该水管中的水温即为要测量的混凝土的平均温度。

保温层温度观测：选择有代表性的部位进行保温层内、保温层外的温度观测和测点风速观测（部位、数量视实际情况由设计监理确定），同一部位测温点不少于 2 个点，测温部位要少受外界干扰，保温层环境要稳定。观测频次每天 1 次，每个月各选 2~3d 每小时观测 1 次。进行保温层内外温度的比较，以了解保温效果。观测仪器应采用电子自动类温度计。

温度量测过程中，发现超出温控标准的情况，要及时报告给监理工程师。

13.5.3.7 加强温控管理力度，确保措施实施效果

（1）建立健全质量管理责任制。严格按照 ISO9001：2000 标准建立和完善质量管理体系和监控体系，成立温控工作小组，形成从混凝土生产、运输、浇筑、养护、通水冷却到内部温度监测一条龙温控体系，制定相关温控细则及操作规程，遵循 "PDCA" 工作方法，在混凝土施工期间，认真落实各项控制措施，强化过程控制，确保温控措施有效落实，管理体系有效运行。

（2）成立温控领导小组，由项目部生产经理挂帅，不定期对温控措施的实施情况进行检查，奖优罚劣。

（3）针对冬季温差大的特点，专门成立温控办公室，负责大坝工程混凝土出机口温度控制、浇筑温度控制、混凝土内部温度控制、混凝土养护和保温，以及温控信息录入与资料整理工作；其次项目部成立保温专业作业队，负责大坝右岩工程下游面、横缝面、钢模板的保温，仓面保温则由专门的大坝混凝土作业队进行保温，并实行日夜作业制；第三温

控办实行24h全天候对大坝右岸工程下游面、横缝面、钢模板以及仓面的保温情况进行检查、记录，及时发现问题，及时督促整改。同时，加强与参建各方及作业队的有效及时沟通协调，及时解决保温施工中遇到的难题。

（4）高温季节混凝土施工质量控制。拌和系统按照混凝土的强度要求，确保骨料预冷所达到的温度，制冷系统保证风、制冷水和冰的数量和质量，严格控制出机口温度。

严格控制混凝土浇筑温度，尽量避开白天高温时段，多安排夜间低温时段浇筑。加大混凝土入仓强度，并采用铺设隔热被、喷雾等措施，防止仓面混凝土温度回升。

仓面配备适当人数，浇筑时采用边浇筑边覆盖的办法，当浇筑新混凝土时揭开隔热被，待振捣完后再盖上，直到收仓为止。

（5）低温季节混凝土施工质量控制。按要求做好防寒保温工作，在上下游面设永久性保温；对各孔洞进出口进行封堵，防止空气对流；对新浇混凝土及时铺设层面保温材料。

仓库里备足够的保温材料，以防寒潮或气温骤降时混凝土顶侧面的保温需要。避免早龄期混凝土在低温时段拆模，否则拆模后立即进行保温。

（6）冷却通水。成立专门班子负责冷却通水的管理，通水资料实行日、周报制，以便及时发现问题、处理问题，确保初、中、后期通水冷却质量，每期通水在未达到设计要求的坝体温度之前，要保证不间断通水，一旦达到设计规定的坝体稳定温度，及时停止通水。

13.5.3.8 大坝混凝土温度自动监测和控制系统

混凝土温控是避免大体积混凝土因内部温度过高产生温度应力而开裂和拱坝达到设计要求的封拱温度必须采取的工程措施。混凝土内部温度监测、冷却通水流量和进出水温度监测的及时性和准确性及冷却通水流量的控制是混凝土内部温控的关键因素。

传统的混凝土内部温度监测方法是人工携带采集设备与从坝内埋设的温度计牵引出来的电缆相连读取数据关手工记录，劳动强度大，及时性差。传统的冷却通水数据流量监测方法主要是容积法和超声波流量计法，这两种方法均为人工测量、记录，前者效率低，后者误差大（10%以上）；冷却通水温度监测采用笔试温度计或红外温度计，前者需要拔除冷却水管，效率低，后者测量的是冷却水管外壁的温度，误差大，数据采集的及时性、准确性均不高，不能满足"个性化、精细化通水"的要求；冷却通水流量的控制亦采用人工控制阀门的开合度调整流量大小，精确性不高。

鉴于上述不足，为了做好世界级最高拱坝混凝土温控工作，在锦屏一级水电站右岸大坝施工中研究开发了大坝混凝土温度自动监测和控制系统。该系统包含混凝土内部温度自动监测子系统、冷却通水数据自动监测和控制子系统和混凝土内部温度管理子系统组成。

混凝土内部温度自动监测子系统由温度传感器、数据集中采集设备、无线传输装置等组成。通过预埋电缆的方式将仓内的温度计引入其下层的廊道，在廊道内将若干组电缆联网接入一台数据集中采集设备，采集的数据通过无线的方式发射到数据服务器，实现混凝土内部温度的自动监测（定时上传或实时查看）。

冷却通水自动监测和控制子系统由流量和温度传感器、电控阀门、数据采集和阀门控制设备、无线传输装置等组成。在每组冷却水管上安装固定的温度流量传感器和电控阀门，将同一层栈桥上的若干组冷却水管联网接入一台数据集中采集和阀门控制设备，通过无线传输装置建立采集与控制设备和服务器之间的数据连接，实现数据的自动监测和阀门的自动控制。

混凝土内部温度管理子系统由数据库服务器、数据处理和分析软件系统、无线传输装置、客户端计算机等组成。混凝土内部温度和对应的冷却通水数据通过无线方式传输至数据库服务器并存储，数据处理和分析软件系统负责对数据进行处理和分析并生成通水调整方案和日计划，温控管理人员通过客户端计算机对系统进行管理并决策和发出通水调整指令。

13.5.4 温控实施效果

锦屏一级水电站双曲拱坝混凝土工程为大体积混凝土工程。施工过程中，采用了加入缓凝高效减水剂、优选混凝土配合比、混凝土体内进行 3 次通水冷却、混凝土温度进行监测等综合措施。通过严格温控措施，达到了各项温控标准，避免了施工期间温度裂缝的产生，同时，为双曲拱坝大体积混凝土施工控制提供一定的技术依据。

13.6 水布垭水电站工程混凝土面板

13.6.1 工程概况

13.6.1.1 工程简介

水布垭水电工程位于清江中游河段、湖北省恩施土家族自治州巴东县境内，是清江干流三级开发的龙头水电站。水电站坝址上距恩施土家族自治州 117km，下距清江第二梯级隔河岩水电站 92km。

水布垭工程所在地区多年平均气温 13～16℃，历史极端最高气温为 42℃，历史极端最低气温为 −12℃，多年平均年降水量约为 1500mm，多年平均风速为 0.5～2.3m/s，最大风速 16m/s，多年平均相对湿度为 80%～84%。年平均雾日 29～62d，以冬季雾日最多。

混凝土面板厚 0.30～1.10m，受压区面板宽 16m，受拉区宽 8m，总面积 13.88 万 m^3。趾板采用坝前设标准板、下接防渗板的结构型式，标准板宽 6～8m，厚 0.6～1.2m；防渗板宽 4～12m，趾板与基岩间设有锚筋连接。周边缝止水结构在高程 345m 以下采用底、中、顶 3 道止水；高程 345.00m 以上设底、顶 2 道止水；面板垂直缝设底、顶 2 道止水。面板的结构形式见图 13-28。

13.6.1.2 混凝土温控特点

混凝土面板堆石坝温控重点在面板部位，由于面板是以斜坡垫层为基础的混凝土带状防渗薄板，其长宽厚三向尺寸相差悬殊，结构暴露面大，对空气的温度和湿度变化十分敏感。因此，混凝土面板堆石坝温控防裂具有如下特点：

（1）结构特殊。面板长度大，厚度薄，成带状防渗薄板，且面板是以斜坡垫层为基础，易受沉降等影响；其次，薄板结构易受外界气温环境影响大。

（2）施工环境因素影响大。由于面板的受力体是堆石体，而堆石体变形一般比较大，加之施工期气温日变幅大、寒潮袭击、保温保湿养护不正常、施工工艺不良等易导致面板

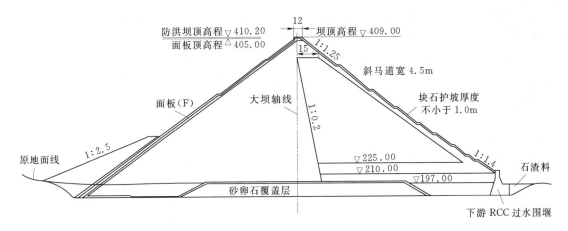

图 13 - 28　坝体典型剖面图（单位：cm）

出现裂缝。

（3）面板的自身抗裂能力低。混凝土冷缩、干缩时受到基础约束而在混凝土内诱发拉应力，是使面板产生裂缝的破坏力，此时混凝土抗拉强度和极限拉伸值等自身抗裂能力较低，难以抵消破坏力而导致面板产生裂缝。因此，面板坝的防裂措施可归结为提高自身抗裂能力，同时尽可能减小环境因素引发的破坏力两大方面。

13.6.2　气候条件及混凝土温控设计标准

13.6.2.1　气候条件

（1）降水。清江流域多年平均降水量约 1500mm，降水量年内分配不均，雨季 4—9月降水量占全年的 75%～78%，其中 5—8 月占全年的 50%～55%，7 月雨量最多为 200～300mm，冬季雨量较少，一般为 20～30mm。多年平均暴雨天数为 2～7d，6—9 月为暴雨集中期，占全年暴雨天数的 85%～95%。暴雨最早出现在 4 月，大多于 10 月结束。6—7 月暴雨最多，占全年的 50%左右。

（2）雾天。清江流域雾日较多，年平均为 29～62d，中上游地区以冬季雾日最多，下游以 3—6 月较多。

（3）气温。清江流域多年平均气温为 13～16℃，1 月最冷，平均气温为 2～5℃；7 月最热，平均气温为 23～28℃。极端最低气温为 -12℃，极端最高气温为 42℃。气温的年温差在 22℃左右，日温差在 8℃左右。根据长阳站 1981—1991 年的统计资料，年平均低于 0℃的天数为 29d。

（4）风速。流域年平均风速为 0.5～2.3m/s，最大风速为 16m/s，全年大风天数（瞬时风不小于 8 级）在 0.5～1.7d。春季风速较大，夏季次之，秋季较小。

（5）湿度。清江流域年平均相对湿度较大，达 80%～84%。各月相对湿度除 7 月稍低于 80%外，均在 80%以上，尤以 10—12 月突出，达 84%～86%。

13.6.2.2　面板混凝土温控要求

（1）优化配合比设计。选择优质原材料，按施工详图阶段有关设计文件推荐的配合比经试验确定最优配合比。混凝土应具有设计强度以及良好的和易性、抗渗性、耐久性和抗裂性。

原材料要求：采用中热硅酸盐水泥，使用茅口灰岩等优质骨料，在水泥中掺合Ⅰ级优质粉煤灰，使用缓凝、抗冻、增强、防裂的高效优质复合型外加剂。

（2）最高温控标准。面板混凝土避免高温季节浇筑，春秋季节浇筑时，控制最高温度不超过 31～33℃。

（3）表面保护。面板混凝土脱模后应及时修整和保护。新浇混凝土遇平均气温 2～3d 内连续下降大于 6～8℃时，混凝土龄期大于 2～3d 以上者，必须进行表面保护。面板混凝土初凝后，表面应及时设置保温层，使混凝土表面等效放热系数 $\beta \leqslant 1.0W/(m \cdot ℃)$；保温材料同时应具有保湿作用，可采用两层草袋覆盖直到蓄水时为止。

（4）养护。混凝土浇筑后立即进行养护，养护时间不少于 28d，表面保持湿润至蓄水前为止。

13.6.3 主要温控措施

13.6.3.1 一般措施

（1）合理安排混凝土施工时段。趾板、面板、溢洪道控制段强约束区的混凝土在低温季节浇筑，采取自然入仓。趾板混凝土在每年的 11 月至次年的 4 月浇筑，面板混凝土在每年的 1—3 月浇筑。

（2）优化配合比设计。选择优质原材料，按设计推荐的配合比进行配合比试验，确定最佳配合比。掺用高效优质复合型外加剂、Ⅰ级优质粉煤灰，提高混凝土的增强、抗裂性能。

（3）按设计要求和施工规范分缝分块分层。趾板分三期施工，沿长度方向设施工缝，施工缝间距不超过 25～30m，在趾板转折点、地质缺陷处或基岩岩性发生变化处设置伸缩缝；具体分块为：一期浇筑至高程 213.00m，二期浇筑高程 213.00～312.00m，三期浇筑高程为 312.00～405.00m。趾板与基岩之间设有 ϕ32mm 锚筋连接，面层布置有 ϕ25mm、ϕ20mm 及 ϕ22mm 的钢筋网，钢筋间距 18～15cm。锚筋连接，面板分三期布置，设两条施工缝，共 55 条块；溢流堰和泄槽段混凝土分缝分块严格按图进行。

（4）控制混凝土出机口温度，结构混凝土采取人工冷却。混凝土拌和系统设置一座制冷楼和 2 台冷水机组，在混凝土拌制时掺加适量的冰块或冷水，控制出机口温度满足设计要求。

（5）加强养护与通水散热。在混凝土表面覆盖绒毛毡保温被或双层草袋进行保温，防止气温骤升时表面水分过分挥发或气温骤降等产生表面干缩裂缝。夏季浇筑混凝土时，在仓面内采取喷雾、隔热、防晒等措施，运输设备设置遮阳棚等。

混凝土表面连续喷（洒）水养护。对一般浇筑层连续养护至上一层施工；对溢洪道隔墩、非溢流坝段、边坡等较长暴露面，养护 21d；对溢洪道底板、抗冲耐磨层、牛腿、支墩、挑流鼻坎等重要部位，养护不少于 28d；对面板和趾板混凝土，保湿养护至大坝蓄水。

（6）加强施工组织管理，确保现场施工顺利进行。在混凝土浇筑前，做好各项准备工作，机械设备、材料供应、施工人员等均安排充足，做到"人停机不停"。在滑模上部设置防雨棚，若温度较高，可起到遮阳防晒的作用；若遇气温较低，可起到保温作用，必要时在棚内设置碘钨灯升温。夏季浇筑混凝土时，尽量利用夜间施工，避开中午高温时段。

13.6.3.2　面板防裂综合技术措施

针对水布垭面板堆石坝混凝土面板的结构体形长而薄、易于产生裂缝的特点。在施工过程中，实施了防止面板混凝土裂缝的综合技术措施，包括原材料与配合比的优选、施工工艺的优化、浇筑时间的选择、坝体变形控制、面板外部受力环境的改善、混凝土表面防护等措施。

（1）原材料与配合比的优选。

1）优选面板混凝土的原材料。采用 42.5 级中热硅酸盐水泥；采用坚硬、级配良好、吸水率小、清洁、不含有害物质的茅口组灰岩骨料；选用 SR3 型高效缓凝减水剂和 AIR202 型引气剂；添加聚丙烯腈纤维，用作混凝土的次加筋材料，抑制混凝土早期的塑性裂缝和干缩裂缝，提高混凝土的韧性及抗冲击性能，改善混凝土的抗冻性、抗渗性等耐久性能。面板混凝土的所有原材料都经试验检验合格后用于现场施工。

2）优选混凝土施工配合比。经过系统的配合比研究及试验，确定了最终的施工配合比。在混凝土配合比全面满足各项技术参数的前提下，采用较低的水灰比，掺用 20％的Ⅰ级优质粉煤灰、SR3 型聚羧酸类缓凝高效减水剂和 AIR202 型引气剂，降低水胶比和水化热，提高混凝土的强度和耐久性。水布垭面板混凝土采用的施工配合比见表 13－80。

表 13－80　　　　　　水布垭面板混凝土施工配合比表

面板分期	水胶比	粉煤灰/％	砂率/％	混凝土材料用量/(kg/m³)							外加剂掺量/％	
				水	水泥	粉煤灰	砂	小石	中石	聚丙烯腈纤维	减水剂SR3	引气剂AIR202
Ⅰ	0.38	20	39	127	267	67	775	666	545	0.9	0.5	0.015
Ⅱ	0.38	20	39	132	278	69	751	658	539	0.8	0.5	0.015
Ⅲ	0.38	20	40	135	277	69	782	645	528	0.8	0.5	0.028

（2）施工工艺的优化。

1）在混凝土拌和楼附近设置了工地试验室，按技术要求对混凝土各项质量指标进行检测，确保上坝混凝土的各项技术参数符合技术要求。

2）混凝土采用自卸汽车运输，并尽量缩短混凝土的水平运输时间，以减少混凝土坍落度的损失。

3）集料斗、溜槽保持干净并不漏浆，布置顺畅，防止混凝土下滑中产生骨料分离。在溜槽底部垫上保温被，防止漏浆污染钢筋和仓面。混凝土在斜坡溜槽中徐徐滑动，溜槽中间设软挡板，严防混凝土在下滑过程中翻滚。同时仓内辅以人工平仓，摊铺均匀，防止骨料离析。

4）仓内混凝土摊铺均匀，无骨料离析现象，振捣密实。在模板和止水附近辅以人工平仓，滑模部位和垂直缝止水附近的部位选择软管振捣器加强振捣。

5）滑模提升时，采取"勤动、慢速、微升"的方式，以减少滑模对混凝土表面的破坏。脱模后采用二次压面措施及时修整，消除滑模对混凝土的机械损伤。

6）为防止寒潮、大风恶劣天气影响混凝土浇筑施工质量，在滑模支架上设置活动暖棚。突遇降温时，在暖棚内采用升温保护措施，面板混凝土出暖棚前铺上绒毛毡，并监测混凝土表面及保温层面的温度，以满足施工保温要求。

7）面板条块浇筑完毕并终凝后进行流水养护，直至被覆盖或蓄水为止，确保混凝土面板表面保持湿润。在做好养护的同时，及时进行表面保温和保护，并在整个护理过程中及时修复或补充破损、缺失的表面保护材料。

8）坝体填筑及预沉降处理。现代面板坝均采用振动碾碾压级配料筑坝，坝体密实度与早期相比已大幅提高，沉降则显著减少。因此，很少因坝体沉降而使面板产生裂缝。故坝体填筑时除严格控制碾压参数、认真处理好交界面的坝体碾压质量外，应实施全断面均衡填筑及坝体预沉降技术，提前将大坝一期面板施工平台断面提高，使临时坝顶高出一期面板顶部，同理，二期面板也提前填至坝顶，使沉降变形更多地在面板混凝土施工前完成，避免了面板的脱空变形和结构性裂缝产生。根据国内若干工程施工经验，面板在施工前，坝体应具备不少于 3 个月的预沉降期；在采用临时断面安排填筑计划时，其一次台阶高度不宜大于 40m。

9）顶固坡面处理。面板受到基础面约束的程度与面板裂缝有密切关系。面板下垫层面施工期保护有喷混凝土、低标号碾压砂浆、喷乳化沥青等多种形式，提供的约束程度也有所不同，此外起伏不平的垫层坡面，插入垫层中的架立筋规格和数量等均不同程度对面板产生约束。因此，垫层的保护层应尽量光滑平整，嵌入垫层的架立筋宜小直径、大间距、浅埋深，以减少对面板的约束。

（3）浇筑时段的选择。

1）控制浇筑时段和浇筑温度，面板混凝土宜选择在气温适宜、湿度较大、少雨的 1—3 月浇筑，12 月至次年 2 月自然入仓，3 月、11 月浇筑温度为 12～14℃，4 月、10 月浇筑温度为 14～16℃，冬季混凝土浇筑温度不得低于 3℃。施工过程中，遇短时高温、低温时段，在仓面做好保温工作。

2）在雨天和低温等特殊气候下浇筑面板混凝土均按规范和设计要求进行。面板混凝土浇筑施工中，根据天气预报资料适当调整浇筑时间。浇筑时若遇小雨，在止水片和仓内做好临时防雨、排水措施；中雨以上不得新开浇筑仓面；若遇大雨，立即停止浇筑，并排除坡面的雨水径流，保护好已浇筑的混凝土。在混凝土浇筑过程中突遇寒潮或其他原因造成降温，在滑模支架上挂活动暖棚。同时，在面板混凝土出暖棚前铺上绒毛毡，防止温差对混凝土产生不利影响。

3）选择低温季节浇筑面板混凝土，安排在 1—3 月浇筑。低温季节浇筑混凝土时，保持新浇混凝土表面的正温状态。如日平均气温连续 3d 低于 6℃或日平均气温低于 0℃时，停止混凝土浇筑，并做好混凝土保温工作。

（4）坝体变形的控制。在高面板堆石坝的坝体填筑施工中，若对坝体变形加以有效控制，将大大减少或避免混凝土面板结构裂缝的产生。施工中采取了如下措施：

1）合理规划坝体填筑分期及填筑程序，经优化后，坝体分 6 期填筑，掌握坝体填筑节奏，有效降低坝体沉降对面板的不利影响。

2）降低度汛断面坝体前后区的填筑高差，尽可能保持坝体均衡上升。

3）最大限度地增加坝体在面板浇筑前填筑坝体的沉降期，以减小坝体变形对混凝土面板的不利影响。

4）确保施工质量，大坝填料尤其是主堆石料、过渡料和垫层料等具有低压缩性，垫层料的表面铺设水泥砂浆，以减小坝体后期变形。

5）保证一期、二期面板浇筑前，施工平台高程高于对应分期浇筑面板顶部10m以上，并且有3~6个月的预沉降期，以减小面板浇筑后坝体后期变形或面板脱空的可能性。

6）在分期面板开始浇筑时，坝体全断面至少填筑至面板浇筑的施工作业平台高程。面板浇筑期间，除面板施工作业场地外，其后部坝体继续填筑升高，待面板浇筑完毕再补填前区，即采取"坝体预压反台填筑法"，以利用坝体沉降位移变化规律削减对混凝土面板的拉伸变形影响。

7）大坝上游面采用C5混凝土挤压式边墙护坡；挤压边墙在面板垂直缝处凿断，形成与面板相应的独立块体，减少整体挤压边墙对面板的约束；坡面涂刷阳离子乳化沥青，采用"三油两砂"（即3层沥青、2层细砂）的方式；在面板浇筑前割断架立钢筋，减少面板底部接触面的摩擦和约束。

（5）面板外部受力环境的改善。

1）在挤压边墙坡面喷洒乳化沥青，以减少面板底面的摩擦力。

2）在面板垂直缝处将挤压边墙凿断，以提高混凝土面板与坝体变形的协调性。凿断深度不小于30cm，缝底宽度不小于6cm，缝口宽度不小于10cm，用ⅡAA料填缝并人工分层锤实。

3）随着面板滑模的上升，在确保钢筋网面不变形的前提下，逐次将位于滑模前的架立钢筋割断，以消除嵌固阻力。

4）缩短Ⅰ序板和Ⅱ序板之间的浇筑时间间隔。采用二套无轨滑模。

5）在Ⅱ序块施工前，将Ⅰ序块缝面整理平顺，采用机具打磨平整，同时粘贴0.5cm厚的聚乙烯高密泡沫板，以减少周边约束，防止坝体后期变形对面板的挤压破坏。

（6）混凝土表面防护。为确保混凝土面板的安全运行，在高程270.00m以下的混凝土表面涂刷水泥基渗透结晶型材料，以增强混凝土表面的抗裂防裂性能。

1）材料的作用机理。水泥基渗透结晶型材料涂刷于面板混凝土表面后，材料中的活性成分向混凝土内部渗透，逐渐产生结晶体填充混凝土孔隙，形成一道致密的防水层，可以显著提高混凝土的抗渗性、抗冻融、抗碳化等性能。并且随着晶体的进一步增加，混凝土的抗冻及抗渗性能将进一步提高。渗透结晶型材料可以对混凝土起到很好的保护作用，并自动修复混凝土裂缝。

2）表面防护施工。

A. 施工工艺。①施工准备：配置足够长的水管和电线，接通水电至施工面。搭设简易施工平台，并配备安全绳和安全带。②铲除混凝土表面上的水泥乳皮、渣土等异物，然后用高压水冲洗干净。③用水充分湿润混凝土表面。④按体积比1:2.5（水:粉料）配料涂刷第1遍渗透结晶型材料，间隔约4h（此时用手指按压涂层，涂层变硬）后涂刷第2遍。⑤待第2遍涂层凝固后（约4h，受天气影响可能会有差异），加以覆盖，并洒水养护7d以上。

B. 技术要求。①气候及混凝土基面条件：渗透结晶型材料不适宜在雨中或环境温度低于 4℃时施工。②混凝土基面应当粗糙、干净、坚固、平整、不松脱、不起砂、不脱层，提供充分开放的毛细管系统和稳固的附着体，以利于涂料的渗透。③待涂刷涂料的混凝土表面需预喷水保证基面潮湿。④将渗透结晶型涂料（粉料）与净水调和，调和配比为：水渗透结晶型防水涂料（粉料）＝1∶2.5（体积比），搅拌时间不少于 5min。刷涂时按体积比用 5 分料、2 分水调和，一般刷一层用量为：0.65～0.8kg/m²。

C. 刷涂施工。①采用尼龙刷涂刷渗透结晶型涂料，要求涂层均匀，一层厚度小于 1.2mm，涂刷时注意用力，来回纵横地涂刷以保证凹凸处都能涂上并达到均匀。②第 1 遍刷涂的涂层初凝后，在表面仍呈潮湿状态时（48h 内）进行第 2 遍刷涂施工，若表面太干则洒水湿润。

D. 养护。①养护采用现场施工系统供水，在初凝后进行喷雾养护，并注意避免涂层被破坏。每天喷水不少于 3 次，连续 2～3d，防止涂层过早干燥。单块面板浇筑完毕后，在顶部布置一趟钻孔的花管进行不间断流水保湿养护。②混凝土出模经人工收面后，用湿草袋或黏有塑料薄膜的绒毛毡保温被覆盖混凝土表面，在前 48h 内防止雨淋、霜冻、烈日、暴晒、污水及 2℃以下的低温。

3）施工质量保证措施。

A. 泥基渗透结晶型材料直接涂刷于潮湿的混凝土表面。

B. 刷涂防护材料的调配做到"少量、勤配"，每次调制的涂料在 30min 内用完。

C. 条件、气温高低，在渗透结晶型涂料浆料初凝（1～4h）后开始养护，清水养护防水层全面湿润即可，养护时间 48h 以上。

D. 面板的材料用量保证不少于 1.5kg/m²。

E. 施工时用尼龙刷将渗透结晶型防水涂料均匀涂刷在混凝土基面上，做到涂刷均匀、平整、无漏刷现象。

F. 配制涂料时，为保证拌料均匀，采用电动搅拌机搅拌涂料，搅拌时间不少于 5min。

13.6.4 温控实施效果

水布垭面板堆石坝在面板混凝土施工中，通过一系列新技术、新工艺、新材料的研究、试验、改进、优化和实际应用，有效地提高了面板混凝土的韧性和抗裂性，保证了面板混凝土的施工质量，减少和防止了面板裂缝，产生了十分显著的效果。

施工过程中每期面板施工完成后，均由工程建设各方组成的联合检查组进行裂缝检查，结果表明，宽度在 0.2～0.4mm 范围（即Ⅱ类和Ⅲ类）的裂缝总数为 50 条，其中一期面板裂缝 9 条、二期 5 条、三期 26 条，没有发现宽度大于 0.4mm（即Ⅳ类）裂缝。对于所查出的Ⅱ类和Ⅲ类裂缝，按设计要求进行了处理，处理后经压水试验检查，全部满足设计要求。

水布垭面板堆石坝蓄水运行的实践证明，面板混凝土的各项性能优异，施工过程中采取的防裂抗裂综合技术措施，最大限度地减少了裂缝和产生，保证了水布垭大坝的安全稳定运行，为今后类似长面板混凝土工程施工防裂提供了宝贵经验。

参 考 文 献

［1］　全国水利水电施工技术信息网．水利水电工程施工手册　混凝土工程．北京：中国电力出版社，2002．

［2］　梁润．施工技术．北京：水利电力出版社，1985．

［3］　龚召熊，等．水工混凝土温控与防裂．北京：中国水利水电出版社，1999．

［4］　周厚贵，舒光胜．三峡工程大坝后期冷却通水最佳结束时机研究．河海大学学报（自然科学版）：2002（2）．

［5］　杨富瀛，冯晓琳，李晓萍．三峡升船机塔柱温控防裂技术．中国工程科学，2013，15（9）：57－61．

［6］　郑守仁．三峡大坝混凝土设计及温控防裂技术突破．水利水电科技进展，2009，29（5）：46－53．

［7］　张超然．水利水电工程施工手册．混凝土工程．北京：中国电力出版社，2005．

［8］　朱虹，邓润兴．三峡升船机总体布置设计．人民长江，2009，12：48－50．

［9］　周厚贵．水布垭面板堆石坝施工技术．北京：中国建筑工业出版社，2009．

［10］　杨启贵，刘宁，孙役，熊泽斌．水利水电工程．北京：中国水利水电出版社，2010．